U0626570

高等学校新工科电子信息类课改系列教材

数据结构与算法

主　编　周大为　刘丹华

副主编　伍振军　饶　鲜　朱虎明

西安电子科技大学出版社

内 容 简 介

本书系统地介绍了数据结构的有关内容。全书共 10 章，分为三部分：第一部分(第 1～7 章)主要讲述了线性表、栈、队列、串、数组、广义表、树和二叉树、图等常用数据的逻辑结构和存储结构，以及对数据的有关操作；第二部分(第 8～9 章)主要讲述了数据处理中的查找和排序；第三部分(第 10 章)主要讲述了作为扩展阅读内容的并行数据结构及应用。

本书算法采用 C 语言进行描述，对于复杂的算法还给出了伪代码的描述，便于理解算法。第一部分各章中给出的应用举例是本书的特色之一，用来引导读者深入地综合应用数据结构的知识。

本书内容丰富，结构清晰，讲解深入浅出，既注重理论，又强调知识的实用性，给出了较为丰富的实例，并将理论贯穿其中。本书可作为高等院校计算机及相关专业本、专科数据结构课程的教材，也可供广大编程爱好者参考。

图书在版编目（CIP）数据

数据结构与算法/周大为，刘丹华主编. —西安：
西安电子科技大学出版社，2019.9(2024.8 重印)
ISBN 978-7-5606-5487-4

Ⅰ. ① 数…　Ⅱ. ① 周…　② 刘…　Ⅲ. ① 数据结构—高等学校—教材　② 算法分析—高等学校—教材　Ⅳ. ① TP311.12

中国版本图书馆 CIP 数据核字(2019)第 202819 号

策　　划　毛红兵
责任编辑　唐小玉
出版发行　西安电子科技大学出版社(西安市太白南路 2 号)
电　　话　(029)88202421　88201467　　邮　　编　710071
网　　址　www.xduph.com　　　　　电子邮箱　xdupfxb001@163.com
经　　销　新华书店
印刷单位　西安日报社印务中心
版　　次　2019 年 9 月第 1 版　　2024 年 8 月第 6 次印刷
开　　本　787 毫米×1092 毫米　1/16　印　张　19.25
字　　数　456 千字
定　　价　52.00 元

ISBN 978-7-5606-5487-4

XDUP 5789001-6

如有印装问题可调换

前　　言

在可视化程序设计的今天，程序设计人员借助于集成开发环境往往可以很快地生成程序，似乎很少接触到数据结构。这是因为在集成开发环境中已经把一些数据结构写成了库或者包，使用者只要调用就好了。很多人认为，只要掌握几种开发工具就可以成为编程高手，其实，这是一种误解。要想成为一个优秀的程序设计人员，至少需要这样三个条件：第一，熟知所涉及的相关应用领域的知识；第二，能够熟练地掌握至少一门程序设计语言；第三，能够熟练地选择和设计相关的数据结构和算法。其中前两个条件比较容易实现，而第三个条件则需要花费相当的时间和精力才能够达到，它是衡量程序设计人员水平高低的一个重要标志。实质上，数据结构贯穿程序设计的始终，缺乏数据结构和算法的深厚功底，很难设计出面向数据和逻辑的具有专业水准的程序。

数据结构是学习程序设计的核心课程，可以培养学生的程序设计、逻辑思维和分析问题的能力，进而提高其使用计算机解决问题的能力。但是，由于数据结构的学习对于抽象思维、组织归纳、编程能力有较高的要求，要学好数据结构并不容易，尤其是初学者常常感到困难较大，学习效果不尽如人意。

我们在多年讲授数据结构课程的基础上，结合教学实际对教材的形式进行了设计，主要体现在以下几个方面：

(1) 突出基础性的内容，侧重工程实践，能够抓住数据结构的核心概念，有利于为学生学习算法打下较为扎实的基础。同时，算法的描述简明扼要，避免过于形式化的描述，注重算法的设计与程序的实现。

(2) 遵循认知规律，在内容的讲解上注意条理性和连贯性。由于数据结构具有概念性强、算法抽象、不易掌握等特点，因此部分学生学习起来感到较为困难。鉴于此，本书一方面根据认知规律，从基本概念出发，抓住数据的实质以及算法的基本思想，由浅入深地讲解算法的设计；另一方面注意把握理论的深度，同时追求应用的广度，给出了较为丰富的例题，希望能够达到举一反三的目的。

(3) 算法描述方式多样，注重逻辑思维能力的培养。学好数据结构，需要有较强的逻辑思维能力。在讲述算法的过程中，本书注意思维的引导，首先根据具体的问题，讲清楚问题求解的基本思路和基本方法，然后展现问题的求解过程，采用"图示理解→伪代码描述算法→C语言描述算法"的三级模式，给出分析问题和解决问题的过程。

(4) 分析各部分内容的重点和难点，有针对性地加以处理。全书各章节中含有大量的插图和表格，有利于直观地描述有关的概念、算法等内容。算法的模块化有利于将一个复杂问题分解为一些简单的问题，达到降低问题复杂程度的效果。

(5) 注意知识的应用，激发学习兴趣。从第2章到第7章，每章的最后都给出了应用举例。我们希望通过这种形式开阔学生的思维，提高学生的学习兴趣，对数据结构算法的应用起到一定的启发作用。

(6) 拓宽知识面，了解与数据结构相关的一些前沿知识。第10章的内容涉及并行数据结构及应用。现在的计算机都有多个 CPU 核，软件开发人员必须掌握的关键技能之一就是设计并行数据结构，特别是如何在多线程环境中设计并行数据结构。

  本书采用类 C 语言作为数据的存储结构和算法的描述语言，并且尽可能与 C 语言接近，方便将算法转换为能够上机执行的 C 程序(所谓类 C 语言就是不必过于严格地遵循 C 语言的语法规则，重点在于对算法的描述)；对于比较复杂的算法，同时给出伪代码和类 C 语言两种描述方式，以提高算法的可理解性；对于应用举例中的问题，只是用伪代码描述解决问题的方法，类 C 语言的描述留给学生去完成，目的是锻炼学生的算法设计能力。本书各章的习题概念性强，覆盖面广，内容全面，具有典型性和代表性，对于加深理解所学知识会起到较大的帮助作用，有利于提高算法的分析和设计能力。此外，本书所有数据元素的逻辑序号均从 1 开始，数组下标均从 0 开始，所有例外均是为了简化算法，且作了说明。例如，顺序查找算法中数组 0 元素用作监视哨，排序算法中数组 0 元素用作暂存单元。

  本书第 1、2、3 章由周大为编写，第 4、5 章由饶鲜编写，第 6、7 章由伍振军编写，第 8、9 章由刘丹华编写，第 10 章由朱虎明编写。全书由周大为和刘丹华统稿。

  在本书编写过程中，我们始终秉持认真负责的态度，但由于知识和写作水平有限，书中难免存在不足和疏漏，欢迎专家和读者批评指正。

编 者

2019 年 6 月

目　　录

第一部分

第二部分

第 三 部 分

第一部分

第 1 章　数据结构概述

　　用计算机求解任何问题都离不开程序设计。程序设计的实质是把现实中大量复杂的问题以特定的数据形式加以表示并对数据进行处理。数据表示的核心是数据结构，数据处理的核心是算法，因此，数据结构课程主要讨论数据表示和数据处理的基本方法。

　　要想成为一名优秀的程序设计人员，至少需要以下三个条件：

　　(1) 能够熟练地选择和设计相关的数据结构和算法。

　　(2) 能够熟练地掌握至少一门程序设计语言。

　　(3) 熟知所涉及的相关应用领域的知识。

其中，后两个条件比较容易实现，而第一个条件则需要花费相当多的时间和精力才能够达到，它是衡量程序设计人员水平高低的一个重要标志。缺乏数据结构和算法的深厚功底，很难设计出高质量的程序。

　　本章将概括地介绍数据结构和算法的基本概念。

　　◇【学习重点】

　　(1) 数据结构及相关概念；

　　(2) 数据的逻辑结构和存储结构以及二者的关系；

　　(3) 算法及特性；

　　(4) 算法的时间复杂度和空间复杂度的概念。

　　◇ 【学习难点】

　　(1) 抽象数据类型的理解和使用；

　　(2) 描述算法的工具；

　　(3) 算法时间复杂度的分析与计算。

1.1　数据结构的基本概念

1.1.1　为什么要学习数据结构

　　图灵奖获得者尼古拉斯·沃斯(Niklaus Wirth)提出程序就是"数据结构＋算法"，这说明了数据结构和算法在程序设计中所起的重要作用。

　　用计算机求解任何问题都离不开程序，程序设计的一般过程如图 1.1 所示。我们通过程序设计(确切地说是软件开发)解决某个实际问题一般需要经过以下几个阶段：

(1) 分析阶段：对问题进行分析，抽象出数据模型，形成求解问题的基本思路，确定解决问题的方案；

(2) 设计阶段：将数据以及数据之间的关系存储到计算机的内存中，设计数据处理的算法；

(3) 实现阶段：将算法转换为用某种程序设计语言编写的程序，并进行测试、修改，直到确定出合适的程序设计方法。

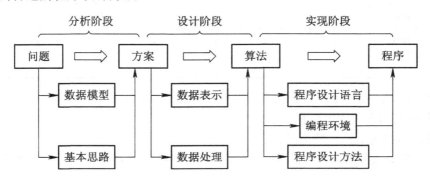

图 1.1　程序设计的一般过程

数据结构课程主要讨论设计阶段的一些内容，同时还涉及分析阶段和实现阶段的若干基本问题。

程序设计的精髓是数据结构。对于一个解决实际问题的程序来说，如果所处理的数据量较大，那么不仅需要它能够正确地运行，还需要考虑运行效率的问题。

我们先看一个数据结构范畴的通俗例子。11 位的手机号码可以划分成 3 段：1XX—XXXX—XXXX。其中，第一段的三位数代表电信、移动、联通等运营商标识；第二段的四位数代表所属地区的编号，这也是为什么我们查询手机归属地时，只要输入前 7 位数字，就可以查询到手机号码所属地区和所属运营商的原因；最后一段的四位数是一段随机生成的数字，用于区分手机号码用户。手机号码的分段实质上就构成了树形结构，这样做有利于提高查找的效率。

1.1.2　什么是数据结构

数据(Data)是信息的载体，它是描述客观事物的数字、字符以及所有能输入到计算机中并被计算机程序处理的符号的集合。例如，一个代数方程的求解程序中所用的数据是整数和实数；一个编译程序或文本编辑程序中所使用的数据是字符串。随着计算机应用领域的扩大，数据的含义更为广泛，如图像、声音等都可以通过编码成为数据。

数据元素(Data Element)是数据的基本单位。有些情况下，数据元素也称为元素、结点、顶点、记录。有时，一个数据元素可以由若干个数据项(Data Item)组成。数据项是具有独立含义的、不可再分割的最小标识单位。

例如，某校某专业的学生成绩表如表 1.1 所示。我们把学生成绩表称为一个数据，表中的每一行是一个数据元素，它由学号、姓名、性别、各科成绩及平均成绩等数据项组成。

表 1.1　学 生 成 绩 表

学号	姓名	性别	高等数学	英语	计算机	平均成绩
001	丁一	男	90	85	95	90
002	马二	男	80	85	90	85
003	张三	女	95	91	99	95
004	李四	男	70	84	86	80
005	王五	女	91	84	92	89
…	…	…	…	…	…	…

数据结构(Data Structure)是数据元素之间的相互关系，即数据的组织形式。一般来说，数据结构所研究的主要内容包括以下三个方面：

(1) 数据的逻辑结构：数据元素之间的逻辑关系。

(2) 数据的存储结构：数据元素及其关系在计算机中的存储方式。数据的存储结构又称为数据的物理结构。

(3) 数据的运算：对数据施加的操作。

数据的逻辑结构是从逻辑关系上描述数据，它与数据的存储无关，是独立于计算机的。因此，数据的逻辑结构可以看作是从具体问题抽象出来的数学模型。

数据的存储结构是逻辑结构用计算机语言的实现(亦称为映像)，它是依赖于计算机语言的。对机器语言而言，存储结构是具体的，但我们只在高级语言的层次上来讨论存储结构。

数据的运算定义在数据的逻辑结构之上。每一种逻辑结构都有一组基本运算，例如对数据进行查找、插入、删除、排序等运算。在数据的逻辑结构层面上，我们只需要知道这些基本运算"做什么"，而不需要考虑"如何做"。只有确定了数据的存储结构，我们才能够具体实现这些基本运算。

1.1.3　数据的逻辑结构

数据的逻辑结构用于描述数据中各个元素的逻辑关系。如图 1.2 所示，根据数据元素之间关系的不同特性，数据的逻辑结构可以分为以下四类：

(1) 集合：数据元素之间除了"属于同一集合"的关系之外，没有其他关系。

(2) 线性结构：数据元素之间存在"一对一"的前后顺序关系，除第一个元素和最后一个元素之外，其余元素都有唯一的一个直接前驱元素和唯一的一个直接后继元素。

(3) 树形结构：数据元素之间存在"一对多"的层次关系，除最顶层的元素之外，其余元素都有若干个直接后继元素。

(4) 图结构：数据元素之间存在"多对多"的任意关系，每个元素都有若干个直接前驱元素和若干个直接后继元素。

由于集合具有简单性和松散性，因此不在数据结构课程的讨论范围内。数据的逻辑结构可以分为线性结构和非线性结构两大类。线性表、栈、队列、串等属于线性结构，而树形结构和图结构属于非线性结构。

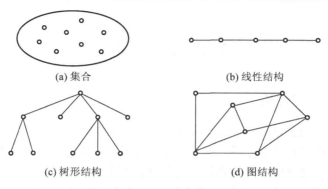

图 1.2　数据的四种基本逻辑结构

1.1.4　数据的存储结构

数据的存储结构又称为数据的存储方法，是数据及其逻辑结构在计算机中的表示。也就是说，存储结构除了要存储数据元素，还要隐式或者显式地表示数据元素之间的逻辑关系。数据的存储结构分为以下四种：

1) 顺序存储结构

借助元素在存储器的相对位置来表示数据元素之间的逻辑关系，元素之间的逻辑关系由存储单元的邻接关系来体现，由此得到的存储表示称为顺序存储结构(Sequential Storage Structure)。通常顺序存储结构是借助于程序语言的数组(又称为向量)来描述的。

该方法主要应用于线性数据结构。非线性的数据结构也可以通过某种线性化的方法来实现顺序存储。

2) 链式存储结构

借助指示元素存储地址的指针表示数据元素之间的逻辑关系，即逻辑上相邻的元素在物理位置上不一定相邻，由此得到的存储表示称为链式存储结构(Linked Storage Structure)，通常要借助于程序语言的指针类型来描述它。

3) 索引存储结构

索引存储结构是指在存储数据元素的同时，还建立附加的索引表。索引表中的每一项称为索引项，其一般形式是(关键字，地址)，关键字是能够唯一标识一个元素的那些数据项。若每个元素在索引表中都有一个索引项，则该索引表称为稠密索引(Dense Index)；若一组元素在索引表中对应一个索引项，则该索引表称为稀疏索引(Sparse Index)。稠密索引中索引项的地址指示元素所在的存储位置，而稀疏索引中索引项的地址则指示一组元素的起始存储位置。

4) 散列存储结构

散列存储结构的基本思想是根据数据元素的关键字直接计算出该元素的存储地址。

上述四种基本的存储方法既可以单独使用，也可以组合起来对数据结构进行存储。同一种逻辑结构采用不同的存储方法，可以得到不同的存储结构。至于选择何种存储结构来表示相应的逻辑结构，应当考虑算法运算是否方便以及时间和空间要求等因素。

1.2　算　　法

1.2.1　算法的定义与性质

数据的运算是通过算法(Algorithm)描述的。对实际问题选择一种好的数据结构，设计一个好的算法，是程序设计的本质。算法与数据结构是互相依赖、互相联系的。

算法是对特定问题求解步骤的描述，是指令的有限序列。算法必须满足以下性质：

(1) 输入性：0 至多个输入，这些输入取自于某个特定的对象的集合。

(2) 输出性：1 至多个输出，这些输出是同输入有着某种特定关系的量。

(3) 有穷性：对于合法的输入值，算法在执行有穷步之后结束。

(4) 确定性：对于相同的输入执行相同的路径，即对于相同的输入只能得出相同的输出。

(5) 可行性：用于描述算法的操作都是足够基本的，即算法中描述的操作都是可以通过已经实现的基本运算执行有限次来实现的。

需要说明的是，算法与程序是有区别的。例如操作系统中的一些程序，只要系统不遭破坏或者没有关闭系统，它就永远不会停止。即使没有作业要处理，仍处于一个等待循环中，等待新作业的进入。因此我们说算法具有有穷性，而程序不一定具有有穷性。

1.2.2　描述算法的工具

算法设计者在构思和设计了一个算法之后，必须清楚准确地将所设计的求解步骤记录下来，即描述算法。常用的描述算法的工具有自然语言、流程图、程序设计语言和伪代码等。下面以求两个正整数最大公约数的算法为例进行介绍。

1. 自然语言

用自然语言描述算法的优点是容易理解，缺点是不够严谨，容易出现二义性，并且算法通常较为冗长。

求两个正整数最大公约数的算法用自然语言描述如下：

步骤 1：将 m 除以 n 得到余数 r。

步骤 2：若 r 等于 0，则 n 为最大公约数，算法结束；否则执行步骤 3。

步骤 3：将 n 的值赋给 m，r 的值赋给 n，重复执行步骤 1。

2. 流程图

用流程图描述算法的优点是直观易懂，缺点是严密性不如程序设计语言，灵活性不如自然语言。

用流程图描述的求两个正整数最大公约数的算法如图 1.3 所示。

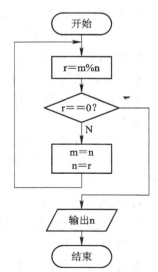

图 1.3　用流程图描述的求两个正整数最大公约数的算法

在计算机应用早期，使用流程图描述算法占据着统治地位，但实践证明，这种描述方法使用起来非常不方便。

3．程序设计语言

用程序设计语言描述的算法能够由计算机执行，缺点是抽象性差。设计者在设计算法时由于受到程序设计语言的语法规则限制，往往忽视了算法的正确性和逻辑性。

求两个正整数最大公约数的算法用 C 语言描述时，所编写的程序如下：

```c
#include<stdio.h>
int CommonFactor(int m, int n)
{
    int r=m%n;
    while(r!=0)
    {
        m=n;
        n=r;
        r=m%n;
    }
    return n;
}
void main( )
{
    printf("%d\n", CommonFactor(36,24));
}
```

4．伪代码

伪代码(Pseudocode)是介于自然语言和高级语言之间的方法，它遵循某一程序设计语言的基本语法，但操作指令可以结合自然语言来设计。至于自然语言的成分有多少，取决于算法的抽象程度。抽象程度高，伪代码中的自然语言就多一些，程序设计语言的语句就少一些；反之亦然。

求两个正整数最大公约数的算法用伪代码描述如下：

1	r=m%n	
2	循环直到 r 等于 0	
	2.1	m=n
	2.2	n=r
	2.3	r=m%n
3	输出 n	

上述伪代码可以再具体一些，即抽象程度低一些，也就是说程序设计语言的成分多一些。我们可用类 C 语言来描述算法。类 C 语言遵循 C 语言的语法规则，但不必拘泥于 C 语言的实现细节，又容易转换为 C 程序。通常用类 C 语言的函数来描述算法，重点给出算法的逻辑，忽略局部变量的声明，并且不在主函数中调用。求两个正整数最大公约数的算

法用类 C 语言描述如下：

```
int CommonFactor(int m,int n)
{
    r=m%n;
    while(r!=0)
    {
        m=n;
        n=r;
        r=m%n;
    }
    return n;
}
```

一般来说，描述数据结构中的算法可以采用面向过程或者面向对象的方法，选择类似于 C、C++、Java 等程序设计语言来描述算法。本书采用面向过程的方法，用类 C 语言来描述算法。

1.2.3　对算法的评价标准

我们通常从正确性、易读性、健壮性和高效性等四个方面评价算法的质量。正确性是指算法能够完成预定的功能。易读性决定了算法是否易于阅读和理解，以便对程序进行调试、修改和扩充。健壮性体现在当环境发生变化时，算法能够适当地做出反应或进行处理，不会产生不需要的运行结果。高效性是指算法在时间和空间两个方面的效率。下面对算法的高效性和易读性加以讨论。

1. 算法的高效性

算法的时间特性是指执行算法所需要的计算时间长短，算法的空间特性则是执行算法所需要的辅助存储空间大小。当然我们希望选用一个占用存储空间小、运行时间短的算法。然而上述要求常常相互抵触，要节约算法的执行时间，往往要以牺牲更多的空间为代价；而为了节省空间，可能要耗费更多的计算时间。算法的时间特性和空间特性通常会与问题的规模有关，因此我们只能根据具体情况有所侧重。

一个算法所需的计算时间，应当是该算法中每条语句的执行时间之和，而每条语句的执行时间是该语句的执行次数(称为频度)与该语句执行一次所需时间的乘积。但是，当算法转换为程序之后，每条语句执行一次所需的时间取决于机器的指令性能、速度以及编译所产生的代码质量，这是很难确定的。我们假设每条语句执行一次所需的时间均是一个单位时间，一个算法的计算时间就是该算法中所有语句的频度之和。这样，我们就可以独立于机器的软、硬件系统来分析算法的时间特性。

例 1.1　求两个 n 阶方阵的乘积 $C = A \times B$。

算法如下：

```
#define n  自然数
void Matrixmlt(int A[n][n], int B[n][n], int C[n][n])
```

```
{   int i, j, k;                                                    语句频度
    for(i=0; i<n; i++)                    //语句①                  n+1
    for (j=0; j<n; j++)                   //语句②                  n(n+1)
    {
        C[i][j]=0;                        //语句③                  n²
        for(k=0; k<n; k++)                //语句④                  n²(n+1)
            C[i][j]=C[i][j]+A[i][k]*B[k][j];  //语句⑤              n³
    }
}
```

其中右边列出的是各语句的频度。语句①的循环控制变量 i 取值从 0 到 n，语句执行了 n+1 次，故它的频度是 n+1，但它的循环体只执行 n 次。语句②作为语句①循环体内的语句，应该执行 n 次，但语句②本身要执行 n+1 次，所以语句②的频度是 n(n+1)。同理可得语句③、④和⑤的频度分别是 n^2、$n^2(n+1)$ 和 n^3。该算法中所有语句的频度之和为 $T(n) = 2n^3 + 3n^2 + 2n + 1$。算法的语句频度之和 T(n) 是矩阵阶数 n 的函数，n 是算法求解方阵乘积问题的规模。

一般情况下，算法中基本操作重复执行的时间是问题规模 n 的某个函数 f(n)，算法的渐进时间复杂度(简称时间复杂度(Time Complexity))记为

$$T(n) = O(f(n)) \tag{1-1}$$

它表示随问题规模 n 的增大，算法执行时间的增长率和 f(n) 的增长率相同，f(n) 一般是算法中频度最大的语句频度。例如，算法 Matrixmlt 的时间复杂度是 $T(n) = O(n^3)$，这里的 $f(n) = n^3$ 是该算法中语句⑤的频度。由此可见，当有循环嵌套时，算法的时间复杂度是由最内层语句的频度 f(n) 决定的。

下面再举几例，说明如何求算法的时间复杂度。

例 1.2　交换 a 和 b 的值。

算法如下：

```
        temp=a;
        a=b;
        b=temp;
```

以上三条单个语句的频度都为 1。该算法的执行时间是一个与问题规模 n 无关的常数，时间复杂度记作 T(n) = O(1)。事实上，只要算法的执行时间不随着问题的规模增加而增长，即使算法中有成百上千条语句，其时间复杂度也只是 O(1)。

对于某些算法，即使问题规模相同，如果输入的数据不同，其时间开销也不同。例如在一维数组 A[n] 中顺序查找值为 k 的元素，顺序查找算法如下：

```
        int Find(int A[], int n, int k)
        {
            for(i=0; i<n; i++)
                if(A[i]==k) break;
            return i;
        }
```

算法从 A[0] 开始查找，如果 A[0] 的值就等于 k，那么比较一次就查找到了，这是最好情况；

如果 A[n−1]的值等于 k，则需要比较 n 次才能查找到，这是最坏情况；平均情况下，需要比较(n+1)/2 次。

一般来说，最好情况作为算法性能的代表，没有什么意义。将最坏情况作为计算时间复杂度的依据，能够说明算法的运行时间最坏能坏到什么程度，这一点在实时系统中尤为重要。所以，上述算法的时间复杂度应当是 O(n)。

例 1.3　判断 n 是否为素数。

算法如下：

```
void prime(int n)
{   int i=2;
    while((n%i)!=0&&i<sqrt(n))
        i++;
    if(i>=sqrt(n)) printf("%d 是素数", n);
    else printf("%d 不是素数", n);
}
```

设语句 i++; 的频度为 f(n)，由 i < sqrt(n)可知 f(n) < sqrt(n)。时间复杂度应考虑最坏的情况，所以 T(n) = O[f(n)] = O($\sqrt{n}$)。

例 1.4　对变量进行计数。

算法如下：

```
i=1;                        1
while(i<=n)    i=i*2;        f(n)
```

由于 $2^{f(n)} \leq n$，即 f(n)≤lbn，取最大值 f(n)=lbn，T(n)= O(f(n)) = O(lbn)。

将常见的时间复杂度按数量级递增排列，则依次为常量阶 O(1)、对数阶 O(lbn)、线性阶 O(n)、线性对数阶 O(n·lbn)、平方阶 O(n²)、立方阶 O(n³)、……k 次方阶 $O(n^k)$、指数阶 $O(2^n)$。显然，时间复杂度为指数阶的算法效率极低，当 n 值稍大时就无法应用。

算法的空间复杂度是指在算法执行过程中所需要的辅助存储空间数量。辅助存储空间是除算法本身和输入输出数据所占存储空间之外，为算法临时开辟的存储空间，记为

$$S(n) = O(f(n)) \tag{1-2}$$

其中，n 为问题的规模，其分析方法与算法的时间复杂度类似。

2. 算法的易读性

一个高质量的算法除了正确和运行效率高之外，还对算法的易读性有一定的要求。算法的易读性主要体现在算法的结构、代码的书写格式以及注释等方面。

当我们遇到一个较为复杂的问题时，往往会先对问题进行分解，使每个子问题尽可能简单，这样有助于对整个问题的解决。类似地，较为复杂问题的算法通常也是由一个个模块组成的，而每个模块的功能相对独立。这是对算法结构方面的基本要求。

对算法中模块的要求是独立性高，也就是应当尽可能做到高内聚、低耦合。所谓高内聚，就是要求每个模块尽可能简单，并且模块内部各个成分联系的紧密程度尽可能高。而低耦合是指模块之间联系的紧密程度应当尽可能低，即模块之间的相互影响尽可能小。对于高内聚和低耦合的概念，我们可以在后续章节中不断地理解、掌握，并且在设计算法的过程中加以实践。

在代码书写格式方面应当采用缩进的方式突出分支、循环、嵌套等结构，这样可以清晰地体现算法的视觉组织。

算法中的注释就是对算法进行必要的说明，帮助我们理解算法。注释分为序言性注释和功能性注释两种。例如，可以在模块的开头给出序言性注释，说明模块的用途、功能、调用方式以及对参数的描述；在模块内部给出功能性注释，描述语句的功能及数据的状态。

关于算法的易读性，这里只是根据初学者在书写算法时的突出问题简要列举了部分内容，更详细的内容可以参考软件工程等方面的书籍。

习　题　1

一、名词解释

数据，数据元素，逻辑结构，存储结构，线性结构，非线性结构，顺序存储结构，链式存储结构，索引存储结构，散列存储结构，算法，时间复杂度

二、填空题

1. 从某种意义上说，数据、数据元素和数据项反映了数据组织的三个层次，数据可由若干个_____构成，数据元素可由若干个_____构成。

2. 从逻辑关系上讲，数据结构主要分为两大类，它们是_____和_____。

3. 数据的存储方法有四种，包括_____、_____、_____、_____。

4. 一个算法的效率可分为_____效率和_____效率。

5. 数据的逻辑结构有四种基本形态，分别是_____、_____、_____和_____。

6. 把逻辑上相邻的数据元素存储在物理上相邻的存储单元中的存储结构是_____。

7. 通常从_____、_____、_____等几方面评价算法的质量。

8. 常见时间复杂性的量级有：常数阶 O(_____)、对数阶 O(_____)、线性阶 O(_____)、平方阶 O(_____)、和指数阶 O(_____)。

9. 在一般情况下，一个算法的时间复杂性是_____的函数。

10. 一个算法的时空性能是指该算法的_____和_____，前者是算法包含的_____，后者是算法需要的_____。

11. 通常可以把一本含有不同章节的书的目录结构抽象成_____结构。

12. 通常可以把某城市中各公交站点间的线路图抽象成_____结构。

13. 结构中的数据元素存在多对多的关系称为_____结构。

14. 结构中的数据元素存在一对多的关系称为_____结构。

15. 结构中的数据元素存在一对一的关系称为_____结构。

16. 要求在 n 个数据元素中找其中值最大的元素，设基本操作为元素间的比较，则比较的次数和算法的时间复杂度分别为_____和 O(n)。

三、选择题

1. 以下特征中，(　　)不是算法的特性。

A. 有穷性　　　　B. 确定性　　　C. 有 0 个或多个输出　　　D. 可行性

2. 算法的时间复杂度与(　　)有关。

A．所使用的计算机　　　　　　B．计算机的操作系统

C．数据结构　　　　　　　　　D．算法本身

3. 下列说法中，正确的是(　　)。

A．数据的逻辑结构独立于其存储结构

B．数据的存储结构独立于其逻辑结构

C．数据的逻辑结构唯一决定了其存储结构

D．数据结构仅由其逻辑结构和存储结构决定

4. 在存储数据时，通常不仅要存储各数据元素的值，而且还要存储(　　)。

A．数据的操作方法　　　　　　B．数据元素的类型

C．数据元素之间的关系　　　　D．数据的存取方法

5. 链式存储设计时，结点内的存储单元地址(　　)。

A．一定连续　　　　　　　　　B．一定不连续

C．不一定连续　　　　　　　　D．部分连续，部分不连续

6. 一个算法应该是(　　)。

A．程序　　　　　　　　　　　B．问题求解步骤的描述

C．要满足五个基本特性　　　　D．A 和 C

四、简答题

分析下列程序段的时间复杂度。

(1)
```
i=1; k=0;
while(i<n){
    k=k+10*i;
    i++;
}
```

(2)
```
i=1;  j=0;
while(i+j<=n){
    if(i>j) j++;
    else i++;
}
```

(3)
```
x=n; //n>1
y=0;
while(x>=(y+1)*(y+1))
    y++;
```

(4)
```
sum=0;
for(i=1; i<=n; i++){
    p=1;
    for(j=1; j<=i; j++) p*=j;
    sum+=p;
}
```

(5)
```
i=1;
S=0;
while(i<=n)
{   i=i*3;
    S=i*2+5;
}
```

第 2 章 线 性 表

　　线性表是一种典型的线性结构，而线性结构是最简单且最常用的数据结构。本章将详细介绍线性表的基本概念、线性表的两种存储结构以及线性表的一些常见运算，特别是如何利用基本运算来设计算法。本章所涉及的内容是后续各章内容的基础。

◇ 【学习重点】
(1) 线性表的定义和线性表的基本运算；
(2) 顺序存储和链式存储的基本思想；
(3) 基于顺序表和单链表基本运算的实现；
(4) 基于顺序表和单链表基本运算的时间特性和空间特性；
(5) 顺序表和链表之间的比较。

◇ 【学习难点】
(1) 基于顺序表、单链表、循环链表和双向链表的算法设计及应用；
(2) 模块之间参数传递的问题。

2.1　线性表的逻辑结构

2.1.1　线性表的定义

　　线性表(Linear List)是由 $n(n \geq 0)$ 个数据元素(结点)组成的有限序列，其中元素的个数 n 为线性表的长度。当 $n = 0$ 时称为空表，通常将非空线性表 $(n > 0)$ 记为

$$L = (a_1, \cdots, a_{i-1}, a_i, a_{i+1}, \cdots, a_n) \tag{2-1}$$

　　线性表中各元素具有相同的特性，i 是数据元素 a_i 在线性表中的位序，即位置序号。从线性表的定义可以看出它的逻辑特征：对于一个非空线性表，有且仅有一个开始结点 a_1，有且仅有一个终端结点 a_n；除第一个结点外，其余结点 $a_i(2 \leq i \leq n)$ 均有且仅有一个直接前驱 a_{i-1}；除最后一个结点外，其余结点 $a_i(1 \leq i \leq n-1)$ 均有且仅有一个直接后继 a_{i+1}。

2.1.2　线性表的基本运算

　　每一种数据的逻辑结构都对应一组基本运算。这里只是给出抽象的运算，而运算的具体实现只有在确定了数据的存储结构之后才能考虑。对线性表实施的基本运算主要有以下几种：

1) InitList(&L)线性表初始化

初始条件：线性表 L 不存在。

运算结果：构造一个空的线性表。

2) SetNull(L)置空表

初始条件：线性表 L 已存在。

运算结果：将表 L 置为空表。

3) Length(L)求表长度

初始条件：线性表 L 已存在。

运算结果：返回表 L 中的数据元素个数。

4) Get(L, i)取元素值

初始条件：线性表 L 已存在。

运算结果：返回表 L 中第 i 个数据元素 a_i 的值或元素的位置信息。

5) Locate(L, x)定位，按值查找

初始条件：线性表 L 已存在。

运算结果：若表 L 中存在一个或多个值为 x 的元素，返回第一个查找到的数据元素的位序；否则返回一个特殊值。

6) Insert(L, x, i)插入

初始条件：线性表 L 已存在。

运算结果：在表 L 中第 i 个位置上插入值为 x 的元素。若插入成功，表长加 1。

7) Delete(L, i)删除

初始条件：线性表 L 已存在。

运算结果：删除表 L 中第 i 个数据元素。若删除成功，表长减 1。

需要说明的是每种基本运算用一个函数来表示，函数的参数 L 是指向线性表结构体的指针。其中线性表初始化运算使线性表从不存在到存在，显然指针 L 的指向发生了变化；置空表、插入和删除运算使线性表的内容发生了变化，但指针的指向并不会发生变化；求表长度、取元素值和定位运算，指针 L 和表的内容都没有发生变化。这三种情况涉及函数的参数传递问题，也是参数类型的选取问题，这个问题我们放在后面来解答。

上述运算并不是线性表的全部运算。因为对于不同应用问题中所使用的线性表，所需执行的运算可能不同，所以我们不可能也没有必要事先定义一组适合各种需要的运算。因此，通常的做法是只给出一组最基本的运算，对于实际问题中涉及的其他更为复杂的运算，可以用基本运算的组合(调用基本运算)来实现。

例 2.1　将线性表 A 按元素值奇、偶数拆分成两个表，A 表存放奇数，B 表存放偶数。算法如下：

```
void separate(Linear_list *La, Linear_list *Lb)
//已有线性表 La 和空线性表 Lb
{    int i=1, j=1, x;
     while(i<=Length(La))
```

```
        {
            x=Get(La,i);              //取 ai
            if(x%2==0)
            {   Insert(Lb, x, j);
                j++;
                Delete(La, i);
            }                         // ai是偶数，插入到 B 表末尾，并从 A 表中删除
            else i++;                 // ai是奇数，仍放在 A 表中
        }
    }
```

说明：(1) 将偶数插入到 B 表，A 表中只保留奇数；(2) 时间复杂度是 O(Length(La))。

2.2　线性表的顺序存储结构

2.2.1　线性表的顺序存储——顺序表

将一个线性表存储到计算机中，可以采用许多不同的方法，其中既简单又自然的是顺序存储方法，即把线性表的元素按逻辑顺序依次存放在一组地址连续的存储单元里。用这种方法存储的线性表简称为顺序表(Sequential List)。

由于线性表中所有元素类型都是相同的，因此每个元素所占用存储空间的大小亦是相同的。假设顺序表中每个元素占用 c 个存储单元，那么第一个单元的存储地址是该元素的存储地址，顺序表中开始元素 a_1 的存储地址是 $Loc(a_1)$，那么元素 a_i 的存储地址 $Loc(a_i)$可通过式(2-2)计算。

$$Loc(a_i) = Loc(a_1) + (i-1)*c \quad 1 \leqslant i \leqslant n \tag{2-2}$$

其中 $Loc(a_1)$是顺序表的第一个元素 a_1 的存储地址，通常称作顺序表的起始地址或基地址。

在顺序表中，每个结点 a_i 的存储地址是该结点在表中位置 i 的线性函数。只要知道顺序表的起始地址，顺序表中任一数据元素都可随机存取。因此顺序表是一种随机存取的存储结构，可以对顺序表顺序存取(Sequential Access)或随机存取(Random Access)。

由于程序设计语言中的数组也采用顺序存储结构，故可用一维数组存放线性表的元素。又因为数组的长度往往大于线性表的实际长度，所以顺序表还应该用一个变量来表示表的当前长度，我们用结构类型来定义顺序表的类型。

```
#define    maxsize 1024
typedef    int datatype;
typedef    struct
{
    datatype data[maxsize];       //采用一维数组存储线性表
    int last;                     //顺序表当前的长度
}sequenlist;
```

在上述定义中，存放线性表结点的数组长度 maxsize 应当选择适当，使得它既能够满

足表结点数目动态增加的需要，又不至于预先定义得过大而浪费存储空间。

图 2.1 是线性表顺序存储示意图，我们可以看出顺序表的特点是逻辑上相邻的结点其物理位置上亦相邻。

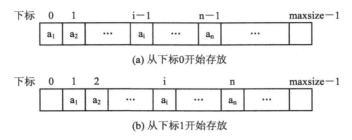

(a) 从下标0开始存放

(b) 从下标1开始存放

图 2.1　线性表顺序存储的不同方式

由于线性表结点的位序从 1 开始，而 C 语言中数组的下标从 0 开始，因此关于线性表中数据元素的位序(逻辑位置)和存放它的数组下标(物理位置)之间的关系通常有两种处理方式：第一种方式是从下标为 0 的数组元素开始存放，则结点的位序等于数组元素的下标加一；第二种方式是从下标为 1 的数组元素开始使用，这样结点的位序和数组的下标是相等的，使用起来会更简单自然一些，下标为 0 的元素不用或用作其他用途。本书约定采用第一种方式。至于实际应用中采用哪一种方式，可以结合具体情况进行选择。

若 L 是指向顺序表的指针，则 $a_1 \sim a_n$ 分别存储在 L->data[0]～L->data[L->last−1]中，L->last 表示线性表当前的长度。

2.2.2　线性表的基本运算在顺序表上的实现

定义了线性表的顺序存储结构之后，就可以讨论在该存储结构上如何具体实现在逻辑结构上的基本运算了。

在顺序表中，线性表的有些基本运算很容易实现。例如，设 L 是指向某一顺序表的指针，则置空表的操作是将表的长度置 0，即 L->last=0；求表的长度和取表中第 i 个元素值的操作只需分别返回 L->last 和 L->data[i−1]即可。下面重点讨论表初始化、插入和删除运算。

1．顺序表的初始化

在函数中建立一个空顺序表 L，指针 L 从没有指向顺序表变为指向一个空表，显然指针 L 的指向发生了变化。如何将这一变化的结果带回到主调函数，我们给出以下三种方式，并进行比较。

算法 2.1　通过函数返回值将结果带回到主调函数。

```
sequenlist*InitList( )
{   sequenlist*L=(sequenlist*)malloc(sizeof(sequenlist));     //分配顺序表的动态存储空间
    L-> last=0;                                               //将表的长度置为 0
    return L;
} //时间复杂度为 O(1)
```

在函数中定义的指针指向顺序表，指针作为函数的返回值。

算法 2.2　采用指向指针的指针作为函数参数，通过函数的参数将结果带回到主调函数。

```
void InitList(sequenlist**L )
{
    *L=(sequenlist*) malloc(sizeof(sequenlist));      //第二级指针 *L 指向顺序表
    (*L)-> last=0;                                     //将 *L 所指向的顺序表长度置 0
}//时间复杂度为 O(1)
```

第一级指针 L 指向第二级指针 *L，L 的指向没有改变，而 *L 的指向发生了变化。函数运行结束，将 *L 的指向带回到主调函数。请思考这里为什么不能用指针作为函数参数？

算法 2.3 采用指针的引用作为函数参数，通过函数的参数将结果带回到主调函数。

```
void InitList(sequenlist*&L )           //指针的引用作为参数
{
    L=(sequenlist*) malloc(sizeof(sequenlist));
    L-> last=0;
}//时间复杂度为 O(1)
```

参数的类型使用了 C++ 语言中的指针类型的引用，可以将指针所指向的结构体动态存储带回到主调函数。

2．顺序表的插入

在线性表的第 $i(1 \leqslant i \leqslant n+1)$ 个位置上插入一个新结点 x，并且使表的长度加 1，即使

$$(a_1, \cdots, a_{i-1}, a_i, \cdots, a_n)$$

变为长度是 $n+1$ 的线性表

$$(a_1, \cdots, a_{i-1}, x, a_i, \cdots, a_n)$$

由于顺序表存在"上溢"的可能，因此在插入之前需要判断表的数组空间是否已满。若已经满，则返回值为 0，表示插入不成功；否则返回值为 1，表示插入成功。

在顺序表中，由于结点的物理顺序必须与结点的逻辑顺序保持一致，因此我们必须按照 a_n 到 a_i 的顺序依次将 $a_n \sim a_i$ 后移一个位置，为插入的 x 让出存储位置，然后在该位置上插入新结点 x。仅当插入位置 $i=n+1$ 时，才无须移动结点，直接将新结点 x 添加到表的末尾。插入过程如图 2.2 所示，具体算法描述如下所示：

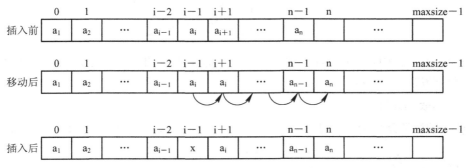

图 2.2　顺序表插入新结点 x 的过程

算法 2.4 在顺序表的第 i 个位置上插入一个新结点 x。

```
int Insert(sequenlist *L, datatype x, int i)
//将新结点插入顺序表的第 i 个位置。插入成功，返回 1；不成功，返回 0
```

```
    {   if(L->last==maxsize){ print ("表已满"); return 0; }
        else if(i<1 || i>L->last){ print ("非法插入位置"); return 0; }
        else{
            for(j=L->last; j>=i; j--) L->data[j]=L->data[j-1];        //结点后移
            L->data[i-1]=x;                                          //插入到 L->data[i-1]中
            L->last++;                                               //表长度加 1
            return 1;
        }
    }
```

此处需要强调一下，算法中 i、j 在 [ ] 之内是数组元素的下标，在 [ ] 之外作为结点的位序。

现在分析顺序表插入算法的时间复杂度。显然算法 2.4 的时间主要花费在结点的移动上，移动结点的个数不仅依赖于表的长度 n，而且与插入的位置 i 有关。for 语句的循环体执行了 n−i+1 次。当 i = n+1 时，由于循环变量的终值大于初值，结点后移语句不执行；当 i = 1 时，结点后移语句执行 n 次，移动表中所有结点。也就是说，该算法在最好情况下时间复杂度是 $O(1)$，最坏情况时间复杂度是 $O(n)$。由于插入可能在表中任意位置上进行，因此需分析算法的平均性能。

在长度为 n 的顺序表中插入一个结点，移动结点次数的期望值(平均移动次数)为

$$E_{in} = \sum_{i=1}^{n+1} p_i(n-i+1) \tag{2-3}$$

假设 p_i 是在第 i 位置上插入一个结点的概率，并且在表中任何合法位置($1 \leqslant i \leqslant n+1$)插入结点的概率相等，则

$$p_i = \frac{1}{n+1}$$

因此，在等概率插入的情况下，有

$$E_{in} = \frac{1}{n+1} \sum_{i=1}^{n+1} (n-i+1) = \frac{n}{2} \tag{2-4}$$

也就是说，在顺序表上做插入运算，平均要移动表中的一半结点。就数量级而言，算法的时间复杂度仍然是 $O(n)$。

3. 顺序表的删除

线性表的删除运算是指将表的第 $i(1 \leqslant i \leqslant n)$个结点删去，并且使表的长度减 1，即使

$$(a_1, \cdots, a_{i-1}, a_i, a_{i+1}, \cdots, a_n)$$

变成长度为 n−1 的线性表

$$(a_1, \cdots, a_{i-1}, a_{i+1}, \cdots, a_n)$$

顺序表还存在"下溢"的可能。如果是空表，返回值为 0，表示删除不成功；否则返回值为 1，表示删除成功。

和插入运算类似，在顺序表中实现删除运算也必须移动结点，才能反映出结点间的逻辑关系的变化。若 i＝n，则无须移动；若 1≤i≤n−1，则必须将表中位置 i+1，i+2，…，n 上的结点依次前移到位置 i，i + 1，…，n−1 上。这两种情况下的时间复杂度分别是 O(1) 和 O(n)。

顺序表中结点的删除过程见图 2.3。

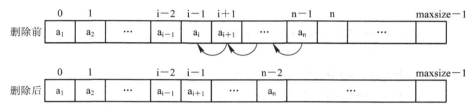

图 2.3　顺序表删除结点 a_i 的过程

算法 2.5　删除顺序表的第 i 个结点。

```
int Delete(sequenlist *L, int i)
//删除顺序表的第 i 个结点。删除成功，返回 1；不成功，返回 0
{   int   j;
    if ((i<1) || (i>L->last)){ print("非法删除位置"); return 0; }
    else{
        for(j=i; j<=L->last-1; j++) L->data[j-1]=L->data[j];   //结点前移
        L->last--;                                              //表长度减 1
        return 1;
    }
}
```

算法 2.5 的平均性能分析与插入算法类似。在长度为 n 的顺序表中删除一个结点，移动结点次数的期望值(平均移动次数)为

$$E_{de} = \sum_{i=1}^{n} p_i(n-i)$$

式中，p_i 表示删除表中第 i 个结点的概率。

在等概率的假设下，有

$$p_i = \frac{1}{n}$$

由此可得

$$E_{de} = \frac{1}{n} \sum_{i=1}^{n} (n-i) = \frac{n-1}{2}$$

即在顺序表上做删除运算，平均要移动表中约一半的结点，算法的时间复杂度为 O(n)。

例 2.2　有顺序表 A 和 B，其表中元素按由小到大的顺序排列。编写一个算法，将它们合并为顺序表 C，并且表 C 中的元素也按由小到大的顺序排列。

```
void merge(sequenlist*A, sequenlist*B, sequenlist*&C)
{   //在函数中产生顺序表 C，为了将 C 的指向带回到主调函数，参数采用指针的引用
    if(A->last+B->last>maxsize)
        printf("Error!\n");
    else{
        C=(sequenlist*)malloc(sizeof(sequenlist));
        i=0; j=0; k=0;
        while(i<A->last&&j<B->last)
            if(A->data[i]<B->data[j])
                C->data[k++]=A->data[i++];
            else
                C->data[k++]=B->data[j++];
        while(i<A->last)
            C->data[k++]=A->data[i++];    //将表 A 的剩余元素复制完
        while(j<B->last)
            C->data[k++]=B->data[j++];    //将表 B 的剩余元素复制完
        C->last=k;
        }
    }
```

算法的时间复杂度是 $O(m+n)$，其中 m 是表 A 的长度，n 是表 B 的长度。

2.2.3　顺序表的应用实例

在学习掌握了一些算法之后，读者可能感到编写程序还有一定的困难。下面我们通过一个具体问题，实现从算法过渡到完整程序的过程。

问题描述：首先建立一个顺序存储结构的线性表，然后删除顺序表中所有值为 x 的结点。

分析　程序的结构采用模块化，每个函数作为一个功能相对独立的模块。我们需要定义实现本题目所要求的函数，还要给出 main 函数和有关的基本运算的函数。

程序代码如下：

```
#include<stdio.h>
#include<stdlib.h>
#define maxsize 1024
//定义顺序表结构类型
typedef int datatype;
typedef struct
{   datatype data[maxsize];
    int last;
}sequenlist;
```

```
//声明函数原型
sequenlist*InitList( );
int Length(sequenlist*);
int Insert(sequenlist*, datatype,int);
int Locate(sequenlist*, datatype);
int Delete(sequenlist*, int);
void del_node(sequenlist*, datatype);
void PrintList(sequenlist*);

void main( )
{   sequenlist*L;
    int i=0;
    datatype x;
    L=InitList( );
    printf("输入若干个整型数据，建立顺序表(输入-1 结束):");
    scanf("%d", &x);
    while(x!=-1)
    { i++;
        if(!Insert(L, x, i)) exit(0);
        scanf("%d", &x);
    }
    PrintList(L);                          //输出删除前的顺序表
    printf("输入所要删除的元素值： ");
    scanf("%d", &x);
    del_node(L, x);                        //删除值为 x 的结点
    PrintList(L);                          //输出删除后的顺序表
}

sequenlist*InitList( )
//建立空顺序表
{   sequenlist*L=(sequenlist*)malloc(sizeof(sequenlist));
    L-> last=0;
    return L;
}

int Length(sequenlist*L )
//求表长度
{   return    L->last;
}
int Insert(sequenlist*L,datatype x,int i)
//将新结点插入顺序表的第 i 个位置
```

```
{
    int j;
    if(L->last>=maxsize-1)
        {printf("表已满"); return 0;}            //插入不成功，返回 0
    else{
        for(j=L->last; j>=i; j--)
            L->data[j]=L->data[j-1];             //结点后移
            L->data[i-1]=x;                      //插入到 L->data[i-1]中
            L->last++;                           //表长度加 1
            return 1;                            //插入成功，返回 1
    }
}


int Delete(sequenlist*L,int i)
//删除顺序表的第 i 个结点
{
    int j;
    if ((i<1)||(i>L->last))
    {
        printf("非法删除位置");
        return 0;                                //删除不成功，返回 0
    }
    else{
        for(j=i+1; j<=L->last; j++)
            L->data[j-2]=L->data[j-1];           //结点前移
        L->last--;                               //表长度减 1
        return 1;                                //删除成功，返回 1
    }
}


int Locate(sequenlist*L, datatype x)
//在顺序表中查找第一个值与 x 相同的元素
{   int i=1;
    while(i<=L->last)
    if(L->data[i-1]!=x) i++;
    else return i;                               //查找成功，返回该元素的位序
    return 0;                                    //查找不成功，返回 0
}


void del_node(sequenlist*L,datatype x)
//在顺序表中删除所有值为 x 的结点
```

```
    {
        int k;
        k=Locate(L, x);
        while(k)                        //查找到，执行循环体；查找不到，结束循环
        {   if(Delete(L, k)==0) break;
            k=Locate(L, x);
        }
    }

    void PrintList(sequenlist*L)
    //输出顺序表
    {
        int i;
        for(i=1; i<=L->last; i++)
            printf("%5d", L->data[i-1]);
        printf("\n");
    }
```

2.3　线性表的链式存储结构

由 2.2 节的讨论可知，采用顺序存储结构的线性表的特点是逻辑上相邻的两个元素在物理位置上亦相邻。顺序存储结构的线性表具有顺序存取和随机存取表中元素的优点，同时它也存在下列缺点：

(1) 插入、删除操作时需要移动大量元素，效率较低；

(2) 最大表长难以估计，太大了浪费空间，太小了容易溢出。

因此，在插入和删除操作频繁的情况下，选用顺序存储结构不太合适，此时可以选用链式存储结构，即数据元素之间的逻辑关系由结点中的指针来指示。这种存储结构不仅可以表示线性结构，还可以表示各种非线性结构。

链式存储结构也称链表，分为单链表、双向链表和循环链表三种。下面具体加以讲述。

2.3.1　单链表

1．单链表概述

单链表(Single Linked List)是指在内存中用一组连续的或不连续的存储单元来存储线性表的数据元素，每个元素含有一个数据域(data)和一个指针域(next)。这两部分信息组成了单链表中的一个结点，如图 2.4 所示。

图 2.4　单链表结点示意图

单链表中每个结点的数据域用于存放结点的数据，指针域存放结点的直接后继结点的地址。由于开始结点无前驱结点，故应设头指针 head 指向开始结点；终端结点无后继结点，它的指针域为空，即 NULL(图示中也可以用^表示)。单链表正是通过头指针以及每个结点的指针域将线性表的 n 个结点按其逻辑顺序链接在一起。例如，图 2.5 是线性表(A、E、C、D、E、F)的单链表示意图，假设数据域占一个字节，指针域占两个字节。

　　用图 2.5 的方法表示一个单链表既不方便，也不直观。我们在使用单链表时，只是关心线性表中数据元素的值以及元素之间的逻辑关系，而不是每个数据元素在存储器中的实际位置。通常用图 2.6 的形式形象地表示单链表。

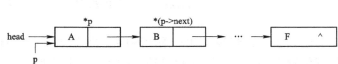

图 2.5　单链表示意图　　　　　　　　　　图 2.6　单链表的一般图示法

下面给出用 C 语言描述的单链表结点类型定义：

```
typedef   结点数据域类型  datatype;
typedef struct node
{
    datatype    data;
    struct node*next;
} linklist;
linklist*head,*p;        // head 为头指针，p 为工作指针
```

　　单链表的基本思想就是用指针表示结点之间的逻辑关系，因此正确理解指针变量、指针、结点这几个概念是非常重要的。

　　指针变量简称指针，用于存放结点的地址，即用于指向结点。一个结点就是一个结构体变量。若指针的值非空，则它指向一个类型为 linklist 的结点；若指针的值为空，则它不指向任何结点。

　　指针所指向的结点存储空间是在程序执行过程中生成和释放的，故称为动态存储空间。在 C 语言中，通过下面两个标准函数生成或释放结点。

　　生成结点：p=(linklist*)malloc(sizeof(linklist));

释放结点：free(p);

函数 malloc 的返回值类型是 void*，然后进行强制类型转换得到一个类型为 linklist 的结点空间。p 中所存放的是该结点的首地址，也可以说，p 指向该结点。如果结点变量不再使用，调用函数 free 删除结点所占的存储空间。

我们必须通过指针来访问结点，即用 *p 表示结点。用 p->data 和 p->next 或者 (*p).data 和 (*p).next 表示结点的数据域和指针域，前者是比较常用的形式。

2．头结点

特别需要指出的是，单链表以及后面所讨论的循环链表和双向链表均可以带头结点或者不带头结点，见图 2.7 和图 2.8。头结点就是在单链表的第一个结点之前附设一个结点，头结点数据域可以存放一些特殊信息。如果数据域为整型，可以存放链表的长度信息。

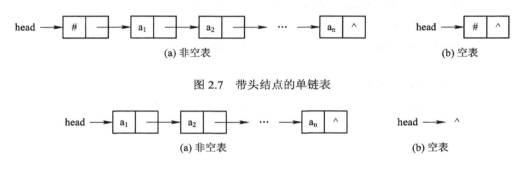

图 2.7　带头结点的单链表

图 2.8　不带头结点的单链表

使用头结点的好处如下：

(1) 由于开始结点的位置被存放在头结点的指针域中，所以对链表第一个结点的操作同其他结点一样，无需特殊处理。

(2) 无论链表是否为空，其头指针是指向头结点的非空指针，因此对空表与非空表的处理也就统一了。

从上述两点我们可以看出，使用头结点可以降低链表操作的复杂性和出现错误的机会。本书所涉及的链表除特殊声明之外，均带有头结点。

3．单链表的基本运算

下面我们将以带头结点的单链表为例，讲述如何实现线性表的几种基本运算。

1) 建立单链表

假设单链表结点的数据域类型是字符型，可逐个输入字符，并以换行符"\n"作为输入结束标志。动态建立单链表通常有以下两种方法：

(1) 头插法建表

从空表开始，每次将输入的字符作为新结点插入到表头，链表中结点的次序与输入字符的顺序相反。请注意，图 2.9 中给出的序号与算法中的序号是对应的，表示在建表过程中的操作次序。

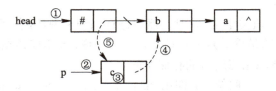

图 2.9 将新结点插入到表头

算法 2.6 用头插法建立单链表。

```
linklist*CreateListF( )
//带头结点的头插法，返回单链表的头指针
{
    linklist*head,*p;   char ch;
    head=(linklist*)malloc(sizeof(linklist));     //产生头结点①
    head->next=NULL;
    while((ch=getchar( ))!='\n')                   //输入 abc
    {
        p=(linklist*)malloc(sizeof(linklist));     //生成新结点②
        p->data=ch;                                //对结点的数据域赋值③
        p->next=head->next;                        //新结点的指针域指向原第一个结点④
        head->next=p;                              //修改头结点的指针域⑤
    }
    return head;
}
```

算法 2.6 中循环语句的循环体执行了 n 次，所以时间复杂度为 O(n)。

(2) 尾插法建表

如图 2.10 所示，将新结点插入到表尾，链表中结点的次序与输入字符的顺序相同。

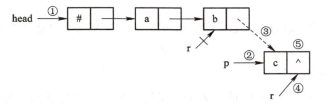

图 2.10 将新结点插入到表尾

算法 2.7 用尾插法建立单链表。

```
linklist*CreateListR( )
//带头结点的尾插法，返回单链表的头指针
{
    linklist*head,*p,*r;   char ch;
    head=(linklist*)malloc(sizeof(linklist));          //生成头结点①
```

```
        head->next=NULL;                          //建立空表
        r=head;                                    //r 指针指向头结点
        while((ch=getchar( ))!='\n')               //输入 abc
        {   p=(linklist*)malloc(sizeof(linklist)); //生成新结点②
            p->data=ch;                            //将输入的字符赋给新结点的数据域
            r->next=p;                             //新结点插入表尾③
            r=p;                                   // r 指针指向到表尾④
        }
        r->next=NULL;                              //表尾结点的指针域置空⑤
        return head;
    } //时间复杂度为 O(n)
```

如果在单链表中不设置头结点，采用尾插法建表，需要对第一个结点进行特殊处理。请读者自行分析下面的算法 2.8，并体会不设置头结点的缺点。

算法 2.8　用尾插法建立不带头结点的单链表。

```
    linklist*CreateListR( )
    //不带头结点的尾插法，返回单链表的头指针
    {   linklist*head,*p,*r;        char ch;
        head=NULL; r=NULL;                         //建立空表，尾指针置为空
        while((ch=getchar( ))!='\n')
        {   p=(linklist*)malloc(sizeof(linklist)); //生成新结点
            p->data=ch;                            //将输入的字符赋给新结点的数据域
            if(head= =NULL)
                head=p;                            //新结点插入到空表
            else
                r->next=p;                         //新结点插入到非空表的末尾
            r=p;                                   //指针 r 指向表的末尾
        }
        if(r!=NULL)
            r->next=NULL;                          //对于非空表，将终端结点的指针域置空
        return head;
    }
```

2) 单链表的查找

(1) 按序号查找

由于链表不是随机存储结构，因此即使知道被访问结点的序号 i，也不能像顺序表那样直接按序号访问结点，只能从头指针出发，沿着结点的指针域进行搜索，直至找到第 i 个结点为止。

设单链表的长度为 n，并且规定头结点的位序为 0，要查找第 i 个结点，仅当 1≤i≤n 时，才能查找到。在算法 2.9 中，我们从头结点开始沿着链表扫描，用指针 p 指向当前扫

描到的结点，用 j 作计数器，累计当前已扫描的结点数。p 的初值指向头结点，j 的初值为
0，当 p 指向下一个结点时，计数器 j 的值相应加 1。

　　算法 2.9　按序号查找单链表。

```
linklist*Get(linklist*head,int i)
{   lintlist*p=head;           //p 指向头结点
    int j=0;
    while(p->next!=NULL&&j<i)
    {
        p=p->next;             //p 指向下一个结点
        j++;                   //计数器加 1
    }
    if(i==j) return p;         //查找到，返回第 i 个结点的地址
    else return NULL;          //查找不到，返回空地址值
} //时间复杂度为 O(n)
```

　　分析循环语句中的表达式，结束循环有两种可能：一种是 j 等于 i，此时指针 p 所指向
的结点就是要查找的第 i 个结点；另一种可能是 p->next 为 NULL 并且 j 小于 i，则链表
中不存在第 i 个结点。

　　(2) 按值查找。

　　在单链表中查找是否存在给定查找值 key 的结点，若存在，则返回该结点的地址；否
则返回 NULL。

　　算法 2.10　按值查找单链表。

```
linklist*Locate(linklist*head, datatype key)
{
    linklist*p=head->next;              //p 指向第 1 个结点
    while(p!=NULL&&p->data!=key)
        p=p->next;                      //p 指向下一个结点
    return p;     //查找到，p 的值为该结点的地址；查找不到，p 的值为空
} //时间复杂度为 O(n)
```

3) 单链表的插入

　　在单链表中插入或删除元素，只需要修改指针的指向，不需要移动结点。如图 2.11 所
示，将值为 x 的新结点插入到表的第 i 个结点的位置上，即插入到元素 a_{i-1} 与 a_i 之间。由于
单链表只能做“后插”，不能做“前插”，因此必须先使指针 p 指向第 i 个结点的直接前驱
结点，然后将新结点插入在指针 p 所指向的结点之后。

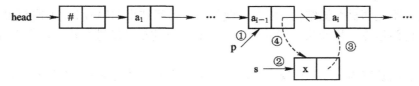

图 2.11　在单链表中插入一个结点

算法 2.11 插入单链表。

```
void Insert(linklist*L, datatype x, int i)
// L 指向具有头结点的单链表
{
    linklist*p,*s;
    p=Get(L, i-1);                        //调用算法 2.9，查找第 i-1 个结点 *p①
    if(p= =NULL) printf("查找不到第 i-1 个结点");
    else
    {                                     //将新结点插在 *p 之后
        s=(linklist*)malloc(sizeof(linklist));   //生成新结点②
        s->data=x;
        s->next=p->next;                  //新结点的指针域指向结点 a_i③
        p->next=s;                        //结点 a_{i-1} 的指针域指向新结点④
    }
}
```

设链表的长度为 n，合法的插入位置是 $1 \le i \le n+1$。当 i=1 时，p 指向头结点；当 i=n+1 时，p 指向终端结点。因此，用 i-1 作为实参调用 Get 时可完成插入位置的合法性检查。算法的时间主要耗费在查找操作 Get 上，所以时间复杂度为 O(n)。

在涉及改变指针指向的操作中，一定要注意操作的次序，否则容易出错。假如上面的③、④号操作的顺序颠倒过来，会造成链表断开，后面一截链表"丢失"了，如图 2.12 所示。

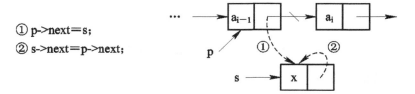

图 2.12　单链表操作次序错误的结果

例 2.3　将值为 x 的新结点插入到递增有序单链表中，使插入后该链表仍然有序。

分析　在查找过程中，若遇到某个结点的元素值大于等于 x，则在该结点之前插入新结点。在单链表中必须利用前驱指针将"前插操作"变为"后插操作"。

程序如下：

```
void insert (linklist*head,datatype x)
//将值为 x 的新结点插入到带有头结点的有序单链表中
{
    s=(linklist*)malloc(sizeof(linklist));      //生成一个待插入的结点
    s->data=x;
    s->next=NULL;
    p=head->next;                               // p 指向第一个结点
```

```
        q=head;                              // q 指向头结点
        while(p!=NULL&&p->data<=x)
        {
            q=p;
            p=p->next;
        }
        if(p==NULL) q->next=s;              //在空表或终端结点之后插入
        else
        {
            s->next=p;                      //将 *s 插入到 *q 和 *p 之间
            q->next=s;
        }
    } //时间复杂度为 O(n)
```

4) 单链表的删除

要在单链表中删除第 i 个结点 a_i，首先应找到它的直接前驱结点 a_{i-1} 的存储位置 p，然后使 p->next 指向 a_i 的直接后继结点，即把结点 a_i 从链上摘下。删除结点的示意图如图 2.13 所示。

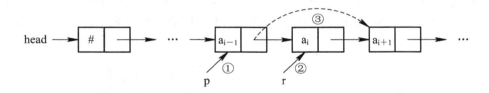

图 2.13　在单链表上删除结点示意图

算法 2.12　删除单链表。

```
        void Delete(linklist*L, int i)
        //在带头结点的单链表中删除第 i 个结点
        {
            p=Get(L, i-1);                   //调用算法 2.9，找第 i-1 个结点①
            if(p!=NULL&&p->next!=NULL)       //第 i-1 个结点和第 i 个结点均存在
            {
                r=p->next;                   // r 指向 *p 的后继结点②
                p->next=r->next;             //删除结点 *r③
                free(r);                     //释放结点 *r 所占的存储空间
            }
            else    printf("第 i 个结点不存在");
        }
```

2.3.2 循环链表

循环链表(Circular Linked List)是一种首尾相接的链式存储结构。循环链表一般是指单循环链表，其特点是单链表中最后一个结点的指针域指向头结点或开始结点，整个链表形成一个环，从表中任一结点出发均可找到表中其他结点。带头结点的单循环链表如图 2.14 所示。

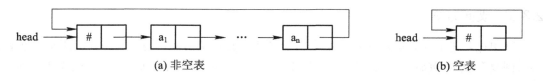

图 2.14　单循环链表

在用头指针表示的单循环链表中，找开始结点 a_1 的时间复杂度为 O(1)。然而要找到终端结点 a_n，则需要从头指针开始遍历整个链表，其时间复杂度为 O(n)。如果改用尾指针 rear 表示带头结点的单循环链表(见图 2.15)，则开始结点 a_1 和终端结点 a_n 的存储位置分别是 rear->next->next 和 rear，查找这两个结点的时间复杂度都是 O(1)。因此，在实际应用中采用尾指针表示单循环链表，可以使某些运算易于实现且效率高。

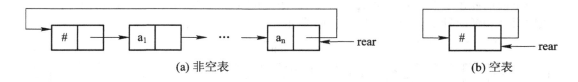

图 2.15　仅设尾指针的单循环链表

例 2.4　在单循环链表上实现将两个线性表$(a_1, a_2, \cdots, a_m)$和$(b_1, b_2, \cdots, b_n)$合并为一个循环链表$(a_1, \cdots, a_m, b_1, \cdots, b_n)$的运算。

(1) 采用尾指针

```
linklist*connect(linklist*La,linklist*Lb)
    {  // La，Lb 是两个非空循环链表的尾指针
        linklist*p=La->next;                //p 指向 La 表的头结点
        La->next=Lb->next->next;            //将 Lb 表链接到 La 表的表尾
        free(Lb->next);                     //释放 Lb 表的头结点
        Lb->next=p;                         //终端结点的指针域指向头结点
        return Lb;
    } //时间复杂度为 O(1)
```

(2) 采用头指针

```
void connect(linklist*La,linklist*Lb)
    {  //La，Lb 是两个非空循环链表的头指针
        linklist*p=La->next;                // p 指向 La 的开始结点
        while(p->next!=La) p=p->next;        //查找 La 的终端结点
```

```
    p->next=Lb->next;              // La 终端结点指针域指向 Lb 开始结点
    p=Lb->next;                    // p 指向 Lb 的开始结点
    while(p->next!=Lb) p=p->next;  //查找 Lb 的终端结点
    p->next=La;                    // Lb 的终端结点的指针域指向 La 的头结点
    free(Lb);                      //释放 Lb 的头结点
} //时间复杂度为 O(Length(La)+Length(Lb))
```

2.3.3　双向链表

在单循环链表中，虽然从任一结点出发能找到其直接前驱结点，但需要遍历整个链表，其时间复杂度为 O(n)。如果在每个结点内再增加一个指向其直接前驱结点的指针域 prior，就可以快速查找直接前驱结点。这样的链表称为双向链表(Double Linked List)，其结点的结构体类型定义如下：

```
    typedef struct dnode
    {   datatype data;                //data 为结点的数据域
        struct dnode *prior,*next;    //prior 和 next 分别是结点的前驱和后继指针域
    }dlinklist;
    dlinklist*head;
```

与单向循环链表类似，双向链表也可以采用循环表，将头结点和终端结点链接起来，构成顺时针和逆时针的两个环，如图 2.16 所示。

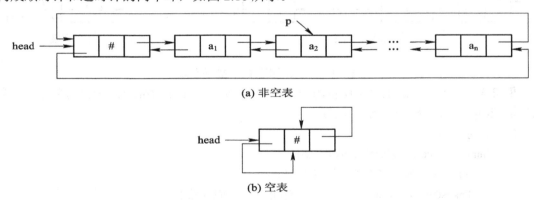

(a) 非空表

(b) 空表

图 2.16　带头结点的双向循环链表

设指针 p 指向双向链表中的某个结点，则 p->prior->next 读作 p 所指结点的前驱指针域所指结点的后继指针域，与 p 的指向是相同的。类似地，p->next->prior 也与 p 的指向相同。

在双向链表中既可以进行"后插"，也可以进行"前插"，插入一个结点应当修改四个指针的指向。

1. 在结点 *p 之后插入结点 *s

双向链表的后插操作如图 2.17 所示，在结点 *p 之后插入结点 *s 需要注意以下两点：

(1) 先修改待插入结点 *s 的前驱和后继指针域，以免发生"断链"现象；

(2) 然后修改结点 *p 的后继指针域所指结点的前驱指针域，最后修改结点 *p 的后继指针域。

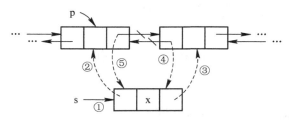

图 2.17 双向链表的后插操作

算法 2.13 双向链表的后插。

```
void DInsertAfter(dlinklist*p,datatype x)
{   //在带头结点的非空双向链表中，将值为 x 的新结点插入 *p 之后
    dlinklist*s=(dlinklist*)malloc(sizeof(dlinklist));      //生成新结点 ①
    s->data=x;
    s->prior=p;                         // *s 的前驱指针域指向*p ②
    s->next=p->next;                    // *s 的后继指针域指向 *p 的后继结点 ③
    p->next->prior=s;                   // *p 的后继结点的前驱指针域指向 *s ④
    p->next=s;                          // *p 的后继指针域指向 *s ⑤
} //时间复杂度为 O(1)
```

2. 在结点 *p 之前插入结点 *s

双向链表的前插操作如图 2.18 所示，应当先修改待插入结点的前驱和后继指针域，然后修改结点 *p 的前驱指针域所指结点的后继指针域，最后修改结点 *p 的前驱指针域。

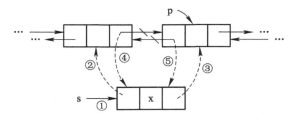

图 2.18 双向链表的前插操作

算法 2.14 双向链表的前插。

```
void DInsertBefore(dlinklist*p,datatype x)
{   //在带头结点的非空双向链表中,将值为 x 的新结点插入 *p 之前
    dlinklist*s=(dlinklist*)malloc(sizeof(dlinklist));      //生成新结点①
    s->data=x;
    s->prior=p->prior;                  // *s 的前驱指针域指向 *p 的前驱结点 ②
    s->next=p;                          // *s 的后继指针域指向 *p ③
    p->prior->next=s;                   // *p 的前驱结点的后继指针域指向 *s ④
    p->prior=s;                         // *p 的前驱指针域指向 *s ⑤
} //时间复杂度为 O(1)
```

这两种插入方法对指针操作的顺序不是唯一的，但也不是任意的。操作次序不当就有

可能错误地插入，还有可能"丢失"一部分链表。

3．删除结点 *p

双向链表中删除结点 *p 的操作如图 2.19 所示，删除一个结点需要改变两个指针的指向。

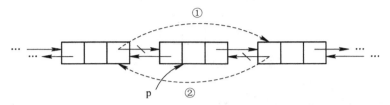

图 2.19　双向链表中删除结点*p

算法 2.15　双向链表的删除。

```
void DDelete(dlinklist*p)
{ //在带头结点的非空双向链表中，删除结点 *p，设 *p 为非终端结点
    p->prior->next=p->next;        // *p 的前驱结点的后继指针域指向 *p 的后继结点①
    p->next->prior=p->prior;       // *p 的后继结点的前驱指针域指向 *p 的前驱结点②
    free(p);                       //释放结点 *p
} //时间复杂度为 O(1)
```

4．建立双向链表

与单链表的建立类似，建立双向链表也分为头插法和尾插法。下面我们给出头插法建立双向循环链表的算法，尾插法建立双向链表的算法请读者自行写出来。

算法 2.16　采用头插法建立带有头结点的双向循环链表。

```
dlinklist*CreateDlinkList()
{
    dlinklist*head,*s;
    head=(dlinklist*)malloc(sizeof(dlinklist));
    head->prior=head;
    head->next=head;                           //生成含有头结点的空双向循环链表
    printf("Input any char string:\n");
    scanf("%c",&ch);
    while(ch!='\n')
    {
        s=(dlinklist*)malloc(sizeof(dlinklist));    //生成待插入的结点
        s->data=ch;
        s->prior=head;
        s->next=head->next;
        head->next->prior=s;
        head->next=s;                          //将新结点插入到表头
        scanf("%c",&ch);                       //继续读下一个结点数据
    }
    return head;
}
```

2.4 顺序表与链表的比较

线性表可以采用顺序存储结构和链式存储结构来表示。在实际应用中应当根据具体问题的要求和性质进行选择，通常需要考虑以下几点：

1．空间特性

顺序表的存储空间是静态分配的，在程序执行之前必须确定它的存储规模。若线性表的长度变化较大，则存储线性表的顺序表空间长度难以预先确定。估计过大将造成空间浪费，估计过小又将使空间溢出机会增多。链表的存储空间是动态分配的，只要内存还有空闲，就不会产生溢出。因此，当线性表的长度变化较大，采用链式存储结构较为适宜。

此外还可以从结点的存储密度(Storage Density)来考虑，结点的存储密度定义为

$$结点的存储密度 = \frac{结点数据域所占用的存储量}{整个结点所占用的存储量}$$

一般地，存储密度越大，存储空间的利用率就越高。顺序表中每个结点只存放数据元素，其存储密度等于 1；而链表的每个结点除了存放数据元素，还要存放指示元素之间逻辑关系的指针，显然其存储密度小于 1。假如单链表结点的数据域类型为整型，指针所占的空间与整型量相同，都是 4 个字节，则单链表的存储空间利用率为 50%；若不考虑顺序表空间中的空闲区，则顺序表的存储空间利用率为 100%。

2．时间特性

顺序表是一种顺序存储结构，对表中任一结点都可以在 O(1)的时间复杂度下直接存取；而存取链表中的某个结点，必须从头指针开始沿着链表顺序查找，时间复杂度为 O(n)。

在链表中进行插入和删除操作不需要移动元素，只需修改指针的指向即可，其时间复杂度为 O(1)，前插仍为 O(1)；在顺序表中的插入和删除操作平均需要移动一半的元素，时间复杂度为 O(n)。

作为一般规律，如果对线性表的操作以查找为主，采用顺序存储结构较好；如果以插入、删除为主，并且数据量不是很大，则采用链式存储结构为宜。

总之，线性表的顺序存储和链式存储各有其优缺点，不能笼统地说哪种存储结构更好，只能根据实际问题的需要，并对各方面的优缺点加以综合考虑，才能最终选定比较适宜的存储结构。

另外还要说明一点，在解决实际问题时，所采用的算法在时间特性和空间特性方面有可能两者是矛盾的。也就是说，可能时间特性好而空间特性差，或者空间特性好而时间特性差。

2.5 线性表的应用举例

2.5.1 顺序表的应用——大整数的表示及求和

用某种程序设计语言进行编程时，可能需要处理非常大的整型数(俗称大整数)，这种

大整数用该语言的基本数据类型无法直接表示。处理大整数的一般方法是采用数组存诸大整数，每个数组元素表示整数的一位，通过对数组元素的运算来模拟大整数的运算。下面讨论大整数的加法运算。

设有两个大整数 $A = a_1a_2\cdots a_m$ 和 $B = b_1b_2\cdots b_n$，求 $C = A + B$。我们用三个顺序表存储大整数 A、B、C，为了便于运算，大整数的个位数存储在顺序表的低端，顺序表的长度就是大整数的位数。图 2.20 是大整数存储和求和的示意图，算法的伪代码描述如下：

1	初始化进位值 flag=0，初始化循环变量 i=0，生成 C 表空间
2	求大整数 A 和 B 的长度：m=A.length n=B.length;
3	循环，当 i<m&&j<n 时执行：
	3.1　　　计算第 i 位的值：C.data[i]=(A.data[i]+B.data[i]+flag)%10
	3.2　　　计算第 i 位的进位值：flag=(A.data[i]+B.data[i]+flag)/10
	3.3　　　i 的值加一
4	计算大整数 A 或者 B 的剩余位
5	计算大整数 C 的位数 C.length

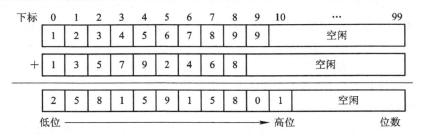

图 2.20　大整数存储、求和示意图

大整数求和算法用 C 语言描述如下：

```c
sequenlist*add(sequenlist*A,sequenlist*B)
{
    flag=0; i=0;
    sequenlist*C=(sequenlist*)malloc(sizeof(sequenlist));
    m=A->last; n=B->last;
    while(i<m&&i<n)
    {
        C->data[i]=(A->data[i]+B->data[i]+flag)%10;
        flag=(A->data[i]+B->data[i]+flag)/10;
        i++;
    }
    while(i<m)
    {
        C->data[i]=(A->data[i]+flag)%10;
        flag=(A->data[i]+flag)/10;
        i++;
    } //处理大整数 A 的剩余位
```

```
while(i<n)
{
    C->data[i]=(B->data[i]+flag)%10;
    flag=(B->data[i]+flag)/10;
    i++;
} //处理大整数 B 的剩余位
C->last=(m>=n?m:n)+flag;              //如果最后有进位，则大整数 C 会多一位
if(flag==1)    C->data[C->last]=flag;  //将进位值作为大整数 C 最高位的值
return C;
}
```

2.5.2 单链表的应用——一元多项式的表示及运算

1. 一元多项式的表示

在数学上，一个一元多项式可按升幂表示为 $A(x) = a_0 + a_1x + a_2x^2 + \cdots + a_nx^n$，它由 $n + 1$ 个系数唯一确定。因此，可以用一个线性表$(a_0, a_1, a_2, \cdots, a_n)$来表示，每一项的指数 i 隐含在其系数 a_i 的序号里。

若有 $A(x) = a_0 + a_1x + a_2x^2 + \cdots + a_nx^n$ 和 $B(x) = b_0 + b_1x + b_2x^2 + \cdots + b_mx^m$，一元多项式求和也就是求 $A(x) = A(x) + B(x)$，这实质上是合并同类项的过程。

在实际应用中，多项式的指数可能很高且变化很大，在表示多项式的线性表中就会存在很多零元素。一个较好的存储方法是只存储非零项，但是需要在存储非零系数的同时存储相应的指数。这样，一个一元多项式的每一个非零项可由系数和指数唯一表示。例如 $S(x) = 5 + 10x^{30} + 90x^{100}$ 就可以用线性表$((5, 0), (10, 30), (90, 100))$来表示。

接下来要考虑的是多项式对应的线性表存储结构问题。如果采用顺序存储结构，对于指数相差很多的两个一元多项式，相加会改变多项式的系数和指数。若相加的某两项的指数不等，则这两项应当分别添加到结果中，将引起顺序表的插入；若两项的指数相等，则系数相加；若两项的指数相加结果为零，将引起顺序表的删除。因此采用顺序表实现两个一元多项式相加的时间特性并不好。

如果采用单链表存储一元多项式，则每个非零项对应一个结点，且单链表中的结点应按照指数递增有序排列。结点结构如图 2.21 所示。其中 coef 为系数域，存放非零项的系数；exp 为指数域，存放非零项的指数；next 为指针域，存放指向下一个结点的指针。

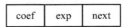

图 2.21　一元多项式链表的结点结构

结点的结构类型可以定义如下：

```
typedef struct node
{   double coef;
    int exp;
    struct node *next;
} LinkList;
```

2. 多项式的求和运算

设单链表 A 和 B 分别存储两个多项式，多项式的求和结果存储在单链表 A 中。下面分

析两个多项式求和的主要执行过程。

设两个工作指针 p 和 q 分别指向 A 表和 B 表中当前比较的两个结点。两个多项式求和实质上是对结点 *p 和结点 *q 的指数域进行比较，会有以下三种情况：

(1) p->exp 小于 q->exp，则结点 *p 应为结果链表中的一个结点，直接将指针 p 后移即可，如图 2.22 所示。

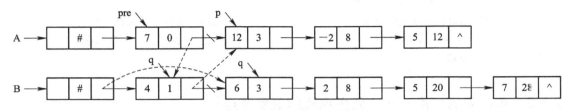

图 2.22　第一种情况示意图

(2) p->exp 大于 q->exp，则结点 *q 应为结果链表中的一个结点。将结点 *q 插入到 A 表结点 *p 之前，并将指针 q 指向 B 表中的下一个结点，将 *q 从 B 表中摘掉，如图 2.23 所示。为了在结点 *p 之前插入结点，还需要设置工作指针 pre 指向 *p 的前驱结点。

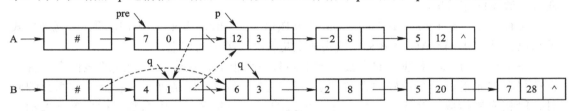

图 2.23　第二种情况示意图

(3) p->exp 等于 q->exp，则 p 和 q 所指向的结点为同类项。将结点 *q 的系数加到结点 *p 的系数上，若相加结果不为零，则将指针 p 后移，并删除结点 *q。为此，在表 B 中应该设置工作指针 qre 指向 *q 的前驱结点，如图 2.24(a)所示；若相加结果为零，则表明结果多项式中无此项，应当删除结点 *p 和结点 *q，并将指针 p 和指针 q 分别后移，如图 2.24(b)所示。

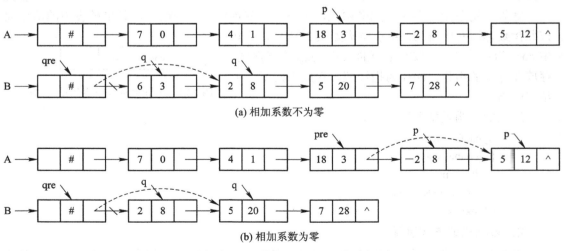

(a) 相加系数不为零

(b) 相加系数为零

图 2.24　第三种情况示意图

多项式求和的完整执行过程用伪代码描述如下:

```
1     工作指针初始化:
    1.1         pre 指向 A 表的头结点          p 指向 A 表第一个结点
    1.2         qre 指向 B 表的头结点          q 指向 B 表第一个结点
2     循环,当 p 和 q 均不为空时执行:
    2.1         若 p->exp 小于 q->exp,则指针 pre、p 后移
    2.2         若 p->exp 大于 q->exp,则
        2.2.1       将结点 *q 插入到结点 *p 之前
        2.2.2       指针 q 指向原指结点的下一个结点
    2.3         若 p->exp 等于 q->exp,则
        2.3.1       p->coef=p->coef+q->coef
        2.3.2       若 p->coef 为零,则执行下列操作,否则 pre、p 后移
            2.3.2.1     删除结点 *p
            2.3.2.2     使指针 p 指向它原指结点的下一个结点
        2.3.3       删除结点 *q
        2.3.4       使指针 q 指向它原指结点的下一个结点
3     如果 q 不为空,将 B 表剩余的结点链接在 A 表的后面
4     释放 B 表的头结点
```

有了上面的伪代码,结合具体的数据结构,不难写出用 C 语言描述的多项式相加算法。请读者自行完成。

习 题 2

一、名词解释

线性结构,非线性结构,顺序存储结构,链式存储结构,存储密度

二、填空题

1. 为了便于讨论,有时将含 $n(n \geq 0)$ 个结点的线性结构表示成 $(a_1, a_2, \cdots, a_n)$,其中每个 a_i 代表一个_____。a_1 称为_____结点,a_n 称为_____结点,i 称为 a_i 在线性表中的_____。对任意一对相邻结点 a_i、$a_{i+1}(1 \leq i < n)$,a_i 称为 a_{i+1} 的直接_____,a_{i+1} 称为 a_i 的直接_____。

2. 线性结构的基本特征是:若至少含有一个结点,则除开始结点没有直接_____外,其他结点有且仅有一个直接_____;除终端结点没有直接_____外,其他结点有且仅有一个直接_____。

3. 线性表的逻辑结构是_____结构,其所含结点的个数称为线性表的_____,简称_____。

4. 表长为 0 的线性表称为_____。

5. 顺序表的特点是_____。

6. 假定顺序表的每个 datatype 类型的结点占用 k(k≥1)个内存单元，b 是顺序表第一个存储结点的第一个单元的内存地址，那么第 i 个结点 a_i 的存储地址为_____。

7. 以下为顺序表的删除运算，请分析算法，并在_____处填上正确的语句。

```
void delete_sqlist(sqlist*L,int i)   //删除顺序表 L 中的第 i 个位置上的结点
{   if((i<1) || (i>L->last))   error("非法位置");
    for(j=i+1; j<=L->last; j++) _____;
    L->last=L->last-1;

}
```

8. 为了便于实现各种运算,通常在单链表的第一个结点之前增设一个类型相同的结点,称为_____, 其他结点称为_____。

9. 以下是求带头结点的单链表长度的运算,请分析算法,请在_____处填上正确的语句。

```
int length_linklist(linklist*head)          //求表 head 的长度
{   _____;
    j=0;
    while(p->next!=NULL)
    {   _____;
       j++;
    }
    return(j);                              //返回表长度
}
```

10. 以下为带头结点的单链表的定位运算,请分析算法,并在_____处填上正确的语句。

```
int locate_lklist(lklist *head,datatype x)
//求表 head 中第一个值等于 x 的结点的序号。不存在这种结点时结果为 0
{   p=head->next; j=1;
    if(p==NULL) return(0);
    while(_____)   {p=p->next; j++; }
    if (p->data= =x) return(j);
    else         return(0);

}
```

11. 循环链表与单链表的区别仅仅在于其终端结点的指针域值不是_____,而是一个指向_____的指针。

12. 在单链表中设置头结点的作用是_____。

13. 在线性表的顺序存储中,元素之间的逻辑关系是通过_____决定的；在线性表的链式存储中, 元素之间的逻辑关系是通过_____决定的。

14. 根据线性表的链式存储结构中每个结点所含指针的个数,链表可分为_____和_____；而根据指针的链接方式,链表又可分为_____和_____。

15. 在一个长度为 n 的顺序表的第 i 个元素之前插入一个元素,需要后移_____个元素。

16. 一个带头结点的非空单向循环链表中删除头结点，可得到一个新的不带头结点的单向循环链表，若结点的指针域为 next，头指针为 head，尾指针为 p，则可执行 head = head->next;_____。

17. 设有一个头指针为 head 的单向链表，p 指向表中某一个结点，且有 p->next==NULL，通过操作_____，就可将该单向链表构造成单向循环链表。

18. 在双向循环链表中，p 指向表中某结点，则通过 p 可以访问到 p 所指结点的直接后继结点和直接前驱结点，这种说法是_____的(回答正确或不正确)。

19. 设有一个单向链表，结点的指针域为 next，头指针为 head，p 指向尾结点。为了将该单向链表改为单向循环链表，可用语句_____。

20. 设有一个单向循环链表，结点的指针域为 next，头指针为 head，指针 p 指向表中某结点，若逻辑表达式_____的结果为真，则 p 所指结点为尾结点。

21. 设有一个单向循环链表，头指针为 head，链表中结点的指针域为 next，p 指向尾结点的直接前驱结点。若要删除尾结点，得到一个新的单向循环链表，可执行操作_____。

22. 要在一个单向链表中 p 所指向的结点之后插入一个 s 所指向的新结点，若链表中结点的指针域为 next，可执行_____和 p->next=s; 的操作。

23. 要在一个单向链表中删除 p 所指向的结点，已知 q 指向 p 所指结点的直接前驱结点，若链表中结点的指针域为 next，则可执行_____。

24. 设有一个不带头结点的单向循环链表，结点的指针域为 next，指针 p 指向尾结点，现要使 p 指向第一个结点，可用语句_____。

25. 在双向链表中，每个结点有两个指针域，一个指向_____，另一个指向_____。

26. 设有一个头指针为 head 的单向循环链表，p 指向链表中的结点，若 p->next= =____，则 p 所指结点为尾结点。

三、选择题

1. 线性结构中的一个结点代表一个(   )。

A. 数据元素   B. 数据项   C. 数据   D. 数据结构

2. 对于顺序表，以下说法错误的是(   )。

A. 顺序表是用一维数组实现的线性表，数组的下标可以看成是元素的绝对地址

B. 顺序表的所有存储结点按相应数据元素间的逻辑关系决定的次序依次排列

C. 顺序表的特点是：逻辑结构中相邻的结点在存储结构中仍相邻

D. 顺序表的特点是：逻辑上相邻的元素，存储在物理位置也相邻的单元中

3. 对顺序表上的插入、删除算法的时间复杂性分析来说，通常以(   )为标准操作。

A. 条件判断   B. 结点移动   C. 算术表达式   D. 赋值语句

4. 对于顺序表的优缺点，以下说法错误的是(   )。

A. 无需为表示结点间的逻辑关系而增加额外的存储空间

B. 可以方便地随机存取表中的任一结点

C. 插入和删除运算较方便

D. 容易造成一部分空间长期闲置而得不到充分利用

5. 在循环链表中，将头指针改设为尾指针(rear)后，其头结点和尾结点的存储位置分别是(　　)。

    A. rear 和 rear->next->next　　　　　　B. rear->next 和 rear

    C. rear->next->next 和 rear　　　　　　D. rear 和 rear->next

6. 设指针 P 指向双向链表的某一结点，则双向链表结构的对称性可用(　　)来描述。

    A. p->prior->next==p->next->next　　B. p->prior->prior==p->next->prior

    C. p->prior->next==p->next->prior　　D. p->next->next==p->prior->prior

7. 循环链表的主要优点是(　　)。

    A. 不再需要头指针

    B. 已知某个结点的位置后，能够容易找到它的直接前驱结点

    C. 在进行插入、删除运算时，能更好地保证链表不断开

    D. 从表中任一结点出发都能扫描到整个链表

8. 设 rear 是指向非空带头结点的循环单链表的尾指针，则删除表首结点的操作可表示为(　　)。

    A. p=rear;　　　　　　　　　　　　B. rear=rear->next;

       rear=rear->next;　　　　　　　　　　free(rear);

       free(p)

    C. rear=rear->next->next;　　　　　D. p=rear->next->next;

       free(rear);　　　　　　　　　　　　rear->next->next=p->next;

                       free(p);

9. 双向链表结点结构如下：

LLink	data	RLink

其中：LLink 是指向前驱结点的指针域；data 是存放数据元素的数据域；Rlink 是指向后继结点的指针域。

下面给出的算法段是要把一个新结点 *Q 作为非空双向链表中的结点 *p 的前驱，插入到此双向链表中。能正确完成要求的算法段是(　　)。

    A. Q->LLink=P->LLink;　　　　　　B. P->LLink=Q;

       Q->Rlink=P;　　　　　　　　　　　Q->RLink=P;

       P->LLink=Q;　　　　　　　　　　　P->LLink->RLink=Q;

       P->LLink->Rlink=Q;　　　　　　　Q->LLink=P->LLink;

    C. Q->LLink=P->LLink;　　　　　　D. P->LLink->RLink=Q;

       Q->Rlink=P;　　　　　　　　　　　P->LLink=Q;

       P->LLink->Rlink=Q;　　　　　　　Q->LLink=P->LLink;

       P->LLink=Q;　　　　　　　　　　　Q->Rlink=P;

10. 若某线性表中最常用的操作是取第 i 个元素和找第 i 个元素的前驱元素，则采用(　　)存储方式最节省时间。

    A. 顺序表　　　B. 单链表　　　C. 双链表　　　D. 单循环链表

11. 设顺序存储的线性表长度为 n，对于插入操作，设插入位置是等概率的，则插入一个元素平均移动元素的次数为(　　)。

A. n/2　　　　　　B. n　　　　　　C. n-1　　　　　　D. n-i+1

12. 线性表的顺序存储结构是一种(　　)的存储结构。

A. 随机存取　　　B. 顺序存取　　　C. 索引存取　　　D. 散列存取

13. 线性表采用链式存储时，其地址(　　)。

A. 一定是不连续的　　　　　　B. 必须是连续的

C. 可以连续也可以不连续　　　D. 部分地址必须是连续的

14. 以下说法中不正确的是(　　)。

A. 双向循环链表中每个结点需要包含两个指针域

B. 已知单向链表中任一结点的指针就能访问到链表中每个结点

C. 顺序存储的线性链表是可以随机访问的

D. 单向循环链表中尾结点的指针域中存放的是头指针

15. 设单链表中指针 p 指向结点 m，若要删除 m 之后的结点(若存在)，则需修改指针的操作为(　　)。

A. p->next=p->next->next;　　　B. p=p->next;

C. p=p->next->next;　　　　　　D. p->next=p;

16. 链表所具备的特点是(　　)。

A. 可以随机访问任一结点

B. 占用连续的存储空间

C. 可以通过下标对链表进行直接访问

D. 插入删除元素的操作不需要移动元素结点

17. 在顺序表中，只要知道(　　)，就可在相同时间内求出任一结点的存储地址。

A. 基地址　　　　　　　　　　B. 结点大小

C. 向量大小　　　　　　　　　D. 基地址和结点大小

18. 在等概率情况下，顺序表的插入操作要移动(　　)结点。

A. 全部　　　　　　　　　　　B. 1/2

C. 1/3　　　　　　　　　　　D. 1/4

19. 在(　　)运算中，使用顺序表比链表好。

A. 插入　　　　　　　　　　　B. 删除

C. 根据序号查找　　　　　　　D. 根据元素值查找

20. 在一个具有 n 个结点的有序单链表中插入一个新结点并保持该表有序的时间复杂度是(　　)。

A. O(1)　　　　　　　　　　　B. O(n)

C. $O(n^2)$　　　　　　　　　D. O(lbn)

21. 设顺序存储的线性表长度为 n，对于删除操作，设删除位置是等概率的，则删除一个元素平均移动元素的次数为(　　)。

A. (n-1)/2　　　　　　　　　　B. n

C. 2n　　　　　　　　　　　　D. n-i

22. 在一个单链表中，p、q 分别指向表中两个相邻的结点，且 q 所指结点是 p 所指结点的直接后继，现要删除 q 所指结点，可用的语句是(　　)。

　　A．p=q->next　　　B．p->next=q　　　C．p->next=q->next　　D．q->next=NULL

23. 在一个长度为 n 的顺序表中向第 i 个元素(0 < i < n+1)之前插入一个新元素时，需向后移动(　　)个元素。

　　A．n-i　　　　　　B．n-i+1　　　　　　C．n-i-1　　　　　　D．i

24. 在一个单链表中，已知 q 结点是 p 结点的前驱结点，若在 q 和 p 之间插入 s 结点，则须执行(　　)。

　　A．s->next=p->next; p->next=s　　　　B．q->next=s; s->next=p

　　C．p->next=s->next; s->next=p　　　　D．p->next=s; s->next=q

25. 带头结点的单向链表的头指针为 head，该链表为空的判定条件是(　　)的值为真。

　　A．head==NULL　　　　　　　　B．head->next==head

　　C．head->next==NULL　　　　　　D．head==head->next

26. 线性表是(　　)。

　　A．一个有限序列，可以为空　　　B．一个有限序列，不可以为空

　　C．一个无限序列，可以为空　　　D．一个无限序列，不可以为空

27. 以下表中可以随机访问的是(　　)。

　　A．单向链表　　　　B．双向链表　　　C．单向循环链表　　　　D．顺序表

28. 在一个长度为 n 的顺序表中删除第 i 个元素(1≤i≤n)时，需向前移动(　　)个元素。

　　A．n-i　　　　　　B．n-i+1　　　　　　C．n-i-1　　　　　　D．i

29. 线性表采用链式存储时，其地址(　　)。

　　A．必须是连续的　　　　　　　　B．一定是不连续的

　　C．部分地址必须是连续的　　　　D．连续与否均可以

30. 从一个具有 n 个结点的单链表中查找其值等于 x 的结点时，在查找成功的情况下，需平均比较(　　)个元素结点。

　　A．n/2　　　　　　B．n　　　　　　　C．(n+1)/2　　　　　D．(n-1)/2

31. 在双向循环链表中，在 p 所指的结点之后插入 s 指针所指的结点，其操作是(　　)。

　　A．p->next=s;　s->prior=p;
　　　　p->next->prior=s; s->next=p->next;

　　B．s->prior=p;　s->next=p->next;
　　　　p->next=s;　p->next->prior=s;

　　C．p->next=s;　p->next->prior=s;
　　　　s->prior=p;　s->next=p->next;

　　D．s->prior=p;　s->next=p->next;
　　　　p->next->prior=s;　p->next=s;

32. 以下关于线性表的说法正确的是(　　)。

A．线性表中的数据元素可以是数字、字符、记录等不同类型

B．线性表中包含的数据元素个数不是任意的

C．线性表中的每个结点都有且只有一个直接前驱和直接后继

D．存在这样的线性表：表中各结点都没有直接前驱和直接后继

33．双向循环链表结点的数据类型为：

```
struct node
{    int    data;
     struct node *next;    /*指向直接后继*/
     struct node *prior;
};
```

设 p 指向表中某一结点，要显示 p 所指结点的直接前驱结点的数据元素，可用操作（   ）。

A．printf("%d", p->next->data);

B．printf("%d", p->prior->data);

C．printf("%d", p->prior->next);

D．printf("%d", p->data);

四、简答及算法设计

1．请说明顺序表和单链表各自的优缺点，并分析下列情况，采取哪一种存储结构更合适。

(1) 若线性表的总长度基本稳定，且很少进行插入和删除，要求以较快的速度存取元素。

(2) 在对线性表处理过程中，表长度会动态地发生较大的变化。

(3) 在对线性表处理过程中，进行插入、删除的操作较多。

2．设 $A = (a_1, a_2, a_3, \cdots, a_n)$ 和 $B = (b_1, b_2, \cdots, b_m)$ 是两个线性表(假定所含数据元素均为整数)。若 $n = m$ 且 $a_i = b_i (i = 1, \cdots, n)$，则称 $A = B$；若 $a_i = b_i (i = 1, \cdots, j)$ 且 $a_{j+1} < b_{j+1} (j < n \leqslant m)$，则称 $A < B$；其他情况下均称 $A > B$。试编写一个比较 A 和 B 的算法，当 $A < B$、$A = B$ 或 $A > B$ 时分别输出 -1、0 或者 1。

3．分别以顺序表和单链表作存储结构，各写一个实现线性表的就地(即使用尽可能少的附加空间)逆置的算法，在原表的存储空间内将线性表 $(a_1, a_2, \cdots, a_n)$ 逆置为 $(a_n, \cdots, a_2, a_1)$。

4．已知单链表 L 中的结点是按值非递减有序排列的，试写一算法，将值为 x 的结点插入表 L 中，使得 L 仍然有序。

5．已知单链表 L 是一个递增有序表，试编写一高效算法，删除表中值大于 min 且小于 max 的结点(若表中有这样的结点)，同时释放被删除结点的空间，这里 min 和 max 是两个给定的参数。请分析算法的时间复杂度。

6．设 A 和 B 是两个单链表，表中元素递增有序排列。试编写一个算法，将 A 和 B 归并成一个按元素值递减有序排列的单链表 C，并要求辅助空间为 $O(1)$，C 表的头结点可另辟空间。请分析算法的时间复杂度。

7．已知一单链表中的数据元素含有三个字符(即字母字符、数字字符和其他字符)。试编写算法，构造三个循环链表，使每个循环链表中只含同一类的字符，且利用原表中的结点空间作为这三个表的结点空间(头结点可另辟空间)。

8．已知 A、B 和 C 为三个元素值递增有序排列的线性表，现要求对表 A 作如下运算：

删去那些既在表 B 中出现又在表 C 中出现的元素。试分别以两种存储结构(顺序结构和链式结构)编写实现上述运算的算法。

9. 假设在长度大于 1 的循环链表中，既无头结点也无头指针。s 为指向链表中某个结点的指针，试编写算法删除结点 *s 的直接前驱结点。

10. 已知线性表的元素是无序的，且以带头结点的单链表作为存储结构。设计一个删除表中所有值小于 max 但大于 min 的元素的算法。

第 3 章　栈 和 队 列

栈和队列是两种常用的数据结构，广泛应用于操作系统、编译程序等各种软件系统中。

栈和队列也属于线性结构，它们的逻辑结构和线性表相同，存储方式有顺序和链式两种存储结构，只是其运算规则较线性表有更多的限制，因此可称为运算受限的线性表。

◇ 【学习重点】

(1) 栈和队列的操作特性；

(2) 基于顺序栈和链栈的基本运算的实现；

(3) 基于循环队列和链队列的基本运算的实现。

◇ 【学习难点】

(1) 多个栈共享空间的算法设计；

(2) 循环队列的组织及队空和队满的判定条件；

(3) 基于栈、队列的算法设计及应用。

3.1　栈

3.1.1　栈的定义及基本运算

栈(Stack)是限定仅在表的一端进行插入或删除操作的线性表。插入、删除的一端称为栈顶(Top)，另一端称为栈底(Bottom)。不含任何元素的空表称为空栈。

对于非空栈 $S = (a_1, a_2, \cdots, a_n)$，$a_1$ 是栈底元素，a_n 是栈顶元素。如图 3.1 所示，进栈的顺序是 $a_1, a_2, \cdots, a_n$，出栈的顺序正好相反。因此，栈是一种后进先出的(Last In First Out)的线性表。

栈的常用基本运算有以下六种：

(1) InitStack(&S)栈初始化：操作结果是构造一个空栈 S。

(2) SetNull(S)置空栈：栈 S 已存在，将栈 S 清为空栈。

(3) Empty(S)判断栈空：若栈 S 为空则返回"真"值；否则返回"假"值。

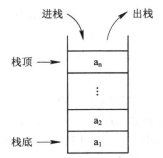

图 3.1　栈示意图

(4) Push(S, x)进栈：若栈 S 不满，将数据元素 x 插入栈顶，并返回入栈是否成功的状态信息。入栈操作会改变栈的内容。

(5) Pop(S, &x)出栈：若栈 S 非空，删除栈顶数据元素，通过参数 x 带回栈顶元素，并返回出栈是否成功的状态信息。出栈操作会使栈的内容发生变化。

(6) GetTop(S, &x)取栈顶元素：若栈 S 非空，通过参数 x 带回栈顶元素，并返回取栈顶元素是否成功的状态信息。该操作完成后，栈的内容不变。

下面我们举例说明栈的基本运算的使用。

例 3.1　将一个非负的十进制整数转换为其他进制数(二、八、十六进制)，利用栈来实现。

分析　采用除基数取余的方法，将十进制数 1348 转换为八进制数 2504，其运算过程如表 3.1 所示。

采用栈存放余数，入栈顺序是 4、0、5、2，出栈顺序是 2、5、0、4。算法如下：

表 3.1　$(1348)_{10} = (2504)_8$ 运算过程

n	n / 8	n % 8
1348	168	4
168	21	0
21	2	5
2	0	2

```
void Conversion(int n,int base)
//以十进制数和基数作为参数
{
    Stack*S;
    int bit;
    InitStack(S);                      //建立空栈
    while(n!=0)
    {
        Push(S, n%base);               //余数入栈
        n=n/base;
    }
    while(!EmptyStack(S))
    {
        bit=Pop(S);                    //余数出栈
        if(bit>9) printf("%c", bit+55);  //将余数转为字符输出
        else printf("%c", bit+48);
    }
    printf("\n");
}
```

结果以字符的形式输出。二进制有 0 和 1 两个数字，八进制是 0~7 八个数字，十六进制是 0~9 和 A~F 十六个数字。算法中的输出 0~9 是一种输出方法，输出 A~F 又是另一种输出方法，我们用 if 语句进行不同的处理。

还需要说明一点，基本运算中的参数、返回值甚至于功能等方面并不是固定不可改变的，可以根据实际情况灵活确定。假如入栈、出栈不可能不成功，也就没有必要一定返回状态信息了。

3.1.2　栈的顺序存储结构和基本运算的实现

1．栈的顺序存储结构——顺序栈

栈的顺序存储结构简称顺序栈(Sequential Stack)。顺序栈采用一维数组来存储，并且用一个整型量 Top 指示当前栈顶的位置，我们不妨把 Top 称为栈顶指针。顺序栈的类型定义如下：

```
#define maxsize 1024
typedef int datatype;
typedef   struct
{
    datatype data[maxsize];          //栈中元素存储空间
    int Top;                         //栈顶指针
} SeqStack;
```

其中，maxsize 是数组空间的长度；datatype 是栈中元素的类型。

设 S 是指向 SeqStack 结构体类型数据的指针。顺序栈本质上是顺序表的简化，我们需要确定用数组的哪一端作为栈底。通常把数组中下标为 0 的一端作为栈底，那么 S->data[0] 是栈底元素，S->data[S->Top] 是栈顶元素。当 S->Top = −1 时为空栈，满栈时 S->Top= maxsize−1。对于顺序栈，入栈时要先判断栈是否已满，栈满简称为"上溢"；出栈时需判断栈是否为空，栈空简称为"下溢"。入栈操作 S->Top 加 1，出栈操作 S->Top 减 1。图 3.2 说明了栈中元素和栈顶指针之间的关系。

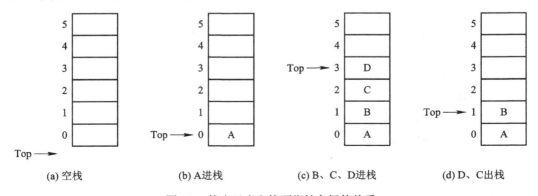

图 3.2　栈中元素和栈顶指针之间的关系

2．顺序栈基本运算的实现

1) 栈初始化

算法 3.1　建立空顺序栈。

```
void InitStack(SeqStack*&S)
//构造一个空栈 S
{
    S=(SeqStack*)malloc(sizeof(SeqStack));       //生成顺序栈空间
    S->Top=−1;                                    //栈顶指针置为−1
}
```

2) 置空栈

算法 3.2　顺序栈置空。

```
void SetNull(SeqStack*S)
//将栈 S 置为空栈
{
    S->Top=-1;                    //栈顶指针置为 -1
}
```

3) 判断栈空

算法 3.3　判顺序栈 S 是否为空栈。

```
int Empty(SeqStack*S)
//若栈 S 为空栈，返回 1；否则返回 0
{
    if (S->Top==-1)   return   1;
    else   return   0;
}
```

4) 入栈

算法 3.4　顺序栈入栈。

```
int Push(SeqStack*S, datatype x)
//若栈 S 未满，则将元素 x 插入栈顶，并返回 1，表示入栈成功；否则返回 0，表示入栈不成功
{   if (S->Top= =maxsize-1)
    {    printf ("栈上溢");
        return    0;
    } //上溢
    else
    {    S->data[++S->Top]=x;
        return    1;
    }
}
```

5) 出栈

算法 3.5　顺序栈栈顶元素出栈。

```
int Pop(SeqStack*S,datatype&x)
//若栈不空，则删除栈顶元素，由参数 x 带回栈顶元素，并返回 1，表示出栈成功；否则返回 0，
表示出栈失败
{
    if (Empty(S))    //调用算法 3.3，判断栈是否为空
    {    printf ("栈下溢");
        return    0;
    } //下溢
```

```
        else
        {   x= S->data[S->Top--];
            return    1;
        }
    }
```

6) 取栈顶元素

算法 3.6 取顺序栈的栈顶元素。

```
    int GetTop(SeqStack*S,datatype&x)
```

//若栈不空，则删除栈顶元素，由 x 带回栈顶元素，并返回 1，表示取栈顶元素成功；否则返回 0，表示取栈顶元素失败

```
    {
        if (EmptyS(S))              //调用算法 4.3，判断栈是否为空
        {   printf ("栈下溢");
            return    0;
        } //下溢
        else
        {   x= S->data[S->Top];
            return    1;
        }
    }
```

3．多个顺序栈共享连续空间

在同时使用两个或多个顺序栈时，为了避免某个栈发生上溢，而其余栈还有很多未用空间的情况出现，可让这些栈共享同一个一维数组空间，相互之间调剂余缺，既节约了存储空间，又降低了发生上溢的概率。下面以两个顺序栈共享同一个数组空间的情况进行讨论。

两个栈共享一个数组空间的结构类型定义如下：

```
    typedef    struct
    {   datatype v[maxsize];
        int Top1,Top2;
    } SeqStack;
    SeqStack*S=(SeqStack*)malloc(sizeof(SeqStack));
```

将两个栈的栈底分别固定在一维数组空间的两端，栈顶向中间延伸，空闲区域在数组的中部，如图 3.3 所示。只有当两个栈占满整个数组空间时(S->Top1+1 等于 S->Top2)，才会发生上溢。

设 i 表示整型数值，它只取 1 或者 2，分别表示对 1 号栈或者 2 号栈进行操作。这里我们只给出两个栈共享空间的入栈和出栈操作。

进栈操作的算法如下所示：

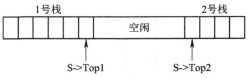

图 3.3　两个栈共享一个数组空间

```
void push(SeqStack*S,datatype x,int i)
//将元素 x 插入 i 号栈
{   if(S->Top1+1==S->Top2)   printf("数组空间已占满，发生上溢");
    else if(i==1){   S->Top1++; S->v[S->Top1]=x; }      //入 1 号栈
    else{   S->Top2--; S->v[S->Top2]=x;   }             //入 2 号栈
}
```

当存储栈的数组中没有空闲单元时为栈满。此时 1 号栈的栈顶与 2 号栈的栈顶处于相邻的位置，即 Top1+1 = Top2(或 Top1 = Top2-1)。另外，对于 2 号栈的入栈，Top2 应当是减 1 而不是加 1。

出栈操作的算法如下所示：

```
datatype    pop(SeqStack*S,int i)
// i 号栈的栈顶元素出栈
{    datatype   x;
     if(i==1) if(S->Top1==-1) printf("1 号栈下溢");
             else{   x=S->v[S->Top1]; S->Top1--; }    //1 号栈出栈
     else if(S->top2==maxsize) printf("2 号栈下溢");
             else{   x=S->v[S->Top2]; S->Top2++; }   //2 号栈出栈
     return x;
}
```

当 Top1=-1 时，1 号栈为空；当 Top2=maxsize 时，2 号栈为空。另外，对于 2 号栈的出栈，Top2 应当是加 1 而不是减 1。

例 3.2　检查表达式中的括号是否匹配。

分析　在程序编译时，会对表达式中的左括号与右括号是否匹配进行语法检查。如果不匹配，则不能通过编译，编译器会给出错误信息。

括号是可以嵌套的。嵌套括号的匹配原则是：一个右括号与其前面最近的一个左括号匹配。因此检查括号是否匹配需要使用栈，用于存放左括号。

以表达式((1+2)*3-4)/5 为例，把表达式作为字符串存储在字符数组 ex 中，cha- ex[ ] = "((1+2)*3-4)/5"；分析判断括号是否匹配的过程如图 3.4 所示。

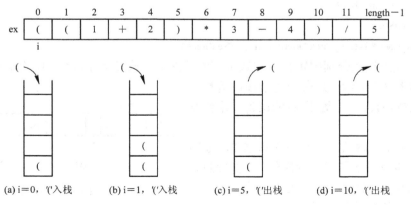

图 3.4　表达式中括号匹配的检查过程

在检查过程中，对字符数组进行扫描，当遇到"("时入栈，遇到")"时出栈。当整个表达式扫描完毕时，若栈为空，则表达式中的括号是匹配的；否则不匹配。算法设计如下：

```
void corrent(char ex[])
{
    SeqStack*S;
    InitStack(S);
    i=0;
    while(i<length)
    {
        ch=ex[i];
        switch(ch)
        {
            case'(':
                Push(S,ch);
                break;
            case')':
                if(Empty(S) || Pop(S)!='(')
                    return "期望(";
        }
        i++;
    }
    if(!Empty(S))return "期望)";
    else return "OK";
}
```

3.1.3　栈的链式存储结构和基本运算的实现

1. 栈的链接存储结构——链栈

栈的链接存储结构简称链栈(Linked Stack)，通常用单链表表示。链栈的结点结构类型定义如下：

```
typedef struct node
{
    datatype data;           // data 为结点的数据信息
    struct node*next;        // next 为后继结点的指针
}StackNode;                  //链栈结点类型
typedef struct
{
    StackNode*Top;           //指向栈顶结点的指针
}LinkStack;
```

由于链栈是动态分配元素存储空间的，因此在对栈进行操作时不存在上溢的问题。我们将单链表的表头定义为栈顶。由于只能在栈顶进行入栈和出栈操作，因此只能在表头插入和删除，可以说链栈是操作受限的单链表。既然只能在表头进行操作，所以也就没有必要设置头结点了。

如图 3.5 所示，S 是 LinkStack 类型的指针，指向链栈，可以看作是栈的接口。Top 是栈顶指针，指向栈顶结点。当 Top 等于 NULL 时为空栈。

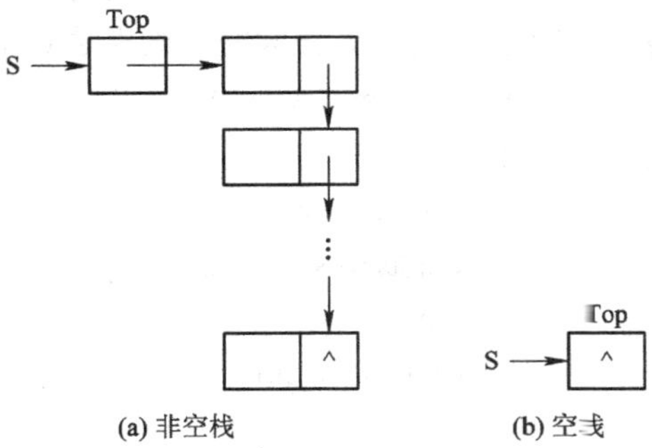

图 3.5　链栈示意图

2. 链栈基本运算的实现

链栈基本运算的实现实质上是单链表基本运算的简化。由于对栈的操作都是在栈顶(单链表的表头)进行的，因此算法的时间复杂度均为 O(1)。

1) 栈初始化

算法 3.7　建立空链栈。

```
void InitStack(LinkStack*&S)
//构造一个空栈 S
{   S=(LinkStack*)malloc(sizeof(LinkStack));
    S->Top=NULL;
}
```

2) 置空栈

算法 3.8　链栈置空。

```
void SetNull (LinkStack*S)
//将栈 S 置为空栈
{
    S->Top=NULL;
}
```

3) 入栈

算法 3.9　链栈入栈。

```
void Push(LinkStack*S, datatype x)
//将元素 x 入栈
{   StackNode*p=(StackNode*)malloc(sizeof(StackNode));
    p->data=x;
    p->next=S->Top;            //将新结点 *p 插入栈顶
    S->Top=p;
}
```

4) 出栈

算法 3.10　链栈栈顶元素出栈。

```
    int Pop(LinkStack*S,datatype&x)
    //若栈非空，则删除栈顶元素，由 x 带回栈顶元素，并返回 1；否则返回 0
    {   StackNode*p=S->Top;            //指针 p 指向栈顶结点
        if (Empty(S))                 //判断栈是否为空
        {   printf("栈下溢");
            return   0;
        }                             //下溢
        else
        {   x= p->data;
            S->Top=p->next;           //将栈顶结点 *p 从链上摘下
            free(p);                  //释放原栈顶结点空间
            return   1;
        }
    }
```

5) 取栈顶元素

算法 3.11　取链栈的栈顶元素。

```
    int GetTop(LinkStack*S, datatype&x)
    //若栈非空，则取栈顶元素，由 x 带回栈顶元素，并返回 1；否则返回 0
    {
        StackNode*p=S->Top;           //指针 p 指向栈顶结点
        if (Empty(S))                 //判断栈是否为空
        {
            printf("栈下溢");
            return   0;
        } //下溢
        else
        {   x= p->data;
            return   1;
        }
    }
```

3.1.4　顺序栈和链栈的比较

从时间特性方面来看，实现顺序栈和链栈的所有基本运算的算法，其时间复杂度都是 $O(1)$，因此唯一可以比较的是空间特性。栈初始化时，顺序栈必须确定一个固定的长度作为栈的容量，所以有存储元素个数的限制和空间浪费的问题。链栈没有栈满的问题，只有当内存没有可用空间时才会出现不能入栈的情况，但是每个元素都需要一个指针域，从而又产生了结构性的开销。所以当栈的使用过程中元素个数变化较大时，用链栈是适宜的；反之，应该采用顺序栈。

3.2 队　　列

3.2.1 队列的定义及基本运算

队列(Queue)也是一种运算受限的线性表。它只允许在表的一端进行插入，该端称为队尾(Rear)；在表的另一端进行删除，该端称为队头(Front)。

当队列中没有元素时称为空队列。队列亦称作先进先出(First In First Out)的线性表，简称为 FIFO 表。设队列中的元素为 $a_1, a_2, \cdots, a_n$，a_1 是队头元素，a_n 是队尾元素。队列中的元素都是按照 $a_1, a_2, \cdots, a_n$ 的顺序依次入队和出队的。图 3.6 是队列的示意图。

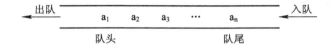

图 3.6　队列示意图

队列的主要基本运算如下：

(1) InitQueue(&Q)队列初始化：构造一个空队列 Q。

(2) SetNull(Q)置空队：将队列 Q 清空。

(3) Length(Q)求队列长度：返回队列中元素的个数。

(4) Empty(Q)判空队：若队列 Q 为空队列，返回"真"值；否则返回"假"值。

(5) EnQueue(Q,x)入队：若队列 Q 非满，将元素 x 插入 Q 的队尾。

(6) DeQueue(Q)出队：若队列 Q 非空，删除队头元素，返回 Q 的队头元素。

(7) GetFront(Q)取队头元素：若队列 Q 非空，返回 Q 的队头元素；Q 中元素保持不变。

3.2.2 队列的顺序存储结构和基本运算的实现

1. 队列的顺序存储结构——顺序队列

队列的顺序存储结构称为顺序队列，采用数组存储队列中的元素。本书约定，在非空队列中队头指针 front 指向队头元素的前一个位置，队尾指针 rear 指向队尾元素的位置。如果是空队，队头、队尾指针相等。队尾指针减去队头指针就是队列的长度。当然也可以约定队头指针 front 指向队头元素的位置，队尾指针 rear 指向队尾元素的后一个位置。

顺序队列的结构类型定义如下：

```
typedef struct {
    datatype    data[maxsize];
    int front;
    int rear;
}SeQueue;
SeQueue    *sq=(SeQueue*)malloc(sizeof(SeQueue));
```

顺序队列中出队、入队操作的情况如图 3.7 所示。

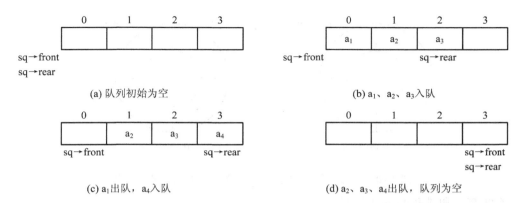

图 3.7 顺序队列操作示意图

顺序队列中可能出现"上溢"和"下溢"现象，并且还存在"假上溢"现象。也就是说，尽管队列的数组空间虽然未被占满，但尾指针已达到数组的上界而不能进行入队操作。例如在图 3.7(c)或(d)的情况下，再进行入队操作，则会出现"假上溢"。

采用循环队列(Circular Queue)的方法可以较好地解决"假上溢"问题，即将数组看作一个首尾相接的圆环，如图 3.8 所示。在循环队中通过取模运算修改队尾指针和队头指针，具体描述为：

    sq->rear=(sq->rear+1)%maxsize;

    sq->front=(sq->front+1)%maxsize;

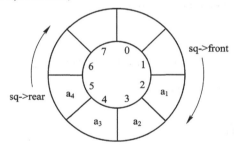

图 3.8 循环队列示意图

在循环队列中，入队时尾指针向前追赶头指针，出队时头指针向前追赶尾指针。由图3.9 可以看出，在队空和队满时都有 **sq->front** 等于 **sq->rear**，无法区分空队和满队。

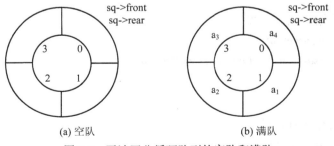

(a) 空队   (b) 满队

图 3.9 无法区分循环队列的空队和满队

通常采用少用一个元素空间的方法来解决这个问题，如图 3.10 所示。

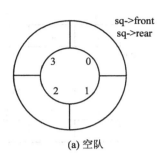
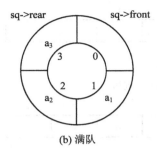

(a) 空队　　　　　　　　　　　　　(b) 满队

图 3.10　少用一个元素空间以区分循环队列的空队和满队

判断空队和满队的条件分别是：

　　　　sq->rear==sq->front

　　　　sq->front==(sq->rear+1)%maxsize

2．循环队列基本运算的实现

我们用前面所述方法来实现循环队列上的基本运算。

1）队列初始化

算法 3.12　生成空循环队列。

```
    void InitQueue (SeQueue *&sq)
    //建立空循环队列 sq
    {    sq=(SeQueue*)malloc(sizeof(SeQueue));
        sq->front=sq->rear=0;

    }
```

对于循环队列来说，只要队头和队尾指针相等即为空队，所以这里置为 0～maxsize−1 之间的任何一个值都可以，但一般置为 0。

2）置空队

算法 3.13　循环队列置空。

```
    void SetNull (SeQueue *sq)    //置队列 sq 为空队
    {    sq->front= sq->rear=0;

    }
```

3）求队列长度

算法 3.14　求循环队列长度。

```
    int Length (SeQueue*sq)
    {    return   (sq->rear-sq->front+maxsize)%maxsize ;
    }
```

4）入队

算法 3.15　循环队列入队。

```
    int Enqueue (sequeue *sq, datatype x)
    //将新元素 x 插入队列 *sq 的队尾，入队成功返回 1，不成功返回 0
```

```
    {   if (sq->front==(sq->rear+1)% maxsize)
        {   printf("队列上溢");   return(0); }
        else {     sq->rear=(sq->rear+1)%maxsize;
                sq->data[sq->rear]=x;
                return(1);
            }
    }
```

5) 出队

算法 3.16　循环队列出队。

```
    int Dequeue (SeQueue *sq,datatype&x)
    //通过参数 x 带回该元素值，出队成功返回 1，不成功返回 0
    {   if (sq->rear==sq->front)
        {   printf("队列下溢"); return (0); }
        else{   sq->front=(sq->front+1)%maxsize;
                x= sq->data[sq->front];
                return(1);
            }
    }
```

6) 取队头元素

算法 3.17　取循环队列的队头元素。

```
    int GetFront(SeQueue*sq, datatype&x)
    //通过参数 x 带回该元素值，取队头元素成功返回 1，不成功返回 0
    {   if(sq->rear==sq->front)
        {   printf("队列下溢"); return (0); }
        else{   x=sq->data[(sq->front+1)%maxsize];
                return(1);
            }
    }
```

3.2.3　队列的链式存储结构和基本运算的实现

1. 队列的链式存储结构——链队列

队列的链式存储结构简称链队列，它是仅限在表头删除和表尾插入的单链表。为了便于在表尾做插入操作，需要增加一个尾指针，指向单链表中的最后一个结点。我们将链队列的头指针和尾指针封装在一起作为一个结构体。下面是其类型定义：

```
    typedef struct node
    {   datatype    data;
        struct node*next;
    }QueueNode;          //链队列的结点类型
```

```
typedef struct
{    QueueNode *front, *rear;
} LinkQueue;        //队头、队尾指针的结构体类型
```

为了运算方便，链队列中通常也带有头结点。图 3.11 给出了链队列的示意图，图中 q 为 LinkQueue 类型的指针。链队列不会出现队满的情况。

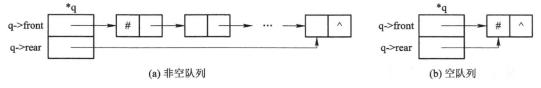

(a) 非空队列   (b) 空队列

图 3.11   链队列示意图

2. 链队列基本运算的实现

1) 队列初始化

算法 3.18   生成空链队列。

```
void    InitQueue(LinkQueue*&q)
{    q=(LinkQueue*)malloc(sizeof(LinkQueue));    //产生队头、队尾指针结构体
     q->front=q->rear=(QueueNode*)malloc(sizeof(QueueNode)); //产生头结点
     q->front->next=NULL;                        //头结点指针域置空
}
```

2) 置空队

算法 3.19   链队列置空。

```
void    SetNull (LinkQueue*q)
{    q->rear=q->front;              //尾指针也指向头结点
     q->front->next=NULL;          //头结点指针域置空
}
```

3) 判队空

算法 3.20   链队列判空队。

```
int Empty (LinkQueue*q)
{    if(q->front==q->rear)    return(1);
     else return(0);
}
```

4) 入队

算法 3.21   链队列入队。

```
void EnQueue (LinkQueue *q, datatype x)
//将新元素 x 加入链队列*q
{    q->rear->next=(QueueNode*)malloc(sizeof(QueueNode));    //新结点插入队尾
     q->rear=q->rear->next;        //尾指针指向新结点
     q->rear->data=x;              //给新结点赋值
```

```
    q->rear->next=NULL;        //队尾结点的指针域置空
}
```

链队列不会出现"上溢"的情况，不需要判断队满。

5）出队

算法 3.22 链队列出队。

```
int DeQueue(LinkQueue*q, datatype&x)
//通过参数 x 带回该元素值，出队成功返回 1，不成功返回 0
{   QueueNode*s;
    if(Empty(q)){   printf("队列下溢");   return(0); }
    else{   s = q->front->next;         // s 指向被删除的队头结点
            if (s->next==NULL)           //当前链队列的长度等于 1，出队后为空队
            {   q->front->next=NULL;   q->rear=q->front ;    //置为空队
            }
        else   q->front->next=s->next;      //队列的长度大于 1，修改头结点的指针域
        x=s->data;
        free(s);                            //释放被删除的结点空间
        return(1);
        }
    }
}
```

6）取队头元素

算法 3.23 取链队列的队头元素。

```
int GetFront(LinkQueue*q,datatype&x)
//通过参数 x 带回队头元素值，取队头元素成功返回 1，不成功返回 0
{   if(Empty (q)){     printf("队列下溢");   return(0); }
    else{     x=q->front->next->data;
            return(1);
        }
}
```

例 3.3 用带有头结点的循环链表表示队列，并且只设队尾指针 rear，编写入队和出队算法。

分析 可以将 rear->next->next 看作队头指针。根据队列长度的不同，出队操作需考虑出队之前队列为空队、长度等于 1 和大于 1 三种不同的情况。如果出队之前队列长度为 1，那么出队之后就是空队了。

程序如下：

1）入队算法

```
void EnQueue(QueueNode*&rear,datatype x)
{   QueueNode*p;
    p=(QueueNode*)malloc(sizeof(QueueNode));
```

```
            p->data=x;
            p->next=rear->next;
            rear->next=p;
            rear=p;
        }
```

2) 出队算法

```
    int DelQueue(QueueNode*&rear,datatype&x)
    {   QueueNode*p;
        if(rear= =rear->next){    printf("队列下溢"); return(0); }
        else{
            p=rear->next->next; x=p->data;
            if(p= =rear)
            {    rear=rear->next; rear->next=rear;
            }  //原队列长度等于1
            else    rear->next->next= p->next;        //原队列长度大于1
            free(p);
            return(1);
        }
    }
```

例 3.4   利用两个顺序栈 s1、s2 以及栈的基本运算实现队列的入队、出队和判队空的运算。

分析   由于栈的特点是后进先出。为了实现先进先出的队列顺序，必须用两个栈，一个栈(s1)用于存放队列中的所有元素，另一个栈(s2)在出队时使用。入队操作时，只用将元素压入 s1 栈。出队操作时，先将 s1 栈中的所有元素出栈，并进入 s2 栈；在删除了 s2 的栈顶元素之后，再将 s2 栈中的所有元素出栈，并入 s1 栈，这样才能达到模拟队列的效果。假设顺序栈 s1、s2 的数组长度均为 maxsize，具体算法如下：

```
    void enqueue(SeStack*s1,datatype x)            //入队
    {
        if(s1->Top==maxsize-1) printf("队列上溢!");
        else Push(s1,x);
    }

    datatype dequeue(SeStack*s1)                  //出队
    {
        SeStack*s2;    datatype x;
        InitStack(s2);
        while(!Empty(s1)) Push(s2, Pop(s1));
        x=Pop(s2);
```

```
        while(!Empty(s2)) Push(s1, Pop(s2));
}

int queue_empty(SeStack*s1)              //判队空
{
        if(Empty(s1)) return(1);
        else return(0);
}
```

3.3   栈和队列的应用举例

3.3.1   栈的应用——表达式求值

表达式求值是编译程序中的一个基本问题，求值过程需要利用栈来完成。假设表达式中只可能出现运算对象、运算符和圆括号。我们知道运算符从运算对象的个数上区分，有单目、双目和三目等；从运算类型区分，有算术运算、关系运算和逻辑运算等。这里只讨论双目运算的算术表达式。

1．中缀表达式求值

所谓中缀表达式是指双目运算符在两个运算对象的中间，如 3+4。设表达式中只有 +、−、*、/、圆括号、# 和运算对象，其中 # 是中缀表达式的开始、结束符。中缀表达式求值的运算规则如下：

(1) 先乘除，后加减，优先级相同，从左到右计算；

(2) 先括弧内后括弧外，即"("与")"优先级相同，但低于括号内的运算符，高于括号外的运算符；

(3) 表达式起始、结束符"#"的优先级最低。

中缀表达式的求值过程需要运算对象栈和运算符栈。运算对象栈 OPND 用于存放运算对象或运算结果及中间结果；运算符栈用于 OPTR 存放运算符。

中缀表达式的求值算法用伪代码描述如下：

1	初始化：栈 OPND 置为空，表达式起始符"#"作为栈 OPTR 的栈底元素
2	从左至右扫描表达式中的每个字符并执行下述操作，直至表达式遇到结束符#结束：
	2.1 若当前字符是运算对象，则入栈 OPND
	2.2 若当前字符是运算符，则与栈 OPTR 的栈顶运算符比较优先级后作相应操作：
	2.2.1 若当前运算符优先级高于栈 OPTR 的栈顶运算符优先级，则入栈 OPTR
	2.2.2 若当前运算符优先级低于栈 OPTR 的栈顶运算符优先级，则从栈 OPND 出两个运算对象，从栈 OPTR 出一个运算符，运算结果入栈 OPND。然后重复 2.2.2，继续处理当前运算符
	2.2.3 若当前运算符优先级等于栈 OPTR 的栈顶运算符优先级，则栈 OPTR 的栈顶运算符出栈，处理下一个字符
3	返回栈 OPND 的栈顶元素，即表达式的求值结果

例如，中缀表达式 #(1+2*(3−4) +5)−6# 的求值过程如表 3.2 所示。

表 3.2　中缀表达式的求值过程

当前读入的 字符	运算对象栈 OPND	运算符栈 OPTR	说　　明
		#	初始化
(		#, (	(高于 #，(入栈 OPTR
1	1	#, (	1 入栈 OPND
+	1	#, (, +	+ 高于 (，+ 入栈 OPTR
2	1，2	#, (, +	2 入栈 OPND
*	1，2	#, (, +, *	* 高于 +，* 入栈 OPTR
(	1，2	#, (, +, *, (	(高于 *，(入栈 OPTR
3	1，2，3	#, (, +, *, (	3 入栈 OPND
−	1，2，3	#, (, +, *, (, −	− 高于 (，− 入栈 OPTR
4	1，2，3，4	#, (, +, *, (, −	4 入栈 OPND
)	1，2，−1	#, (, +, *, (	) 低于 −，4 和 3 出栈 OPND，− 出栈 OPTR， 计算 3−4，结果入栈 OPND
)	1，2，−1	#, (, +, *	) 与 (匹配，(出栈 OPTR，) 与 (抵消
+	1，−2	#, (, +	+ 低于 *，−1 和 2 出栈 OPND，* 出栈 OPTR， 计算 2*(−1)，结果入栈 OPND
+	−1	#, (	后面的 + 低于 前面的 +，−2 和 1 出栈 OPND， + 出栈 OPTR，计算 1+(−2)，结果入栈 OPND
+	−1	#, (, +	+ 高于 (，+ 入栈 OPTR
5	−1，5	#, (, +	5 入栈 OPND
)	4	#, (	) 低于 +，5 和 −1 出栈 OPND，+ 出栈 OPTR， 计算 (−1)+5，结果入栈 OPND
)	4	#	) 与 (匹配，(出栈 OPTR，) 与 (抵消
−	4	#, −	− 高于 #，− 入栈 OPTR
6	4，6	#, −	6 入栈 OPND
#	−2	#	# 低于 −，6 和 4 出栈 OPND，− 出栈 OPTR， 计算 4−6，结果入栈 OPND
#	−2	#	# 与 # 匹配，返回栈 OPND 的栈顶元素为结果

下面给出用 C 语言描述的中缀表达式求值算法：

```
datatype EvaluateExpression( )
{   InitStack(OPTR); InitStack(OPND);          //创建 OPTR、OPND 栈
    Push(OPTR,'#');                            //置 OPTR 栈底元素为'#'
    while(((ch=getchar( ))!='#')||GetTop(OPTR)!='#')
    {   if(ch!='+'&&ch!='-'&&ch!='*'&&ch!='/'&&ch!='('&&ch!=')')
            Push(OPND,ch);                     //不是运算符，则入运算对象栈
```

```
                else
                    switch(Precede(GetTop(OPTR),ch))
                    {
                        case '<':                          //栈顶元素优先级低，当前运算符入运算符栈
                            Push(OPTR,ch); break;
                        case '=':                          //脱括号
                            x=Pop(OPTR); break;
                        case '>':                          //栈顶元素优先级高，进行运算
                            op=Pop(OPTR);                  //运算符栈顶元素出栈
                            b=Pop(OPND);                   //第二个运算对象出栈
                            a=Pop(OPND);                   //第一个运算对象出栈
                            Push(OPND,Operate(a,op,b));    //运算结果入运算对象栈
                            break;
                    }
            }
            return GetTop(OPND);                           //返回表达式结果
    }
```

2．后缀表达式求值

后缀表达式(又称为逆波兰表达式)中的每一个运算符都处在两个运算对象之后，运算符没有优先级，没有括号。求值过程就是从左到右进行扫描，遇到运算符则对它前面的两个运算对象进行运算。利用后缀表达式计算表达式的值分为两个步骤，先将中缀表达式转换为后缀表达式，然后对后缀表达式求值。例如中缀表达式 2+3 对应的后缀表达式就是 2 3 +。

1) 中缀表达式转换为后缀表达式

程序在编译时要将中缀表达式转换为后缀表达式，在程序执行时对后缀表达式进行求值。中缀表达式转换为后缀表达式需要使用一个栈 S 来暂存运算符。算法的伪代码描述如下：

1　将栈 S 初始化为空栈
2　从左到右扫描表达式的每个字符，执行下述操作： 　2.1　若当前字符是运算对象，则将该字符输出到后缀表达式，再处理下一个字符 　2.2　若当前字符是运算符，当前运算符的优先级与栈 S 的栈顶运算符的优先级进行比较， 　　　执行下述相应的操作： 　2.2.1　若当前运算符的优先级高于栈 S 的栈顶运算符的优先级，则该运算符入栈 S， 　　　　再处理下一个字符 　2.2.2　若当前运算符的优先级低于栈 S 的栈顶运算符的优先级，则将栈 S 的栈顶元 　　　　素出栈并输出 　2.2.3　若当前运算符的优先级等于栈 S 的栈顶运算符的优先级，则将栈 S 的栈顶元 　　　　素出栈，再处理下一个字符

我们以中缀表达式 3*(2+4)/6-5 为例，分析将其转换为后缀表达式 3 2 4 + * 6 / 5 - 的过程，如表 3.3 所示。

表3.3　中缀表达式转换为后缀表达式的过程

当前读入的字符	栈 S 的元素	后缀表达式	说　　明
3		3	3 输出到后缀表达式
*	*	3	* 入栈 S
(	*, (	3	(入栈 S
2	*, (	3 2	2 输出到后缀表达式
+	*, (, +	3 2	+ 入栈 S
4	*, (, +	3 2 4	4 输出到后缀表达式
)	*, (	3 2 4 +	) 低于 +，+ 出栈 S，输出到后缀表达式
)	*	3 2 4 +	) 等于 (，(出栈 S，) 与 (抵消
/		3 2 4 + *	后面的 / 低于前面的 *，* 出栈 S，输出到后缀表达式
/	/	3 2 4 + *	/ 入栈 S
6	/	3 2 4 + * 6	6 输出到后缀表达式
−		3 2 4 + * 6 /	− 低于 /，/ 出栈 S，输出到后缀表达式
−	−	3 2 4 + * 6 /	− 入栈 S
5	−	3 2 4 + * 6 / 5	5 输出到后缀表达式
		3 2 4 + * 6 / 5 −	− 出栈 S，输出到后缀表达式

2) 后缀表达式求值

后缀表达式的求值过程用一个栈 S 存放运算对象、中间结果和最终结果。算法凸伪代码描述如下：

> 1　初始化栈 S 为空栈
>
> 2　从左到右扫描后缀表达式的每个字符，执行下述操作：
>
> 　2.1　若当前字符是运算对象，则入栈 S，处理下一个字符
>
> 　2.2　若当前字符是运算符，则从栈 S 出栈两个运算对象，执行运算并将结果入栈 S，
> 　　　　处理下一个字符
>
> 3　输出栈 S 的栈顶元素，即表达式的运算结果

后缀表达式 3 2 4 + * 6 / 5 − 的求值过程如表3.4所示。

表3.4　后缀表达式的求值过程

当前读入的字符	栈 S 的元素	说　　明
3	3	3 入栈 S
2	3, 2	2 入栈 S
4	3, 2, 4	4 入栈 S
+	3, 6	4 和 2 出栈 S，计算 2+4，结果入栈 S

续表

当前读入的字符	栈 S 的元素	说　　明
*	18	6 和 3 出栈 S，计算 3*6，结果入栈 S
6	18，6	6 入栈 S
/	3	6 和 18 出栈 S，计算 18/6，结果入栈 S
5	3，5	5 入栈 S
−	−2	5 和 3 出栈 S，计算 3−5，结果入栈 S

　　请读者根据伪代码，分别写出用 C 语言描述的中缀表达式转换为后缀表达式、后缀表达式求值的算法。

　　算法的难点在于将中缀表达式转换为后缀表达式，下面给出用 C 语言描述的转换算法供读者参考：

```
void Change(char *p1,char *p2)
{    //p1 指向中缀表达式，p2 指向后缀表达式
    Stack S;
    InitStack(S);            //初始化栈 S
    Push(S,'#');             //将中缀表达式的起始标记入栈 S
    int i = 0;               //用于指示扫描 p1 串中字符的位置，初值为 0
    int j = 0;               //用于指示 p2 串中待存字符的位置，初值为 0
    char ch =p1[i];
    while(ch != '#')         //遇到中缀表达式的结束标记结束循环
    {   switch(ch)
        {
            case ' ':
                ch = p1[++i];
                break;       //过滤中序表达式中的空格字符
            case '(':
                Push(S,ch);      // '('入栈 S
                ch = p1[++i];    //扫描下一个字符
                break;
            case ')':
                while(GetTop(S) != '(')
                    p2[j++] = Pop(S); //括号内的运算符出栈 S，添加到后缀表达式串之后
                Pop(S);          // '('出栈
                ch = p1[++i];    //扫描下一个字符
                break;
            case '+':
            case '-':
            case '*':
```

```
        case '/':
            char w = GetTop(S);
            while(Precedence(w) >= Precedence(ch))
            {   //w 为栈 S 的栈顶运算符，ch 为当前运算符。w 的优先级
                //大于等于 ch 的优先级，执行循环体
                p2[j++] = w;     //栈 S 的栈顶运算符添加到后缀表达式串之后
                Pop(S);
                w = GetTop(S);
            }
            Push(S,ch);              //w 的优先级小于 ch 的优先级，ch 入栈 S
            ch = p1[++i];            //扫描中缀表达式的下一个字符
            break;
        default:
            while(ch == '.' || isdigit(ch))
            {   //运算对象可以是整型数或实型数
                p2[j++] = ch;    //运算对象的字符添加到后缀表达式串之后
                ch = p1[++i];    //扫描中缀表达式的下一个字符
            }
            p2[j++] = ' ';   //运算对象后面加空格作为分隔符添加到后缀表达式串之后
        } //switch
    } //while
    //遇到中缀表达式的结束标记后，处理栈 S 中剩余的运算符
    ch = Pop(S);
    while(ch != '#')
    {   //未遇到栈 S 的栈底中缀表达式的起始标记，即栈 S 非空，执行循环体
        p2[j++] = ch;            //添加到后缀表达式串之后
        ch = Pop(S);
    }
    p2[j] = '\0';
} // Change
//求运算符优先级
int Precedence(char op)
{   if(op == '+' || op == '-')
        return 1;
    if(op == '*' || op == '/')
        return 2;
    else
        return 0;
}
```

3.3.2 队列的应用——货运列车车厢重排

一列货运列车共有 n 节车厢，每节车厢将停放在不同的车站。假定 n 个车站的编号分别为 1~n，即货运列车按照第 n 站至第 1 站的次序经过这些车站。为了便于在每站从列车上卸掉最后一节车厢，车厢的编号应与车站的编号相同，使各车厢从前至后按编号 1 到 n 的次序排列，这样，在每个车站只要卸掉最后一节车厢即可。所以，对于给定的任意次序的车厢，必须重新排列它们。车厢的重排工作可以通过转轨站完成。在转轨站中有一个入轨、一个出轨和 k 个缓冲轨，缓冲轨位于入轨和出轨之间。开始时，n 节车厢从入轨进入转轨站，转轨结束时各车厢按照 1~n 的次序离开转轨站进入出轨。假定缓冲轨按先进先出的方式运作，可以把它们视为队列，并且不允许列车在入轨到出轨之间逆向行驶。请设计算法解决火车车厢重排问题。

分析 图 3.12 给出了一个转轨站的示意图，其中有 H_1、H_2 和 H_3 3 个缓冲轨。

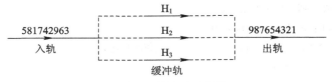

图 3.12 转轨站示意图

若有 k 个缓冲轨，可将缓冲轨 H_k 作为直接将车厢从入轨移动到出轨的通道，那么可以用来暂存车厢的缓冲轨的数目为 k-1。如图 3.12 所示，假定有 9 节车厢，进入转轨站的次序为 3、6、9、2、4、7、1、8、5，k=3，H_3 作为直接从入轨到出轨之间的通道，H_1 和 H_2 作为暂存车厢的缓冲轨。3 号车厢不能直接移动到出轨，因为 1 号车厢和 2 号车厢必须排在 3 号车厢之前，因此把 3 号车厢移动至 H_1；6 号车厢可以移动至 3 号车厢之后，因为 6 号车厢将在 3 号车厢的后面输出；9 号车厢继续放到 H_1 的 6 号车厢之后；2 号车厢不能放在 9 号车厢之后，因为 2 号车厢要在 9 号车厢之前输出，因此将 2 号车厢放在 H_2 的队头；接下来放 4 号车厢和 7 号车厢，如图 3.13(a)所示。1 号车厢通过 H_3 直接从入轨移动至出轨，2 号车厢从 H_2 移动至出轨，3 号车厢从 H_1 移动至出轨，4 号车厢从 H_2 移动至出轨，如图 3.13(b)所示。在入轨处，由于 5 号车厢在 8 号车厢之后，所以将 8 号车厢移动至 H_2，再将 5 号车厢通过 H_3 直接移动至出轨，如图 3.13(c)所示。此后，可依次将 6、7、8、9 号车厢从缓冲轨移至出轨，如图 3.13(d)所示。

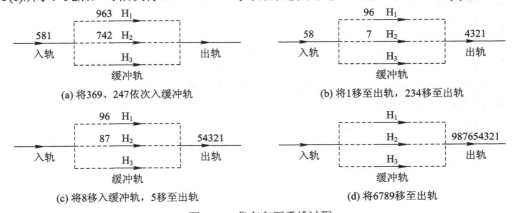

(a) 将369、247依次入缓冲轨   (b) 将1移至出轨，234移至出轨

(c) 将8移入缓冲轨，5移至出轨   (d) 将6789移至出轨

图 3.13 货车车厢重排过程

将车厢移至缓冲轨的规则：将 c 号车厢移至某个缓冲轨，该缓冲轨中队尾车厢的编号应当小于 c。如果有多个缓冲轨满足这一条件，则选择队尾车厢编号最大的缓冲轨；否则选择一个空的缓冲轨。

　　假设重排 n 个车厢可使用 k 个缓冲轨，每个缓冲轨可看作是一个队列，用 nowOut 表示下一个输出至出轨的车厢编号。火车车厢重排的算法伪代码描述如下：

```
1    分别对 k 个队列初始化
2    初始化下一个要输出的车厢编号 nowOut=1
3    依次取入轨中的每一个车厢的编号
    3.1    如果入轨中的车厢编号等于 nowOut，则执行：
        3.1.1    输出该车厢编号
        3.1.2    nowOut++
    3.2    否则，考察每一个缓冲轨队列 for (j=1; j<=k; j++)
        3.2.1    取队列 j 的队头元素 c
        3.2.2    如果 c 等于 nowOut，则执行：
            3.2.2.1    将队列 j 的队头元素出队并输出至出轨
            3.2.2.2    nowOut++
    3.3    如果入轨和缓冲轨的队头元素没有编号为 nowOut 的车厢，则执行：
        3.3.1    求小于入轨中第一个车厢编号的最大队尾元素所在队列编号 j
        3.3.2    如果 j 存在，则把入轨中的第一个车厢移至缓冲轨 j
        3.3.3    如果 j 不存在，但有多于一个空缓冲轨，则把入轨中的第一个车厢移至一个空缓冲
                轨；否则车厢无法重排，算法结束
```

习　题　3

一、名词解释

栈，顺序栈，链栈，队列，顺序队列，循环列队，链队

二、填空题

1. 栈修改的原则是_____，因此，栈又称为_____线性表。在栈顶进行插入运算，被称为_____；在栈顶进行删除运算，被称为_____。

2. 对于顺序栈而言，top = −1 表示_____，此时作退栈运算，则产生"_____"；top=stack_maxsize-1 表示_____，此时作进栈运算，则产生"_____"。

3. 以下运算实现在顺序栈上的进栈，请在_____处用适当的语句予以填充。

```
int Push(SqStackTp *sq,DataType x)
{   if(sp->top==sqstack_maxsize-1){printf("栈满"); return(0); }
    else{_____;
        _____=x;
        return(1);
```

```
        }
    }
```

4．顺序队列的出、入队列操作会产生"_____"。

5．以下运算实现循环队列的初始化，请在_____处用适当句子予以填充。

```
    void InitCycQueue(Cycqueue*&sq)
    { _____;
        _____;  sq->rear=0;
    }
```

6．链队列在一定范围内不会出现_____的情况。当 lq->front==lq->rear 时，称为_____。

7．以下运算实现在链队列上取队头元素，请在_____处用适当句子予以填充。

```
    int GetFront(LinkQ*lq,DataType *x)
    { LinkQ *p;
        if(lq->rear==lq->front) return(0);
        else{_____;
            _____ =p->data;
            return(1);
        }
    }
```

8．从一个栈顶指针为 h 的链栈中删除一个结点时，用 x 保存被删结点的值，可执行 x=h->data; 和_____(结点的指针域为 next)。

9．向一个栈顶指针为 h 的链栈中插入一个 s 所指结点时，可执行_____和 h=s; 。

10．线性表、栈和队列都是_____结构，可以在线性表的_____位置插入和删除元素；栈只能在_____位置插入和删除元素；队列只能在_____位置插入元素和在_____位置删除元素。

11．无论是顺序存储还是链式存储的栈和队列，进行插入或删除运算的时间复杂度均相同为_____。

12．对一个栈作进栈运算时，应先判别栈是否为_____；作退栈运算时，应先判别栈是否为_____。当栈中元素为 m 时，作进栈运算时发生上溢，则说明栈的可用最大容量为_____。为了增加内存空间的利用率和减少发生上溢的可能性，由两个栈共享一片连续的内存空间时，应将两栈的_____分别设在这片内存空间的两端，这样只有当_____时才产生上溢。

13．从一个栈顶指针为 h 的链栈中删除一个结点时，用 x 保存被删结点的值，可执行_____和 h=h->next; (结点的指针域为 next)。

14．设有一个非空的链栈，栈顶指针为 hs，要进行出栈操作，用 x 保存出栈结点的值，栈结点的指针域为 next，数据域为 data，则可执行 x = _____; 和 hs = _____;。

15．设 top 是一个链栈的栈顶指针，栈中每个结点由一个数据域 data 和指针域 next 组成。设用 x 接收栈顶元素，则取栈顶元素的操作为_____。

16．设 top 是一个链栈的栈顶指针，栈中每个结点由一个数据域 data 和指针域 next 组成。设用 x 接收栈顶元素，则出栈操作为_____。

17．设有一个链栈，栈顶指针为 hs，现有一个 s 所指向的结点要入栈，则可执行操作_____和 hs=s; 。

18．设有一空栈，现有输入序列 1, 2, 3, 4, 5，经过 push, push, pop, push, pop, push, push 后，输出序列是_____。

三、选择题

1．设有一顺序栈 S，元素 $s_1, s_2, s_3, s_4, s_5, s_6$ 依次进栈。如果 6 个元素出栈的顺序是 $s_2, s_3, s_4, s_6, s_5, s_1$，则栈的容量至少应该是(　　)。

A．2　　　　　　B．3　　　　　　C．5　　　　　　D．6

2．一个栈的入栈序列是 a, b, c, d, e，则栈的不可能的输出序列是(　　)。

A．e d c b a　　　B．d e c b a　　　C．d c e a b　　　D．a b c d e

3．设有一顺序栈 sq 已含 3 个元素，如图 3.14 所示，元素 a4 正等待进栈。那么下列 4 个序列中不可能出现的出栈序列是(　　)。

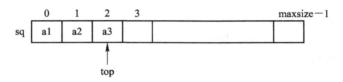

图 3.14　题 3 图

A．a3, a1, a4, a2　　B．a3, a2, a4, a1　　　C．a3, a4, a2, a1　　　D．a4, a3, a2, a

4．向一个栈顶指针为 Top、带有头结点的链栈中插入一个 s 所指结点时，其操作步骤为(　　)。

A．Top->next=s

B．s->next=Top->next; Top->next=s

C．s->next=Top; Top=s

D．s->next=Top; Top=Top->next

5．从栈顶指针为 Top、不带头结点的链栈中删除一个结点，并将被删结点的值保存到 x 中，其操作步骤为(　　)。

A．x=Top->data; Top=Top->next

B．Top=Top->next; x=Top->data

C．x=Top; Top=Top->next

D．x=Top->data

6．循环队列的入队操作应为(　　)。

A．sq->rear=sq->rear+1; sq->data[sq->rear]=x;

B．sq->data[sq->rear]=x; sq->rear=sq->rear+1;

C．sq->rear=(sq->rear+1)%maxsize; sq->data[sq->rear]=x;

D．sq->data[sq->rear]=x; sq->rear=(sq->rear+1)%maxsize;

7．判断循环队列 sq 的队空条件为(　　)。

A．(sq->rear+1)%maxsize==(sq->front+1)%maxsize

B．(sq->rear+1)%maxsize==sq->front+1

C．(sp->rear+1)%maxsize==sq->front

D．sq->rear==sq->front

8．栈的插入删除操作在(　　)进行。

A．栈底　　　　　　B．栈顶　　　　　　C．任意位置　　　　　D．指定位置

9．在一个具有 n 个单元的顺序栈中，假定以地址低端(即 0 单元)作为栈底，以 top 作为栈顶指针，当做出栈处理时，top 变化情况为(　　)。

A．不变　　　　　　B．top=0　　　　　　C．top−−　　　　　　D．top++

10．一个栈的进栈序列是 efgh，则不可能的出栈序列是(　　)(进、出栈操作可以交替进行)。

A．hgfe　　　　　　B．gfeh　　　　　　C．fgeh　　　　　　D．ehfg

11．以下说法正确的是(　　)。

A．栈的特点是先进先出，队列的特点是先进后出　　B．栈和队列的特点都是先进后出

C．栈的特点是先进后出，队列的特点是先进先出　　D．栈和队列的特点都是先进后出

12．栈和队列的相同点是(　　)。

A．都是后进先出　　　　　　B．都是后进后出　　　　　C．逻辑结构与线性表不同

D．逻辑结构与线性表相同，都是操作规则受到限制的线性表

13．设有一个栈，元素的进栈次序为 A、B、C、D、E，下列是不可能的出栈序列(　　)。

A．A, B, C, D, E　　　　　　　　B．B, C, D, E, A

C．E, A, B, C, D　　　　　　　　D．E, D, C, B, A

14．向一个栈顶指针为 hs 的链栈中插入一个 s 结点时，应执行(　　)。

A．hs->next=s;

B．s->next=hs; hs=s;

C．s->next=hs->next; hs->next=s;

D．s->next=hs; hs=hs->next;

15．在具有 n 个单元的顺序存储的循环队列中，假定 front 和 rear 分别为队头指针和队尾指针，则判断队满的条件为(　　)。

A．rear%n＝＝front　　　　　　B．(front + 1)%n＝＝rear

C．rear%n −1＝＝front　　　　　　D．(rear + 1)%n＝＝front

16．在具有 n 个单元的顺序存储的循环队列中，假定 front 和 rear 分别为队头指针和队尾指针，则判断队空的条件为(　　)。

A．rear%n＝＝front　　　　　　B．front+1= rear

C．rear＝＝front　　　　　　　　D．(rear+1)%n= front

17．在一个链队列中，假定 front 和 rear 分别为队首和队尾指针，则删除一个结点的操作为(　　)。

A．front=front->next　　　　　　B．rear=rear->next

C．rear=front->next　　　　　　D．front=rear->next

四、简答及算法设计

1．设有一个栈，元素进栈的次序为 A、B、C、D、E，能否得到如下出栈序列？若能，请写出操作序列；若不能，请说明原因。

(1) C, E, A, B, D

(2) C, B, A, D, E

2. 回文是指正从左向右读和从右向左读均相同的字符序列，如"level"是回文，但"good"不是回文。试写一个算法判定给定的字符向量是否为回文。(提示：将一半字符入栈，然后出栈与另一半字符进行比较。)

3. 借助栈(可用栈的基本运算)来实现单链表的逆置运算。

4. 利用栈的基本运算将栈 S 中值为 m 的元素全部删除。

5. 假设一个算术表达式中可以包含三种括号：圆括号"("和")"、方括号"["和"]"以及花括号与"{"和"}"，且这三种括号可按任意的次序嵌套使用，如(…[…{…}…[…]··]…(…[…]….)。试利用栈的运算编写判断给定表达式中所含括号是否正确配对出现的算法 int correct(exp)；其中 exp 为字符串类型的变量。如果括号正确配对，返回值 1；否则返回值 0。(提示：对表达式进行扫描，凡遇到"("、"["或"{"就入栈。当遇到")"、"]"或"}"时，检查当前栈顶元素是否是对应的左括号，若是就退掉栈顶的"("、"["或"{"；否则不配对。表达式扫描完毕，栈应当为空。)

6. 设函数 f(m, n)(m、n 为大于 0 的整数)定义为

$$f(m,n)=\begin{cases} m+n+1 & \text{当 } m*n=0 \text{ 时} \\ f(m-1,f(m,n-1)) & \text{当 } m*n\neq 0 \text{ 时} \end{cases}$$

试写出递归算法。

7. 设计算法，利用栈将十进制整数转换为二、八、十六进制的任一进制输出。

8. 举例说明顺序队列的"假溢出"问题，以及有哪些解决方法。

9. 假设以数组 cycque[m](假设数组范围为 0～m-1)存放循环队列的元素，同时设变量 rear 和 quelen 分别指示循环队列中队尾元素位置和内含元素的个数。试给出此循环队列的队满条件，并写出相应的入队列和出队列的算法。

10. 假定用一个单循环链表来表示队列(也称为循环队列)，该队列只设一个队尾指针，不设队首指针，试编写下列各种运算的算法：

(1) 向循环链队列插入一个元素值为 x 的结点；

(2) 从循环链队列中删除一个结点。(假设不需要保留被删结点的值，也不需要回收结点。)

第 4 章　串

　　串(又称字符串)是一种特殊的线性表，它的每个元素仅由一个字符组成。随着计算机的发展，串作为一种变量类型出现在越来越多的程序设计语言中，同时也产生了一系列串操作。文字编辑中的查找和替换、汇编和编译程序中的词法扫描、事务处理程序中的文本类型字段的处理等都是以串数据作为处理对象的。

　　本章首先讨论串的定义、存储以及典型的操作，然后分析串的模式匹配算法，最后给出串在文字编辑和数值转换中的应用。

◇ 【学习重点】

(1) 串的定义和串的基本运算；

(2) 串的顺序和链式存储结构及基本运算的实现；

(3) 简单的模式匹配算法。

◇ 【学习难点】

(1) 改进的模式匹配算法；

(2) 串的应用。

4.1　串的概念及基本运算

4.1.1　串的定义

　　串(String)是由多个或零个字符组成的有限序列，记作 $S = "c_1c_2c_3\cdots c_n"(n \geq 0)$。其中，S是串名，由双引号括起来的字符序列称为串值，但双引号本身不属于串；$c_i(1 \leq i \leq n)$是串中的字符，i 是字符在串中的位置序号；n 是串的长度，表示串中字符的个数。不包含任何字符的串称为空串，例如""是长度为 0 的空串。

　　串中任意个连续字符组成的子序列称为该串的子串，包含子串的串相应地称为主串。子串在主串中的序号定义为子串在主串中首次出现的位置序号。例如，设 S1 和 S2 分别为，S1 = "This is a string" 和 S2 = "is"，则 S2 是 S1 的子串，S1 是 S2 的主串。S2 在 S1 中出现了两次，首次出现在主串的第 3 个位置上，因此 S2 在 S1 中的序号是 3。

　　特别需要一提的是，空串是任意串的子串，任意串是其自身的子串。

　　通常串可以分为串变量和串常量。正如我们所知道的，在程序中常量只能被引用但不能改变其值，而变量的值可以改变。在 C 语言中，串变量可以用字符型数组来表示，串常量可以用双引号括起来的字符序列直接表示或者用符号常量来表示，例如有如下定义：

    char str[ ] = "string"; const char str_const[ ] = "string";

则 str 是串变量，而 str_const 是串符号常量。

  下面是一些串的例子：

    S1 = "ab1234"   长度为 6 的串；

    S2 = "0012"   长度为 4 的串；

    S3 = ""   空串，长度为 0；

    S4 = "␣␣␣"   空格串，长度为 3。

4.1.2 串的基本运算

  串的基本运算和线性表有很大的差别。线性表的插入、删除等运算都以"单个元素"作为操作对象；而串的运算通常是对串的整体或一部分进行操作，如串的复制、串的比较、插入和删除子串等。下面介绍串的部分基本运算。

  (1) StrLength(S)求串长：计算并返回串的长度。

  (2) StrCopy(S1, S2)串赋值：将 S2 赋给 S1。S1 是串变量，S2 是串常量或者是串变量。

  (3) StrCat(S1,S2)串连接：将 S2 连接在 S1 的后面。S1 是串变量，S2 是串常量或者是串变量。

  例如，S1 = "ABCD"，S2 = "1234"，StrCat(S1, S2)的运算结果是 S1 = "ABCD1234"，S2 = "1234"。

  (4) StrCmp(S1, S2) 串比较：若 S1 = S2，则运算结果为 0；若 S1 > S2，则运算结果大于 0；若 S1 < S2，则运算结果小于 0。

  两个串的比较，实际上比较的是字符的 ASCII 码值。从第一个位置上的字符开始逐个字符进行比较，当第一次出现字符不等的情况时，即可得到比较的结果。例如 "abcd" 等于 "abcd"，"abc" 大于 "aBc"，"abc" 小于 "abcd"。

  (5) StrIndex(S, T)子串定位：若串 T 是串 S 的子串，则运算结果为 T 在 S 中首次出现的位置，否则运算结果为 0。例如 StrIndex("Data Structures", "ruct")的运算结果为 8。

  (6) SubStr(Sub, S, i, len)求子串：串 S 非空，且 $1 \leqslant i \leqslant StrLength(S)$，$0 \leqslant len \leqslant StrLength(S)$，运算结果是得到 S 串从第 i 个字符开始的长度为 len 的子串，并将其赋给 T。如果 len 为 0，则赋给 Sub 的是空串。例如 SubStr(Sub, "student", 4, 3)的结果是 Sub="den"。

  (7) StrInsert(S, i, T)串插入：串 S 和 T 均为非空串，且 $1 \leqslant i \leqslant StrLength(S)+1$。结果是将串 T 插入到串 S 的第 i 个字符位置上，串 S 的值被改变。例如 S = "You are a student"，T = "r teacher"，StrInsert(S, 4, T)的运算结果是 S = "Your teacher are a student"。

  (8) Strdelete(S, i, len)串删除：串 S 非空，且 $1 \leqslant i \leqslant StrLength(S)$，$0 \leqslant len \leqslant StrLength(S)$，运算结果是删除 S 串中从第 i 个字符开始的长度为 len 的子串，串 S 的值被改变。

  (9) StrRep(S, T, R)串替换：串 S、T、R 均非空，运算结果是用串 R 替换串 S 中所有子串 T，串 S 的值被改变。

  以上是串的基本运算，其中前 5 个运算是最基本的，其余的串运算一般可以由这些最基本的串运算组合而成。

4.2 串的顺序存储结构及基本运算的实现

4.2.1 串的顺序存储结构

串的顺序存储结构又称为顺序串。与线性表的顺序存储结构类似，顺序串用一组地址连续的存储单元存储串值的字符序列，其中每个结点是单个字符。

串的定长顺序存储表示也称为静态存储分配的顺序串。定长顺序存储结构是指直接使用定长的字符数组来定义，数组的上界预先给出。串的长度一般有三种表示方法：

(1) 用一个整型变量来表示串的长度，如图 4.1 所示。此时顺序串的类型定义和顺序表类似，定义如下：

```
#define maxsize 256
typedef struct
{   char ch[maxsize];
    int length;
}SeqString;
SeqString    *s;    //s 为结构体变量
```

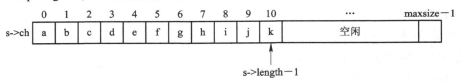

图 4.1　顺序串的存储方式 1

在这种存储方式下，可以直接得到顺序串的长度为 s->length。

(2) 在串的末尾设置串结束符。在有些编程语言中，采用特定的终结符表示串的结束，例如 C 语言用转义字符 '\0' 作为串结束符，如图 4.2 所示。这种方式不能直接得到串的长度，而是通过判断当前字符是否为 '\0' 来确定串是否结束，从而求得串的长度。此时，顺序串的定义如下：

```
#define maxsize 256
typedef char sstring[maxsize];
sstring s;    //s 是一个可容纳 255 个字符的顺序串
```

这就是为什么在上述定义中，串空间最大值 maxstrlen 为 256，但最多只能存放 255 个字符的原因，因为必须留一个字节来存放 '\0' 字符作为串结束符。

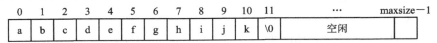

图 4.2　顺序串的存储方式 2

(3) 设置顺序串存储空间：char s[maxsize+1]；，用 s[0]存放串的实际长度，而串值存放在 s[1]～s[maxsize]中，如图 4.3 所示。这样可以使得字符的序号与存储位置的下标一致。

0	1	2	3	4	5	6	7	8	9	10	11	···	maxsize－1
11	a	b	c	d	e	f	g	h	i	j	k	空闲	

图 4.3 顺序串的存储方式 3

在下面关于顺序串的讨论中，为了和 C 语言的字符串运算保持一致，顺序串采用第 2 种存储方式，即从数组下标 0 开始存放字符，并且在串尾存储串结束符 '\0'。

4.2.2 顺序串基本运算的实现

本节主要讨论顺序串的求串长、串赋值、串比较、串连接等算法，子串定位在 4.4 节中讨论。

1. 顺序串的基本运算

1) 求串长

算法 4.1 求顺序串的长度，即统计串中字符的个数。

```
int StrLength(char*s)
{   i=0;
    while(s[i]!='\0')
        i++;
    return i;
}
```

2) 串赋值(串复制)

算法 4.2 将串 s2 复制给串 s1。

```
void StrCopy(char*s1,char*s2)
{   i=0;
    while(s2[i]!='\0')
    {   s1[i]=s2[i];
        i++;
    }                    //逐个字符赋值
    s1[i]='\0';          //置串结束标志
}
```

3) 串比较

算法 4.3 比较两个串 s1 和 s2 的大小。若 s1>s2，返回值大于 0；若 s1=s2，返回值等于 0；若 s1<s2，返回值小于 0。

```
int StrCmp(char*s1,char*s2)
{   i=0;
    while(s1[i]==s2[i]&&s1[i]!='\0')     //两个串对应位置上的字符进行比较
        i++;
    return s1[i]-s2[i];
}
```

4) 串连接

算法 4.4　将 s1 和 s2 两个串首尾连接成一个新的串 s1。

```
int StrCat(char*s1, char*s2)
{   len1=StrLength(s1);
    len2=StrLength(s2);
    if(len1+len2>maxsize-1)
        return 0;                //串 s1 的存储空间不够，返回错误代码 0
    i=0; j=0;
    while(s1[i]!='\0')           //找到串 s1 的串尾
        i++;
    while(s2[j]!='\0')           //将串 s2 的串值复制到串 s1 的串尾
        s1[i++]=s2[j++];
    s1[i]='\0';                  //置串 s1 结束标志
    return 1;                    //连接成功，返回代码 1
}
```

2．使用 C 语言的字符串运算库函数

很多高级语言都提供了字符串运算的函数库，下面结合串的基本运算给出 C 语言有关字符串运算的函数以及例子。使用 C 语言的字符串运算库函数，需要包含头文件 string.h，库函数名均为小写。我们先定义使用的几个相关变量：

```
char s1[80]="d:\\user\\wang\\", s2[40]="file.txt", s3[80];   //字符串中含有转义字符'\\'
int result;
```

说明：字符串从字符数组下标为 0 的元素开始存放。

(1) strlen(S)求串长度：返回字符串长度。例如：

```
printf("%d",strlen(s1));      //输出 13
```

(2) strcpy(&T, S)复制串：将源串复制给目标串。例如：

```
strcpy(s3,s1);                // s3 的值为"d:\\user\\wang\\"
```

(3) strcmp(S1,S2)比较串：比较两个串的大小，返回整型值。

$$\text{strcmp}(S1,S2)\begin{cases}>0 & S1>S2\\=0 & S1<S2\\<0 & S1<S2\end{cases}$$

例如：

```
result=strcmp("good", "Good");      // result > 0
result=strcmp("15", "15");          // result = 0
result=strcmp("That", "The");       // result < 0
```

(4) strcat(&T,S)串连接：将串 S 连接到串 T 的末尾，返回指向串 T 的指针。例如：

```
printf("%s", strcat(s1,s2));        //输出 d:\\user\\wang\\ file.txt
```

(5) strstr(S,Sub)子串定位：查找串 Sub 在串 S 中第一次出现的位置。若查找到，则返回该位置信息，否则返回 NULL。例如：

```
        printf("%d\n", strstr(s1,"user")-s1+1);        //输出 4
```

(6) strchr(S, C)字符定位：查找字符 C 在串 S 中第一次出现的位置。若查找到，则返回该位置信息，否则返回 NULL。例如：

```
        result=strchr(s2, 't')-s2+1;                    // result 的值是 6
```

例 4.1　利用 C 语言的库函数完成取子串运算。取主串中 start 起始的 length 个字符作为子串。

程序如下：

```
        #include<string.h>
        #include<stdio.h>
        void SubStr(char*, char*, int, int);

        void main( )
        {
            char s1[ ]="d:\\user\\wang\\", s2[80];        //字符串中含有转义字符"\\"
            int start,length;
            printf("start, length=");
            scanf("%d,%d", &start, &length);             //输入起始位置和长度
            SubStr(s2, s1, start, length);
            puts(s2);
        }

        void SubStr(char*sub, char*s,int pos,int len)
        {
            if(pos<1 || pos>strlen(s) || len<0) printf("parameter error!\n");
            else{         strncpy(sub, s+pos-1, len);     //复制子串字符
                          strcpy(sub+len,"\0");           //添加子串的串结束符
                }
        }
```

上述程序是 C 语言的完整程序。不同的语言对字符串运算会有差异，因此应以该语言的参考手册为准。

从上面的操作可见，在串的顺序存储结构中，串操作的时间复杂度基于串的长度 n，即时间复杂度为 O(n)。上述操作的另一个特点是，当在操作中出现串值序列的长度超过上界 maxsize 时，约定用截尾法处理，这种情况不仅在连接串时可能发生，在串的插入等其他操作也可能发生。这个弊病可以采用动态分配串的存储空间的方式来克服。

4.3　串的链式存储结构

和顺序表类似，在顺序串上进行插入、删除操作不方便，需要移动大量的元素。采用链表存储串值可以提高插入、删除的效率。串的链式存储结构简称为**链串**。

　　链串便于进行插入和删除运算，但存储空间利用率太低。由于串中的每个元素是一个字符，因此用链表存储串值时存在结点大小的问题。也就是说，在每个结点存放一个字符还是存放多个字符。图 4.4(a)和(b)中每个结点分别可以存放 1 个字符和 4 个字符。如果每个结点放多个字符，当串长不是结点大小的整数倍时，链表中的最后一个结点不一定被串值完全占满，可以用特殊的字符(例如 '\0'或 '#')来填充。

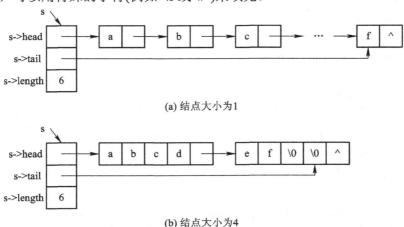

(a) 结点大小为1

(b) 结点大小为4

图 4.4　链串的示意图

　　为了方便串的操作，当以链表存储串值时，除头指针外，还可以附设一个尾指针指向链表中的最后一个结点，并给出当前串的长度。这样定义的优点是便于进行连接操作，并且对于涉及串长的操作时速度较快。图 4.4(b)是结点大小为 4 的链串示意图，其类型定义如下：

```
#define CHUNKSIZE 4
typedef struct node
{
    char ch[CHUNKSIZE];
    struct node *next;
} Chunk;
typedef struct
{
    Chunk *head,*tail;
    int length;
} LinkString;
LinkString s;
```

　　在该存储方式下，结点大小的选择非常重要，它会影响处理的效率。定义串的存储密度为串值的存储位与实际分配存储位的比值。当存储密度小时，运算处理方便，但是占用的存储空间大；而当存储密度大时，占用的空间小，但是运算量大。若链串中的每个结点存放一个字符，结点的指针域占 4 个字节，那么链串的存储密度只有 20%；如果每个结点存放多个字符，例如 4 个字符，则存储密度可以达到 50%，有效地提高了存储空间的利用率。

　　在大多数情况下，对串进行操作时，只需要像单链表一样按从头到尾的顺序扫描即可。

对于结点大小大于 1 的情况，需要注意串尾的无效字符。

例 4.2　将两个结点大小为 1 的链串 s1 和 s2 首尾合并成一个新的链串 s1，要求利用链串 s1 和 s2 原有的结点。

分析　如图 4.5 所示，我们只要修改两个指针的指向，并修改链串 s1 的长度，即可完成两个链串的首尾合并。算法中主要的语句如下：

```
s1->tail->next=s2->head;

s1->tail=s2->tail;

s1->length=s1->length+s2->length;
```

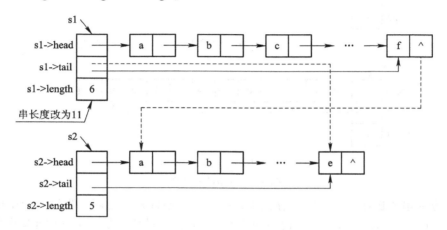

图 4.5　链串合并的示意图

请读者自行完成完整的算法。

4.4　串的模式匹配算法

子串定位又称为串的模式匹配(Pattern Matching)，是串运算中最重要的操作之一。将主串称为目标串(Target String)，子串称为模式串(Pattern String)，所谓模式匹配，就是在目标串中查找模式串的出现位置，例如在文本中查找是否存在给定的单词及出现的位置。

串的模式匹配算法分为简单的模式匹配算法和改进的模式匹配算法两种。

4.4.1　简单的模式匹配算法

简单的模式匹配算法又称为穷举的模式匹配算法或是朴素的模式匹配算法，也称为 Brute-Force 算法，简称 BF 算法。假设 T 为目标串(主串)，P 为模式串(子串)，则有

$$T = "t_1,t_2,\dots,t_n" \qquad P = "p_1,p_2,\dots,p_m"$$

其中，$0 < m \leqslant n$。

在实际应用中，模式串长度 m 通常远远小于目标串长度 n，即 m<<n。

下面给出采用顺序串结构时，不依赖其他串运算的简单的模式匹配算法。

算法 4.5　顺序串简单的模式匹配。

```
int Index(seqstring*T, seqstring*P,int pos)
```

//顺序串的朴素模式匹配，串的位序从 1 开始

```
{    i=pos; j=1;          //目标串从第 pos 个字符开始与模式串的第一个字符开始进行比较
    while(i<=T->length&&j<=P->length)
        if(T->ch[i-1]==P->ch[j-1])      //串从数组的 0 元素开始存放
        {    i++; j++; }                //继续比较后面的字符
        else
        {    i=i-j+2; j=1; }            //本趟不匹配，设置下一趟匹配的起始位序
    if(j>P->length)   return(i-P->length);   //匹配成功
    else    return(0);                  //匹配不成功
}
```

分别利用计数指针 i 和 j 指示目标串 T 和模式串 P 中当前比较的字符位序。算法的基本思想是：从目标串 T 的第 pos 个字符开始与模式串 P 的第一个字符进行比较，若相等，则继续比较后面的字符；否则从目标串的下一个字符开始与模式串的第一个字符进行下一趟比较。重复此过程，直至模式串中的每个字符依次与目标串中的一个连续的字符序列相等，则匹配成功，函数值为与模式串中第一个字符相等的字符在目标串中的位序；如果各趟比较均不相等，则匹配不成功，函数返回值为 0。

如果在匹配过程中出现 $t_i \neq p_j$ 的情况，即本趟匹配失败，那么下一趟匹配应该使指针 j 等于 1(即指向 p_1)，而指针 i 则等于 i−j+2(即指向 t_{i-j+2})。这样，指针 i 必须由当前位置 i 回溯到 i−j+2 的位置上。

图 4.6 给出了模式串 P = "abc" 与目标串 T = "abbabca" 的简单的模式匹配过程(pos=1)。

```
                    0   1   2   3   4   5   6
第一趟匹配   T:    a   b   b   a   b   c   a      T[2]≠P[2]，匹配失败
                  √   √   ×                      i回溯到1，j回溯到0
             P:    a   b   c

第二趟匹配   T:    a   b   b   a   b   c   a      T[1]≠P[0]，匹配失败
                      ×                          i回溯到2，j回溯到0
             P:        a   b   c

第三趟匹配   T:    a   b   b   a   b   c   a      T[2]≠P[0]，匹配失败
                          ×                      i回溯到3，j回溯到0
             P:            a   b   c

第四趟匹配   T:    a   b   b   a   b   c   a      匹配成功，返回值为4
                              √   √   √
             P:                a   b   c
```

图 4.6   简单的模式匹配过程

下面我们再来讨论以结点大小为 1 的单链表存储串实现简单的模式匹配算法。在算法中使用指针 shift 指向每一趟在目标串中比较的起始位置,若一趟比较中出现不相等的字符,则指针 shift 右移指向下一个结点,继续下一趟的比较。匹配成功,返回 shift 所指向的结点地址;匹配不成功,返回空地址值。具体算法如下:

算法 4.6   链串简单的模式匹配。

LinkString*Index(LinkString*T,LinkString*P,LinkString*pos)

//从 pos 所指示的位置开始查找模式串 P 在目标串 T 中首次出现的位置

```
{   LinkString*shift,*tp,*pp;
    shift=pos;
    tp=shift; pp=P;
    while(tp!=NULL&&pp!=NULL)
    {
        if(tp->data==pp->data)          //继续比较后续结点中的字符
        {
            tp=tp->next; pp=pp->next;
        }
        else                            //本趟匹配不成功，设置下一趟匹配的起始位置
        {
            shift=shift->next;
            tp=shift; pp=P;
        }
    }
    if(pp==NULL)   return shift;         //匹配成功
    else    return NULL;                 //匹配不成功
}
```

简单的模式匹配算法虽然简单，但效率较低，这是因为在一趟匹配中，目标串内可能存在多个和模式串"部分匹配"的子串，而引起计数指针的多次回溯。特别地，在某些情况下，该算法的效率很低。

在最坏情况下，每一趟不成功的匹配都发生在模式串 P 的最后一个字符与主串 T 中相应字符的比较时，则在主串 T 中新一趟比较的起始位置为 i-m+1。若第 i 趟匹配成功，则前 i-1 趟不成功的匹配中每趟都比较了 m 次，而第 i 趟成功的匹配也比较了 m 次。所不同的是，前 i-1 趟均是在第 m 次比较时不匹配，而第 i 趟的 m 次比较都成功匹配。所以，第 i 趟成功匹配共进行了 i×m 次比较。因此，在最坏情况下，匹配成功的比较次数为

$$\sum_{i=0}^{n-m} q_i(i\times m) = \frac{m}{n-m+1}\sum_{i=0}^{n-m} i = \frac{1}{2}m(n-m) \tag{4-1}$$

其中，q_i 为匹配成功的等概率。

由于 n>>m，故最坏情况下 BF 算法的时间复杂度为 O(n×m)。

4.4.2　改进的模式匹配算法

BF 算法虽然简单，但由于带有回溯而效率低。KMP 算法是一种改进的模式匹配算法，由 D. E. Knuth、J. H. Morris 和 V. R. Pratt 同时发现，因此人们称它为克努特-莫里斯-普拉特操作，简称 KMP 算法。KMP 算法的关键是利用匹配失败后的信息，尽量减少模式串与主串的匹配次数，以达到快速匹配的目的。

1. KMP 算法的基本思想

BF 算法的目标串存在回溯，目标串 T 与模式串 P 逐个比较字符，若 T[i] ≠ P[j](0≤i<n,

0≤j＜m)，则下趟匹配目标串从 T[i]退回到 T[i−j+1]开始与模式串 P[0]比较。实际上，这种丢弃前面匹配信息的方法极大地降低了匹配效率。目标串的回溯是不必要的，T[i−j+1]与 P[0]的比较结果可由前一趟匹配结果得到。我们以主串(目标串)T = "abcabb"、模式串 P = "abb"，或者主串(目标串)T="aacaab"、模式串 P = "aab" 为例进行分析。如图 4.7 所示，第 1 趟匹配，有 T[0] = P[0]，T[1] = P[1]，T[2] ≠ P[2]。① 若 P[1] ≠ P[0]，则 T[1] ≠ P[0]，下趟匹配从 T[2]与 P[0]开始比较；② 若 P[1] = P[0]，则 T[1] = P[0]，下趟匹配从 T[2]与 P[1]开始比较。

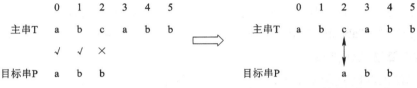

(a) T[0]~T[2]与P[0]~P[2]匹配，T[2]≠P[2]，若P[1]≠P[0]，则T[1]≠P[0]，下趟匹配从T[2]与P[0]开始比较

(b) T[0]~T[2]与P[0]~P[2]匹配，T[2]≠P[2]，若P[1]=P[0]，则T[1]=P[0]，下趟匹配从T[2]与P[1]开始比较

图 4.7　目标串不回溯

总之，当 T[2] ≠ P[2]时，无论 P[1]与 P[0]是否相同，下趟匹配都从 T[2]开始比较，即目标串不回溯；而模式串要根据 P[1]与 P[0]是否相同，确定从 P[0]或 P[1]开始比较。

KMP 算法的基本思想是主串不回溯。如果希望某趟在 T[i]和 P[j]匹配失败后，下标 i 不回溯，下标 j 回溯至某个位置 k，使得 P[k]对准 T[i]继续进行比较，那么关键的问题是如何确定位置 k。

模式串 T 中的每一个字符 T[j]都对应一个 k 值，这个 k 值仅依赖于模式串本身字符序列的构成，与主串 P 无关。对于每一个模式串，我们可以事先计算出模式串的内部匹配信息，在匹配失败时最大移动模式串，以减少匹配次数。

2．next 数组定义

用 next 数组元素 next[j]表示 P[j]对应的 k 值(0≤j＜m)，根据上述分析，其定义如下：

$$next[j] \begin{cases} -1 & \text{当 } j = 0 \text{ 时} \\ k & \text{当 } 0 \leqslant k \leqslant j \end{cases}，且便 P[0]~P[k-1] = P[j-k]~P[j-1]的最大整数时$$

当 j = 0 时，若 T[i] ≠ P[0]，接着从 T[i+1]与 P[0] 开始比较，取 k = −1。

对模式串中某些字符 P[j]，当 "p₀…pⱼ₋₁" 串中有多个相同的前缀和后缀子串时，k 取较大值。例如，P = "aaab"，若 j=3，"aaa" 中相同的前缀子串和后缀子串有 "a" 和 "aa"，长度分别为 1 和 2，即当 t[i] ≠ P[3]时，T[i] 可与 P[1] 或 P[2] 继续比较，k 取较大值 2。

模式串 P = "abcabc" 的 next 数组元素值如表 4.1 所示。

表 4.1 模式串"abcabc"的 next 数组

j	0	1	2	3	4	5
模式串	a	b	c	a	b	c
"$p_0p_1...p_{j-1}$"中最长相同前后缀子串的长度 k	−1	0	0	0	1	2

由表 4.1 可知：

(1) 当 j=0 时，next[0]=−1；

(2) 当 j=1、2、3 时，"a"、"ab"、"abc" 都没有相同的前缀子串和后缀子串，next[j]=k=0；

(3) 当 j=4 时，"abca" 中相同的前缀子串和后缀子串是 "a"，next[4]=k=1；

(4) 当 j=5 时，"abcab" 中相同的前缀子串和后缀子串是 "ab"，next[5]=k=2。

3．KMP 算法的伪代码

KMP 算法的时间复杂度是 O(n+m)。与 BF 算法相比，增加了很大难度。我们先给出 KMP 算法和计算 next 数组算法的伪代码，这样有助于对算法的理解。

KMP 算法用伪代码描述如下：

```
1    在目标串 T 和模式串 P 中分别设置比较的起始下标 i 和 j
2    当(i<n&&j<m)时，重复下述操作，直到目标串 T 或者模式串 P 的所有字符均比较完毕：
     2.1  如果 T[i]等于 P[j]，则继续比较 T 和 P 的下一对字符
     2.2  否则将下标 j 回溯到 P 中的 next[j]位置，即 j=next[j]
     2.3  如果 j 等于 −1，则将下标 i 和 j 分别加 1，准备下一趟比较
3    如果 P 中所有字符均比较完毕，则匹配成功，返回最后一趟匹配的开始位置；否则匹配失败，
     返回 0
```

计算 next 数组值的算法用伪代码描述如下：

```
1    赋初值：j=0；k=−1；next[0]=−1
2    当(j<length(P))时，重复下述操作，直到模式串 P 的所有字符均处理完毕：
     2.1  如果 k 等于 −1 或者 p_j 等于 p_k，分别将 j 和 k 加 1，然后将 k 赋给 next[j]
     2.2  否则将 next[k]赋给 k
3    返回数组 next 的所有值
```

算法 4.7 KMP 算法，用函数 Index_KMP 来实现。

```
int Index_KMP(SString T, SString P, int   next[])
{ //利用模式串 P 的 next 函数求 P 在主串 T 中位置的 KMP 算法
  //其中，P 非空
    int i,j;
    i=begin; j=0;                   //设置目标串和模式串的位置
    while (i<=strlen(T) && j<=strlen(P))
    {   if (j==-1|| T[i]==P[j]){ i++; j++; }
        else j=next[j];            //i 不变，将下标 j 回溯到 next[j]位置
    }
    if (j>strlen (P))   return i- strlen(P) ;//匹配成功，返回模式串 P 在目标串 T 中首字符位置的下标
```

```
    else   return 0;                              //匹配失败
}
```

算法 4.8 利用函数 Get_Next 计算 next 数组值的算法。

```
void Get_Next(SString P, int    next[])
{   //求模式串 P 的 next 函数值，并存入数组 next
    int i,j;
    j=0;   k=-1;   next[0]=-1;
    while (j<strlen(P))
    {   if (k==-1 || P[j]==P[k]) {j++; k++; next[j]=k; }
        else k=next[k];
    }
}
```

4.5   串的应用举例

4.5.1   文本编辑程序

文本编辑程序是一个面向用户的系统服务程序，广泛用于源程序的输入和修改，甚至用于报刊和书籍的编辑排版以及办公室公文书信的起草和润色。文本编辑的实质是修改字符数据的形式和格式。虽然各种文本编辑程序的功能强弱不同，但是其基本操作是一致的，一般都包括串的查找、插入和删除等基本操作。

为了编辑的方便，用户可以利用换页符和换行符把文本划分为若干页，每页有若干行(当然，也可以不分页而把文件直接分为若干行)。这里我们可以把文本看成是一个字符串，称为文本串。页则是文本串的子串，行又是页的子串。

比如有下列一段源程序：

```
main( )
{   float    a,b,max;
    scanf("%f, %f", &a, &b);
    if (a > b)    max = a;
    else    max = b;
};
```

我们可以把此程序看成是一个文本串。输入到内存后如图 4.8 所示，图中 " ⏎ " 为换行符。

m	a	i	n	(	)	{	⏎		f	l	o	a	t		a	,	b	,
m	a	x	;	⏎			s	c	a	n	f	(	"	%	f	,	%	f	"
,	&	a	,	&	b	)	;	⏎			i	f	(	a	>	b	)		m
a	x	=	a	;	⏎			e	l	s	e		m	a	x	=	b	;
⏎	}	⏎																

图 4.8   文本格式示例

为了管理文本串的页和行，在进入文本编辑的时候，编辑程序先为文本串建立相应的页表和行表，即建立各子串的存储映像。页表的每一项给出了页号和该页的起始行号。而行表的每一项则指示每一行行号、起始地址和该行子串的长度。假设图 4.8 所示文本串只占一页，且起始行号为100，则该文本串的行表如图 4.9 所示。

行　号	起始地址	长　度
100	201	8
101	209	17
102	226	24
103	250	17
104	267	15
105	282	2

图 4.9　图 4.8 所示文本串的行表

文本编辑程序中设立页指针、行指针和字符指针，分别指示当前操作的页、行和字符。如果在某行内插入或删除若干字符，则要修改行表中该行的长度。若该行的长度超出了分配给它的存储空间，则要为该行重新分配存储空间，同时还要修改该行的起始位置。如果要插入或删除一行，就要涉及行表的插入或删除。若被删除的行是所在页的起始行，则还要修改页表中相应页的起始行号(修改为下一行的行号)。为了查找方便，行表是按行号递增顺序存储的，因此，对行表进行的插入或删除运算需移动操作位置以后的全部表项。页表的维护与行表类似，在此不再赘述。由于访问是以页表和行表作为索引的，因此在做行和页的删除操作时，可以只对行表和页表做相应的修改，不必删除所涉及的字符，这样可以节省不少时间。

4.5.2　建立词索引表

信息检索是计算机应用的重要领域之一。由于信息检索的主要操作是在大量的、存放在磁盘上的信息中查询一个特定的信息，为了提高查询效率，关键问题是建立一个好的索引系统。假如图书馆书目检索系统中有 3 张索引表，分别按照书名、作者名和分类号编排。在实际系统中，按书名检索并不方便，因为很多内容相似的书籍其书名不一定相同。因此最好的办法是建立"书名关键词索引"。

例如，与图 4.10(a)中书目相应的关键词索引如图 4.10(b)所示，读者很容易从关键词索引表中查询到他所感兴趣的书目。为了便于查询，可设定此索引表为按词典有序的线性表。下面要讨论的是如何从书目文件生成这个有序词表。

书　号	书　　名
005	Computer Data Structures
010	Introduction to Data Structures
023	Fundamentals of Data Structures
034	The Design and Analysis of Computer Algorithms
050	Introduction to Numerical Analysis
067	Numerical Analysis

(a) 书目文件

关键词	书号索引
algorithm	034
analysis	034,050,067
computer	005,034
data	005,010,023
design	034
fundamentals	023
introduction	010,050
numerical	050,067
structures	005,010,023

(b) 关键词索引表

图 4.10　书目文件及其关键词索引表

重复下列操作直至文件结束：

(1) 从书目文件中读入一个书目串；

(2) 从书目中提取所有关键词插入词表；

(3) 对词表中的每一个关键词，在索引表中进行查找并做相应的插入操作。

为识别从书名串中分离出来的词是否是关键词，需要一张常用词表(在英文书名中的"常用词"指的是诸如 "an"、"a"、"of"、"the" 等词)。顺序扫描书名串，首先分离词，然后查找常用词表；若不和表中任一词相等，则为关键词，插入临时存放关键词的词表中。

在索引表中查询关键词时可能出现两种情况：其一是索引表上已有此关键词的索引项，只要在该项中插入书号索引即可；其二是需在索引表中插入此关键词的索引项，插入应按照字典有序原则进行。下面重点讨论第三个操作的具体实现：

首先设定数据结构。

词表为线性表，只存放一本书书名中的若干关键词，其数量有限，因此采用顺序存储结构即可，其中每个词是一个字符串。

索引表为有序表，虽然是动态生成，在生成过程中需频繁进行插入操作，但考虑到索引表主要为查找用，为了提高查找效率，使用第 8 章中讨论的折半查找方法，索引表应当采用顺序存储结构。表中每个索引项包含两个内容。其一是关键词。因索引表为常驻结构，所以应考虑节省存储，采用堆分配存储表示的串类型。其二是书号索引。由于书号索引是在索引表的生成过程中逐个插入的，且不同关键词的书号索引个数不等，甚至可能相差很多，因此宜采用链表结构的线性表。

```
#define MaxBookNum 1000          //假设只对 1000 本书建索引表
#define MaxKeyNum   2500         //索引表的最大容量
#define MaxLineLen 500           //书目串的最大长度
#define MaxWordNum 10            //词表的最大容量

typedef struct
{
    char * item[];               //字符串数组
    int last;                    //词表的长度
}WordListType;                   //词表类型(顺序表)
typedef int ElemType;            //定义链表的数据元素类型为整型(书号类型)
typedef struct
{
    HString key;                 //关键词
    LinkList bnolist;            //存放书号索引的链表
}IdxTermType;                    //索引项类型
typedef struct
{
    IdxTermType item[MaxKeyNum+1];
    int last;
```

```
    }IdxListType;                    //索引表类型(有序表)

    //主要变量
    char * buf;                      //书目串缓冲区
    WordListType wdlist;             //词表
    IdxListType idxlist;             //索引表

    //基本操作
    void InitIdxList(IdxTermType &idxlist);
    //初始化操作，置索引表 idxlist 为空表,且在 idxlist.item[0]设一空串
    void GetLine(FILE f);
    //从文件 f 读入一个书目信息到书目串缓冲区 buf
    void ExtractKeyWord(ElemType &bno);
    //从 buf 中提取关键词到词表 wdlist,书号存入 bno
    Status InsIdxList(IdxListType &idexlist, ElemType bno);
    //将书号为 bno 的书名关键词按词典顺序插入索引表 idxlist
    void PutText(FILE G, IdxListType idxlist);
    //将生成的索引表 idxlist 输出到文件 g

    void main()
    {   //主函数
        if (f = openf("BookInfo.txt", "r"))
        {
            if (g = openf("BookIdx.txt), "w)
            {
                InitIdxList(idxlist);                //初始化索引表 idxlist 为空表
                while (!feof(f))
                {
                    GetLine(f);                      //从文件 f 读入一个数目信息到 buf
                    ExtractKeyWord(BookNo);          //从 buf 提取关键词到词表，书号存入 BookNo
                    InsIdxList(IdxList, BookNo);     //将书号为 BookNo 的关键词插入索引表
                }
                PutText(g, idxlist);        //将生成的索引表 idxlist 输出到文件 g
            }
        }
    }//main
```

为在索引表上进行插入操作，要先实现下列操作：

```
    void GetWord(int i, HString &wd);    //用 wd 返回词表 wdlist 中第 i 个关键词
    int Locate(IdxListType idxlist, HString wd, Boolean &b);
    /*用于在索引表 idxlist 中查询是否存在与 wd 相等的关键词。若存在，则返回//在索引表中的位
```

置，且 b 为 true；否则返回插入位置，且 b 为 false */

  void InsertNewKey(IdxListType &idxlist, int i, HString wd);

  //在索引表 idxlist 第 i 项上插入新关键词 wd，并初始化书号索引的链表为空表

  Status InsertBook(IdxListType &idxlist, int i, int bno);

  //在索引表 idxlist 的第 i 项中插入书号为 bno 的索引

上述 4 个操作的具体实现分别由算法 4.9、4.10、4.11 和 4.12 给出。

算法 4.9　wd 返回词表 wdlist 中第 i 个关键词。

```
void GetWord(int i, HString &wd)
{
    p = * (wdlist.item + i);          //取词表中第 i 个字符串
    StrAssign (wdm , p);
} //GetWord
```

算法 4.10　在索引表 idxlist 中查询是否存在与 wd 相等的关键词。

```
int Locate(IdxListType &idxlist, HString wd, Boolean &b)
{
    for (i = idxlist.last - 1; (m = StrCompare (idxlist.item[i].key, wd)) > 0; --i);
    if (m == 0) {b = TRUE; return i; }               //找到
    else {b = FALSE;   return i + 1; }
} //Locate
```

算法 4.11　在索引表 idxlist 第 i 项上插入新关键词 wd。

```
void InsertNewKey(int i, StrType wd)
{
    for (j = idxlist.last-1; j >= i; --j)             //后移索引项
        idxlist.item[j+1] = idxlist.item[j];
    //插入新的索引项
    StrCopy (idxlist.item[i].key, wd);               //串赋值
    InitList( idxlist.item[i].bnolist);              //初始化书号索引表为空表
    ++idxlilst.last;
} // InsertNewKey
```

算法 4.12　在索引表 idxlist 的第 i 项中插入书号为 bno 的索引。

```
Status InsertBook(IdxListType &idxlist, int i, int bno)
{
    if (!MakeNode(p, bno)) return ERROR;             //分配失败
    Append(idxlist.item[i].bnolist, p);              //插入新的书号索引
    return OK;
} // InsertBook
```

算法 4.13 是索引表的插入算法。

算法 4.13　索引表的插入算法。

  Status InsIdxList(IdxListType &idxlist, int bno)

```
{   for (i = 0; i < wdlist.last; ++i)
    {
        GetWord(i, wd);                    //取索引表的第 i 个关键词
        j = Locate(idxlist, wd, b);        //在索引表中查询是否存在与 wd 相等的关键词
        if (!b) InsertNewKey(idxlist, j, wd);                    //插入新的索引项
        if (!InsertBook(idxlist, j, bno)) return OVERFLOW;       //插入书号索引
    }
    return OK;
} //InsertIdxList
```

习　题　4

一、名词解释

串，顺序串，链串，空串，空格串，模式匹配

二、填空题

1. 串是指_____。

2. 含零个字符的串称为_____串，用_____表示；其他串称为_____串。任何串中所含_____的个数称为该串的长度。

3. 当且仅当两个串的_____相等并且各个对应位置上的字符都_____时，这两个串相等。一个串中任意个连续字符组成的序列称为该串的_____串，该串称为它所有子串的_____串。

4. 通常将链串中每个存储结点所存储的字符个数称为_____。当结点大小大于 1 时，链串的最后一个结点的各个数据域不一定总能全被字符占满，此时，应在这些未用的数据域里补上_____。

5. 程序段如下所示：
```
int count=0;
char *s= "ABCD";
while(*s!='\0'){s++; count++; }
```
执行后 count=_____。

6. 程序段如下所示：
```
char *s="aBcD"; n=0;
while(*s!='\0')
{ if(*s>='a'&&*s<='z')
    n++;
    s++;
}
```
执行后 n =_____。

7. 设字符串 S1= "ABCDEF", S2= "PQRS"，则运算 S=CONCAT(SUB(S1，2，LEN(S2))，

SUB(S1，LEN(S2)，2))后的串值为＿＿＿＿＿＿＿＿＿＿＿。

8. 两个字符串相等的充要条件是＿＿＿＿＿＿＿＿＿＿＿和＿＿＿＿＿＿＿＿＿＿＿。

三、选择题

1. 空串与空格字符组成的串的区别在于(　　　)。

A. 没有区别　　　　　　　　　B. 两串的长度不相等

C. 两串的长度相等　　　　　　D. 两串包含的字符相同

2. 一个子串在包含它的主串中的位置是指(　　　)。

A. 子串最后那个字符在主串中的位置

B. 子串最后那个字符在主串中首次出现的位置

C. 子串第一个字符在主串中的位置

D. 子串第一个字符在主串中首次出现的位置

3. 下面的说法中，只有(　　　)是正确的。

A. 字符串的长度是指串中包含的字母的个数

B. 字符串的长度是指串中包含的不同字符的个数

C. 若 T 包含在 S 中，则 T 一定是 S 的一个子串

D. 一个字符串不能说是其自身的一个子串

4. 两个字符串相等的条件是(　　　)。

A. 两串的长度相等

B. 两串包含的字符相同

C. 两串的长度相等，并且两串包含的字符相同

D. 两串的长度相等，并且对应位置上的字符相同

5. 若 SUBSTR(S, i, k)表示求 S 中从第 i 个字符开始的连续 k 个字符组成的子串的操作，则对于 S = "Beijing & Nanjing"，SUBSTR(S, 4, 5) = (　　　)。

A. "ijing"　　　　B. "jing &"　　　　C. "ingNa"　　　　D. "ing & N"

6. 若 INDEX(S, T)表示求 T 在 S 中的位置的操作，则对于 S = "Beijing & Nanjing"，T = "jing"，INDEX(S, T) = (　　　)。

A. 2　　　　　　B. 3　　　　　　C. 4　　　　　　D. 5

7. 若 REPLACE(S，S1，S2)表示用字符串 S2 替换字符串 S 中的子串 S1 的操作，则对于 S = "Beijing & Nanjing"，S1 = "Beijing"，S2 = "Shanghai"，REPLACE(S, S1, S2) = (　　　)。

A. "Nanjing & Shanghai"　　　　　　B. "Nanjing & Nanjing"

C. "ShanghaiNanjing"　　　　　　　D. "Shanghai & Nanjing"

8. 字符串采用结点大小为 1 的链表作为其存储结构，是指(　　　)。

A. 链表的长度为 1

B. 链表中只存放 1 个字符

C. 链表的每个链结点的数据域中不仅只存放了一个字符

D. 链表的每个链结点的数据域中只存放了一个字符

9. 在 C 语言中，顺序存储长度为 3 的字符串，需要占用(　　　)个字节。

A. 3　　　　　　B. 4　　　　　　C. 6　　　　　　D. 12

10. 在 C 语言中，利用数组 a 存放字符串 "Hello"，以下语句中正确的是(　　)。

A. char　a[10] = "Hello";　　　　　B. char　a[10];　a = "Hello";

C. char　a[10] = 'Hello';　　　　　D. char　a[10] = { 'H', 'e', 'l', 'l', 'o'};

11. 串函数 StrCmp("d", "D")的值为(　　)。

A. 0　　　　　　　　B. 1　　　　　　　　C. −1　　　　　　　　D. 3

12. 串函数 StrCmp("abA","aba")的值为(　　)。

A. 1　　　　　　　　B. 0　　　　　　　　C. "abAaba"　　　　　　D. −1

13. char *p;

　　　p=StrCat("ABD","ABC");

　　　Printf("%s",p);

的显示结果为(　　)。

A. −1　　　　　　　　B. ABDABC　　　　　　C. AB　　　　　　D. 1

四、简答及算法设计题

1. 简述下列每对术语的区别：

(1) 空串和空格串；(2) 串变量和串常量；(3) 主串和子串；(4) 串变量的名字与串变量的值

2. 设 A = "□□"，B = "mule"，C = "old"，D = "my"，试计算下列运算的结果。(注：A+B 是 CONCAT(A, B)的简写，A="□□"表示含有两个空格的字符串)。

(1) A+B;　　　　　　　　(2) B+A;　　　　　　　　(3) D+C+B;

(4) SUBSTR(B, 3, 2);　　(5) SUBSTR(C, 1, 0);　　(6) LENGTH(A);

(7) LENGTH(D);　　　　(8) INDEX(B, D);　　　　(9) INDEX(C, "d");

(10) INSERT(D, 2, C);　　(11) INSERT(B, 1, A);　　(12) DELETE(B, 2, 2);

(13) DELETE(B, 2, 0)

3. 分别在顺序串和链串上实现串的判相等运算 EQUAL(S,T)。

4. 若 S 和 T 是用结点大小为 1 的单链表存储的两个串(S、T 为头指针)，设计一个算法将串 S 中首次与串 T 匹配的子串逆置。

5. 利用 C 的库函数 strlen、strcpy 和 strcat 写一算法 void StrInsert(char*S,char*T)，将串 T 插入到串 S 的第 i 个位置上。若 i > S 的长度，则插入不执行。

6. 利用 C 的库函数 strlen、strcpy 和 strncpy 写一算法 void StrDelete(char*S,int i,int m)，删去串 S 中从位置 i 开始的连续 m 个字符。若 i≥strlen(S)，则没有字符被删除；若 i+m≥strlen(S)，则将 S 中从位置 i 开始直至末尾的字符均删去。

7. 设有一个长度为 s 的字符串，其字符顺序存放在一个一维数组的第 1 至第 s 个单元中(每个单元存放一个字符)。现要求从此串的第 m 个字符以后删除长度为 t 的子串　m < s，t < (s−m)，并将删除后的结果复制在该数组的第 s 单元以后的单元中。试设计此删除算法。

8. 设 S 和 T 是表示成单链表的两个串，试编写一个找出 S 中第 1 个不在 T 中出现的字符(假定每个结点只存放 1 个字符)的算法。

第 5 章 数组和广义表

本章讨论的两种数据结构——数组和广义表——都属于复杂的数据结构，是线性表的扩展，其元素本身也是一种线性表。

数组是一种常用的结构类型，几乎所有的程序设计语言都有数组类型。本章讨论数组的定义、存储方式以及特殊矩阵和稀疏矩阵的压缩存储。

广义表是一种非线性的数据结构，是线性表的一种推广。本章给出了广义表的定义、基本运算以及存储结构。

◇ 【学习重点】

(1) 数组的存储结构及元素地址的计算；
(2) 特殊矩阵、稀疏矩阵的压缩存储；
(3) 广义表的概念和存储结构。

◇ 【学习难点】

(1) 稀疏矩阵的压缩存储；
(2) 广义表的存储结构。

5.1 数 组

5.1.1 数组的基本概念

数组中各元素具有相同的类型，数组元素具有值和确定元素位置的下标。通常可以把一维数组称为向量，多维数组是向量的扩充。由于数组中各元素具有统一的类型，并且数组元素的下标一般具有固定的上界和下界。因此，数组的处理比其他复杂的结构更为简单。

一维数组可表示为 $A_n = [a_1, a_2, \cdots, a_n]$，每个数据元素对应一个数组下标，它具有线性表的结构，即除了第一个元素和最后一个元素，每个元素存在一个直接前驱元素和一个直接后继元素。

二维数组可表示为

$$\begin{bmatrix} a_{11} & a_{12} & \cdots & a_{1n} \\ a_{21} & a_{22} & \cdots & a_{2n} \\ \vdots & \vdots & & \vdots \\ a_{m1} & a_{m2} & \cdots & a_{mn} \end{bmatrix}$$

在二维数组中，每个数据元素对应一对数组下标，在行方向上和列方向上都存在一个线性关系，即存在两个前驱(前件)和两个后继(后件)；也可看作是以线性表为数据元素的线性表。也就是说，一个 m 行 n 列的二维数组，可以看成由 m 个长度为 n 的一维数组(行)所组成的线性表，也可以看成 n 个长度为 m 的一维数组(列)所组成的线性表，即

$$A_{mn} = \{\{a_{11}, a_{12}, \cdots, a_{1n}\}, \{a_{21}, a_{22}, \cdots, a_{2n}\}, \cdots, \{a_{m1}, a_{m2}, \cdots, a_{mn}\}\}$$

或　　　　　$$A_{mn} = \{\{a_{11}, a_{21}, \cdots, a_{m1}\}, \{a_{12}, a_{22}, \cdots, a_{m2}\}, \cdots, \{a_{1n}, a_{2n}, \cdots, a_{mn}\}\}$$

在 n 维数组中，每个数据元素对应 n 个下标，受 n 个关系的制约，其中任一个关系都是线性关系。它可看作是数据元素为 n-1 维数组的一维数组。多维数组是对线性表的扩展，线性表中的数据元素本身又是一个多层次的线性表。

5.1.2　数组的存储结构

在计算机中一般采用顺序存储结构来存放数组。而内存结构是一维的，因此存放二维数组或多维数组，就必须按照某种顺序将数组中的元素形成一个线性序列，然后将这个线性序列存放在内存中。下面讨论二维数组的存储方式。

1) 行优先顺序存储

将数组元素按行向量的顺序存储，即第 i+1 行的元素存放在第 i 行的元素之后。元素存储的线性序列为

$$a_{11}, a_{12}, \cdots, a_{1n}, a_{21}, a_{22}, \cdots, a_{2n}, \cdots, a_{m1}, a_{m2}, \cdots, a_{mn}$$

2) 列优先顺序存储

将数组元素按列向量的顺序存储，即第 j+1 列的元素存放在第 j 列的元素之后。元素存储的线性序列为

$$a_{11}, a_{21}, \cdots, a_{m1}, a_{12}, a_{22}, \cdots, a_{m2}, \cdots, a_{1n}, a_{2n}, \cdots, a_{mn}$$

在多数计算机语言中，二维数组都是按行优先的顺序存储的，少数语言采用按列优先的顺序存储。

按照上述两种存储二维数组的线性序列，若已知数组存储的起始地址，下标的上、下界，以及每个数组元素所占用的存储单元个数，就可以计算出元素 a_{ij} 的存储地址，从而对数组元素随机存取。

例如，二维数组 A[c1..d1,c2..d2] 按行优先的顺序存储在内存中，假设每个元素占 d 个存储单元，计算元素 a_{ij} 的地址公式为

$$Loc(a_{ij}) = Loc(a_{c1c2}) + [(i - c1) \times (d2 - c2 + 1) + j - c2] \times d \tag{5-1}$$

其中 $Loc(a_{c1c2})$ 是数组的起始地址；元素 a_{ij} 前面的 i-c1 行中共有 (i-c1) × (d2-c2+1) 个元素，第 i 行上元素 a_{ij} 前面又有 j-c2 个元素。

类似地，我们可以得出当二维数组 A[c1···d1,c2···d2] 按列优先的顺序存储在内存中时，元素 a_{ij} 的地址计算公式为

$$Loc(a_{ij}) = Loc(a_{c1c2}) + [(j-c2) \times (d1-c1+1) + i-c1] \times d \tag{5-2}$$

例5.1　假设二维数组按行优先的顺序存储，分别计算数组 A[1···m, 1···n] 和 A[0···m-1, 0···n-1] 中元素 a_{ij} 的地址。

(1) 行下标的下界是 1, 上界是 m; 列下标的下界是 1, 上界是 n, 因此元素 a_{ij} 的地址是

$$Loc(a_{ij}) = Loc(a_{11}) + [(i-1) \times n + j - 1] \times d$$

(2) 行下标的下界是 0, 上界是 m−1, 列下标的下界是 0, 上界是 n−1, 因此元素 a_{ij} 的地址是

$$Loc(a_{ij}) = Loc(a_{00}) + (i \times n + j) \times d$$

5.2 特殊矩阵的压缩存储

矩阵广泛用于科学计算与工程应用中。在用高级语言编写程序时, 常常采用二维数组存储矩阵。采用这种存储方法时, 对矩阵的运算相对简单。但是在阶数很高的矩阵中, 如果非零元素的分布具有一定的规律或者矩阵中有大量的零元素, 为了节省存储空间, 可以对这类矩阵进行压缩存储。所谓压缩存储, 就是为多个值相同的元素只分配一个存储空间, 零元素不分配存储空间。

特殊矩阵是指 n 阶方阵中非零元素或零元素的分布具有一定的规律。下面我们讨论几种特殊矩阵的压缩存储。

5.2.1 三角矩阵

在 n 阶方阵中, 以主对角线进行划分, 如果矩阵的下三角(不包括主对角线)中的元素均为值相同的常数, 则称为上三角矩阵; 反之称为下三角矩阵。在多数情况下, 三角矩阵的常数为零。这两种三角矩阵如图 5.1 所示。

$$
\begin{bmatrix}
a_{11} & a_{12} & \cdots & a_{1n} \\
0 & a_{22} & \cdots & a_{2n} \\
\vdots & \vdots & & \vdots \\
0 & 0 & \cdots & a_{nn}
\end{bmatrix}
\qquad
\begin{bmatrix}
a_{11} & 0 & \cdots & 0 \\
a_{21} & a_{22} & \cdots & 0 \\
\vdots & \vdots & & \vdots \\
a_{n1} & a_{n2} & \cdots & a_{nn}
\end{bmatrix}
$$

(a) 上三角矩阵   (b) 下三角矩阵

图 5.1 三角矩阵

为简便起见, 可以用向量 A[0⋯n(n+1)/2]压缩存储三角矩阵, 其中 A[0]～A[n(n+1)/2−1]存储矩阵下(上)三角中的元素, 向量的最后一个分量 A[n(n+1)/2]存储三角矩阵中的常数。

下三角矩阵按行优先的顺序存储, A[k]与 a_{ij} 的对应关系为

$$
k = \begin{cases}
\dfrac{i(i-1)}{2} + j - 1 & i \geqslant j \\[2mm]
\dfrac{n(n+1)}{2} & i < j
\end{cases}
\tag{5-3}
$$

上三角矩阵按列优先的顺序存储, A[k]与 a_{ij} 的对应关系为

$$
k = \begin{cases}
\dfrac{j(j-1)}{2} + i - 1 & i \leqslant j \\[2mm]
\dfrac{n(n+1)}{2} & i > j
\end{cases}
\tag{5-4}
$$

5.2.2　对称矩阵

若 n 阶方阵 A 中的元素关于主对角线对称，即满足下述性质：

$$a_{ij} = a_{ji} \qquad 1 \leqslant i,\ j \leqslant n$$

则称 A 为对称矩阵。如果采用一维数组存储矩阵中的上三角或下三角元素，使对称的两个元素共享同一个存储空间，可以节省近一半的存储空间。存储 n 阶对称方阵时，一维数组的长度为 n(n+1)/2。同样，可以用向量 A[0···n(n+1)/2−1]压缩存储对称矩阵。

下三角矩阵按行优先的顺序存储，A[k]与 a_{ij} 的对应关系为

$$k = \frac{i \times (i-1)}{2} + j - 1 \tag{5-5}$$

对于上三角矩阵中的元素 $a_{ij}(i<j)$，因为 $a_{ij} = a_{ji}$，相当于按列优先的顺序存储，所以 A[k]与 a_{ij} 的对应关系为

$$k = \frac{j \times (j-1)}{2} + i - 1 \tag{5-6}$$

对于任意给定一组下标(i, j)，均可在 A[n(n+1)/2]中找到矩阵元素 a_{ij}；反之，对所有的 $k = 0,\ 1,\ 2\cdots,\ \dfrac{n(n+1)}{2} - 1$，都能确定元素 A[k]在矩阵中的位置(i, j)。由此，称 A[n(n+1)/2]为 n 阶对称矩阵 A 的压缩存储，见图 5.2。

0	1	2	3			k		n(n+1)/2−1
a_{11}	a_{12}	a_{13}	a_{14}	···		a_{ij}	···	a_{nn}

图 5.2　对称矩阵的压缩存储

图 5.3 给出了一个 4 阶对称方阵，按行优先的顺序存储下三角矩阵，按列优先的顺序存储上三角矩阵。图 5.4 是其存储形式。

$$\begin{bmatrix} 3 & 5 & 2 & 1 \\ 5 & 6 & 0 & 8 \\ 2 & 0 & 2 & 9 \\ 1 & 8 & 9 & 7 \end{bmatrix}$$

图 5.3　4 阶对称矩阵

0	1	2	3	4	5	6	7	8	9
3	5	6	2	0	2	1	8	9	7

图 5.4　4 阶对称矩阵的压缩存储

5.2.3　对角矩阵

所谓对角矩阵，是指方阵中的所有非零元素集中在以主对角线为中心的带状区域内，带状区域之外的元素值均为零。带宽为 3 的对角矩阵又称为三对角矩阵，如图 5.5 所示。

显然，当 |i−j| > 1 时，元素 a_{ij} 为 0。一般地，对于 k 对角矩阵(k 为奇数)，当 |i−j| > (k−1)/2 时，元素 a_{ij} 为 0。

$$\begin{bmatrix} a_{11} & a_{12} & & & & \\ a_{21} & a_{22} & a_{23} & & & \\ & a_{32} & a_{33} & a_{34} & & \\ & & & \cdots & & \\ & & a_{(n-1)(n-2)} & a_{(n-1)(n-1)} & a_{(n-1)n} \\ & & & a_{n(n-1)} & a_{nn} \end{bmatrix}$$

图 5.5　三对角矩阵

n 阶三对角矩阵有 3n-2 个非零元素,采用向量 A[0…3n-3]按行优先的顺序压缩存储三对角矩阵。每个非零元素与向量下标的对应关系为

$$A[2(i-1)+j-1] = a_{ij} \qquad 1{\leqslant}i{\leqslant}n,\ i-1{\leqslant}j{\leqslant}i+1 \qquad (5-7)$$

上述各种特殊矩阵的非零元素的分布都具有一定的规律,采用向量压缩存储,通过元素与向量的对应关系,仍然可以对矩阵中的元素进行随机存取。

5.3　稀疏矩阵的压缩存储

设矩阵 A_{mn} 中有 t 个非零元素,若 t 远远小于矩阵元素的总数(即 $t{\ll}m{\times}n$,$\dfrac{t}{m{\times}n}{\leqslant}0.05$),并且非零元素在矩阵中的分布没有规律,则称 A 为稀疏矩阵。

由于稀疏矩阵中的非零元素的分布没有规律,因此为了能够找到相应的元素,仅存储非零元素的值是不够的,还必须存储该元素的位置信息。通常对稀疏矩阵进行压缩存储时,可以采用顺序存储结构的三元组表或者链式存储结构的十字链表。

5.3.1　稀疏矩阵的三元组表存储

将稀疏矩阵中的非零元素的行号、列号和元素值作为一个三元组(i, j, aij),所有非零元素的三元组按行优先(或列优先)的顺序排列,便得到一个结点均是三元组的线性表。我们将该线性表的顺序存储结构称为三元组表。在下面的讨论中,三元组均以按行优先的顺序排列。

在三元组表中,除了要表示非零元素之外,还需要表示矩阵的行、列数及非零元素的总个数。三元组表的结构类型定义描述为

```
#define maxsize 1000          //最大非零元素个数
typedef int datatype;
typedef struct
{   int i,j;                  //非零元素的行、列号
    datatype v;               //非零元素的元素值
} Node;                       //三元组结构类型
typedef struct
{   int m,n,t;                //行数,列数,非零元素个数
    Node data[maxsize];       //存放三元组表的向量
} spmatrix;                   //稀疏矩阵的三元组表结构类型
```

设 a 为 spmattrix 型指针变量,图 5.6(a)所示的稀疏矩阵 A 的三元组表如图 5.6(b)所示。

下面以矩阵的转置为例,说明采用三元组表的形式存储稀疏矩阵,如何实现矩阵的转置运算。

一个 m×n 的矩阵 A,它的转置矩阵 B 是一个 n×m 的矩阵,且 A[i][j] = B[j][i],1≤i≤m,1≤j≤n,即 A 的行是 B 的列,A 的列是 B 的行。例如图 5.6(a)中的 A 和图 5.7(a)中的 B 互为转置矩阵。

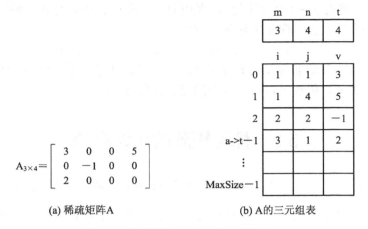

(a) 稀疏矩阵A　　　　　　　(b) A的三元组表

图 5.6　稀疏矩阵 A 和 A 的三元组表*a

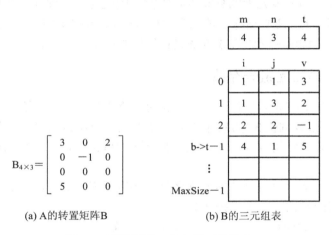

(a) A的转置矩阵B　　　　　　　(b) B的三元组表

图 5.7　稀疏矩阵 B 和它的三元组表*b

　　为了叙述方便，下面将三元组表 *a 中的成员 a->data 简称为三元组表，因为相对于其他成员而言，它是主要的。

　　将 A 转置为 B，就是将 A 的三元组表 a->data 置换为 B 的三元组表 b->data，如具只是互换 a->data 中 i 和 j 的内容，那么所得到的 b->data 是按列存放的矩阵 B 的三元组灵，还必须重新排列 b->data 中各结点的顺序。

　　由于 A 的列是 B 的行，如果按 a->data 的列序转置，所得到的转置矩阵 B 的三元组表 b->data 必定是按行优先的顺序存放。算法的基本思想是：对 a->data 按列扫描 n 趟。在第 col 趟扫描中，找出所有列号等于 col 的那些三元组，将它们的行号、列号和元素值分别放入 b->data 的列号、行号和元素值中，即可得到 B 的按行优先的压缩存储表示。以图 5.6 和图 5.7 为例，设 col = 1，则扫描 a->data 找到列号为 1 的三元组依次是(1, 1, 3)和(3, 1, 2)，存入 b->data 后为(1, 1, 3)和(1, 3, 2)，恰好为 B 中第 1 行的两个非零元素。只要依次取 col=1, 2, 3, 4，即可得到 a->data 的转置矩阵 b->data。下面给出具体的算法。

　　算法 5.1　矩阵的转置(用三元组表存储矩阵)。

```
void TransMat(spmatrix *a,spmayrix *b)
```

//返回稀疏矩阵 A 的转置，ano 和 bno 分别指示 a→data 和 b→data 中结点序号
// col 指示 *a 的列号(即 *b 的行号)
```
{   int ano,bno,col;
    b->m=a->n;   b->n=a->m;            // A 和 B 的行列数交换
    b->t=a->t;                          //非零元素个数
    if (b->t>0)                         //有非零元素，则转置
    {   bno=0;
        for(col=1; col<=a->n; col++)    //按 *a 的列序转置，对 a->data 扫描 n 趟
        for(ano=0; ano<a->t; ano++)     //扫描一趟三元组表
            if(a->data[ano].j==col)
            {                           //列号为 col 则进行置换
                b->data[bno].i=a->data[ano].j;     // a 的列号变为 b 的行号
                b->data[bno].j=a->data[ano].i;     // a 的行号变为 b 的列号
                b->data[bno].v=a->data[ano].v;
                bno++;          // b->data 结点序号加 1
            }
    }
} // TransMat
```

　　该算法的时间主要耗费在 col 和 ano 的二重循环上，算法的时间复杂度为 O(n × t)，t <<
m × n。而通常用二维数组表示矩阵时，其转置算法的时间复杂度是 O(m × n)。如果非零元
素个数大于矩阵的行数，从转置算法的时间复杂度来说，采用三元组表存储就不合适了，
可考虑十字链表存储。

5.3.2　稀疏矩阵的十字链表存储

　　当矩阵的非零元素个数和位置在操作过程中变化较大时，不宜采用顺序存储结构来表
示三元组的线性表。例如，对于"将矩阵 B 加到矩阵 A 上"的操作，由于非零元素的插入
或删除将会引起 A.data 中元素的移动。对于这种情况，采用十字链表存储稀疏矩阵更为
恰当。

　　十字链表存储稀疏矩阵的基本思想是将每个非零
元素对应的三元组作为链表的结点，结点由 5 个域组成，
其结构如图 5.8 所示。

row	col	value	next
down		right	

图 5.8　十字链表中非零元素和表头
结点共用的结点结构

　　结点的结构体类型定义如下：
```
typedef    int Elem    Type;
typedef    struct    node
{
    int    row;                 //行号
    int    col;                 //列号
    struct node    *right,*down;    //向右和向下的指针，指向非零元素所在行表和列表的后继结点
    union
```

```
    {
        datatype    value;              //非零元素的值
        struct node *next;              //指向头结点的指针
    } tag;
} MatNode;                              //十字链表类型定义
```

图 5.9 给出了一个 3 行 4 列有 4 个非零元素的稀疏矩阵存储在十字链表的示意图。我们可以看到同一行的非零元素结点通过 right 域链接成一个循环链表,同一列的非零元素结点通过 down 域链接成一个循环链表,每个非零元素既是某个行链表中的一个结点,又是某个列链表中的一个结点,整个矩阵构成类一个十字交叉的链表,故称这样的存储结构为十字链表。可用两个分别存储行链表和列链表头指针的一维数组表示,h[i]是其数组元素。

$$A_{3\times4}=\begin{bmatrix} 1 & 0 & 0 & 2 \\ 0 & 0 & 3 & 0 \\ 0 & 0 & 0 & 4 \end{bmatrix}$$

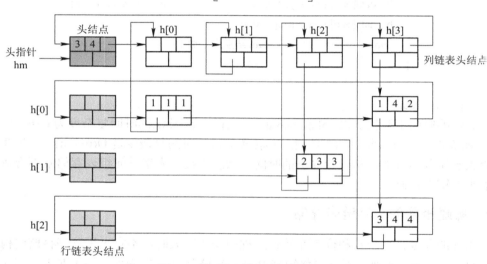

图 5.9　稀疏矩阵的十字链表表示

5.4　广　义　表

广义表(Lists)是线性表的一种推广,广泛应用于人工智能等领域的表处理语言 LISP 语言中。在 LISP 语言中,广义表是一种最基本的数据结构,就连 LISP 语言的程序也表示为一系列的广义表。

5.4.1　广义表的概念及基本运算

1. 广义表概述

广义表一般记作

$$LS = (a_1, a_2, \cdots, a_n)$$

其中,LS 是广义表的名称;n(≥0)是它的长度。

在线性表的定义中，$a_i(1 \leqslant i \leqslant n)$只限于单元素。而在广义表的定义中，$a_i$可以是单元素，也可以是广义表，分别称为广义表 LS 的原子和子表。习惯上，用大写字母表示广义表的名称，用小写字母表示原子。当广义表 LS 非空时，称第一个元素 a_1 为 LS 的表头(Head)，称其余元素组成的表$(a_2, a_3, \cdots, a_n)$是 LS 的表尾(Tail)。因此，任何一个非空广义表的表头可能是单元素，也可能是广义表，但其表尾一定是广义表。

显然，广义表的定义是一个递归的定义，因为在描述广义表时又用到了广义表自身的概念。下面列举一些广义表的例子：

(1) A = ( )：A 是一个空表，它的长度为零。

(2) B = (e)：广义表 B 只有一个原子 e，B 的长度为 1。

(3) C = (a, (b, c, d))：广义表 C 的长度为 2，两个元素分别为原子 a 和子表(b, c, d)。

(4) D = (A, B, C)：广义表 D 的长度为 3，3 个元素都是子表。显然，将子表的值代入后，则有 D = (( ), (e), (a(b, c, d)))。

(5) E = (a, E)：这是一个递归的广义表，它的长度为 2。E 相当于一个无限的广义表 E = (a, (a, (a, …)…))。

(6) F = (A)：F 是长度为 1 的广义表，其中的一个元素为子表。显然将子表带入后得到 F = (( ))。

注意：A = ( )是一个无任何元素的空表，长度为 0。而 F=(A)=(( ))不是空表，F 的长度为 1。

2．广义表的特点

从上述定义和例子可推出广义表具有如下特点：

(1) 广义表是一种线性结构，其长度为最外层包含的元素个数。

(2) 广义表的元素可以是子表，而子表的元素还可以是子表，因此广义表是一种多层次的结构，可以用图形象地表示。例如图 5.10 是广义表 D 的图形表示，图中以圆圈表示广义表或子表，以方块表示原子。

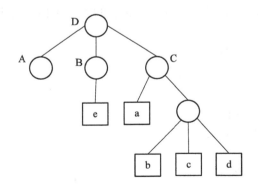

图 5.10　广义表 D 的图形表示

(3) 一个广义表可为其他广义表所共享。例如在图 5.10 中，广义表 A、B 和 C 为 D 的子表，则在 D 中可以不必列出子表的值，而是通过子表的名称来引用。

(4) 广义表可以是一个递归的表，即广义表也可以是其本身的一个子表。

广义表的这些特点对于它的应用起到了很大的作用。广义表可以看作是线性表的推广，因此线性表只是广义表的一个特例。由于广义表的结构相当灵活，在某种前提下它可以兼容线性表、数组、树和有向图等各种常用的数据结构。例如可以将二维数组看作是广义表，二维数组每行(或每列)作为子表来处理。由于广义表具有线性表、数组、树和图这些常用数据结构的特点，而且可以有效地利用存储空间，因此广义表在许多领域都得到了广泛的应用。

3. 广义表的基本操作

广义表作为一种数据结构，也具有一组基本操作，常用的基本操作如下：

(1) InitGList(&L);

初始条件：广义表 L 不存在。

操作结果：创建空的广义表 L。

(2) GreatGList(&L, S);

初始条件：S 是广义表的书写形式串。

操作结果：由 S 建立广义表 L。

(3) DestroyGList(&L);

初始条件：广义表 L 存在。

操作结果：销毁广义表 L。

(4) CopyGList(&T, L);

初始条件：广义表 L 存在。

操作结果：由广义表 L 复制得到广义表 T。

(5) GListLength(L);

初始条件：广义表 L 存在。

操作结果：求广义表 L 的长度，即元素个数。

(6) GListDepth(L);

初始条件：广义表 L 存在。

操作结果：求广义表 L 的深度，所谓广义表的深度是指广义表中所包含的括号层数。

(7) GListEmpty(L);

初始条件：广义表 L 存在。

操作结果：判定广义表 L 是否为空。

(8) GetHead(L);

初始条件：广义表 L 存在。

操作结果：取广义表 L 的头。

(9) GetTail(L);

初始条件：广义表 L 存在。

操作结果：取广义表 L 的尾。

(10) InsertFirst_GL(&L, e);

初始条件：广义表 L 存在。

操作结果：插入元素 e 作为广义表 L 的第一元素。

(11) DeleteFirst_GL(&L, e);

初始条件：广义表 L 存在。

操作结果：删除广义表 L 的第一元素，并用 e 返回其值。

(12) Traverse_GL(L, Visit());

初始条件：广义表 L 存在。

操作结果：遍历广义表 L，用函数 Visit 处理每个元素。

由于广义表比线性表复杂，因此广义表各种运算的实现也要比线性表复杂。

5.4.2 广义表的存储结构

由于广义表(a_1, a_2, ···, a_n)中的数据元素可以是原子，也可以是子表，因此它是一种带有层次的非线性结构，难以用顺序存储结构表示，通常采用链式存储结构来存储广义表。链式存储结构较为灵活，易于解决广义表的共享与递归问题。在链式存储结构中，每个数据元素都可以用一个结点来表示。

根据结点形式的不同，广义表的链式存储结构又可以分为头尾表示法和孩子兄弟表示法两种不同的存储形式。

1. 头尾表示法

如何设定结点的结构？由于广义表中的元素可以是子表，也可以是原子，由此需要两种结构的结点：一种是表结点，用以表示子表；另一种是原子结点，用以表示原子。从 5.4.1 节可知：若子表不为空，则可分解为表头和表尾；反之，一对确定的表头和表尾可唯一确定子表。由此，一个表结点可由 3 个域组成，分别是标志域、指向表头的指针域和指向表尾的指针域，如图 5.11(a)所示。而原子结点只需标志域和值域两个域，如图 5.11(b)所示。标志域 tag=1，表示结点为表结点；tag=0，表示结点为原子结点。

(a) 表结点   (b) 原子结点

图 5.11 广义表头尾表示法的结点结构

广义表头尾表示法的结点类型定义如下：

```
typedef struct node
{
    int tag;                      //公共部分，用于区分原子结点和表结点标志域
    union{                        //原子结点和表结点共用内存
        datatype    data;         //原子结点的数据域
        struct
        {   struct node *hp, *tp; }ptr;  // ptr 是表结点的指针域，ptr.hp 和 ptr.tp 分别指向
                                         //广义表的表头和表尾
    };
}HTNode;                          //广义表头尾表示法结点类型
```

5.4.1 节中曾列举了广义表 A、B、C、D、E，它们的头尾表示法的存储结构如图 5.12

所示。

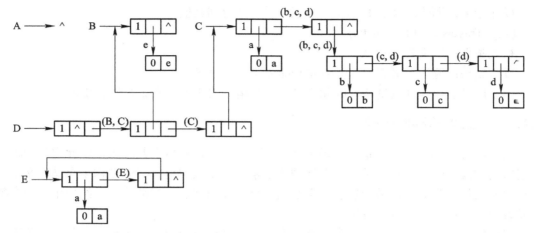

图 5.12　广义表头尾表示法存储结构示意图

头尾表示法存储广义表有如下三个特点：

(1) 若广义表为空表，则表头指针为空。对于任何非空广义表，其表头指针均指向一个表结点，且该结点中的 hp 域指向广义表的表头(原子结点或者表结点)，tp 域指向广义表的表尾(若表尾为空，则指针 tp 为空)。

(2) 广义表中原子和子表所在层次容易分清。如在广义表 D 中，原子 a 和 e 在同一层次上，而 b、c 和 d 在同一层次且比 a 和 e 低一层，B 和 C 是同一层的子表。

(3) 最高层的表结点个数即为广义表的长度。例如广义表 D 的最高层有 3 个表结点，表的长度为 3；广义表 C 的最高层有 2 个结点，表的长度为 2。

以上三个特点在某种程度上给广义表的操作带来了方便。

2. 孩子兄弟表示法

广义表也可以采用孩子兄弟表示法。这种表示法也有两种结点形式，即孩子结点(表结点)和原子结点。表结点用于表示有孩子结点的表元素，由标志域、指向第一个孩子的指针域和指向下一个兄弟的指针域组成，如图 5.13(a)所示；原子结点用于表示无孩子的单元素，由标志域、值域和指向下一个兄弟结点的指针域组成，如图 5.13(b)所示。标志域 tag=1，表示结点为表结点；tag=0，表示结点为原子结点。

(a) 表结点　　　　　　　　　　　　(b) 原子结点

图 5.13　广义表孩子兄弟表示法的结点结构

广义表孩子兄弟表示法的结点类型定义如下：

```
typedef struct node
{
    int   tag;              //公共部分，用于区分原子结点和表结点
    union{                 //原子结点和表结点共用内存
        datatype   data;   //原子结点的值域
```

```
    struct GLNode    *hp;        //表结点的表头指针
    };
    struct GLNode    *tp;        //指向下一个兄弟结点的指针
    }CBNode;                     //广义表孩子兄弟表示法结点类型
```

对于 5.4.1 中的例子，图 5.14 所给出的是其存储结构示意图。

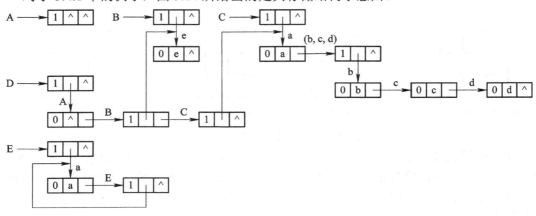

图 5.14　广义表孩子兄弟表示法存储结构示意图

5.5　数组的应用举例

矩阵是很多科学与工程问题中研究的数学对象。下面以 n 阶方阵的构造和找马鞍点来说明矩阵的应用。

5.5.1　数组的应用举例——构造 n 阶魔方阵

魔方阵又称为幻方阵，方法是从键盘输入一个奇数 n，然后输出所构造的 n 阶魔方阵。魔方阵的规则是在 n 阶方阵中填入 1 到 n^2 的数字，使它的每一行、每一列和每对角线之和均相等，如图 5.15 所示。

构造奇数阶魔方阵的方法很多，这里介绍一种"左上斜行法"的填数方法。该方法适用于任何奇数阶魔方阵，具体填数的步骤如下：

(1) 由 1 开始填数，将 1 放在第 0 行的中间位置；

(2) 从 2 开始直到 n^2 为止，将各数依次填入到魔方阵。将魔方阵想象成上下、左右相接，每次向左上角走一步，会有下列情况之一：

① 若左上角超出上边界，则回绕到最下边相对应的位置填入下一个数，如图 5.16(a) 所示；

② 若左上角超出左边界，则回绕到最右边相对应的位置填入下一个数，如图 5.16(b)

6	1	8
7	5	3
2	9	4

(a) 3阶魔方阵

15	8	1	24	17
16	14	7	5	23
22	20	13	6	4
3	21	19	12	10
9	2	25	18	11

(b) 5阶魔方阵

图 5.15　魔方阵示例

所示；

③ 若按照上述方法找到的位置已填有数，则在原位置的同一列下一行填入下一个数，如图 5.16(c)所示；

④ 若左上角的位置没有填数，也没有超出边界，则在该位置上填入下一个数，如图 5.16(d)所示。

(a) 左上角超出上边界 (b) 左上角超出左边界 (c) 左上角已填有数 (d) 左上角未超界，没有数

图 5.16 "左上斜行法"的填数过程

由上述填数过程可知，某一位置(i, j)的左上角位置是(i-1, j-1)，如果 i-1≥0，则不作调整，否则将其调整为 n-1 行；同理，如果 j-1≥0，则不作调整，否则将其调整为 n-1 列。所以，位置(i, j)左上角的位置可以用求模的方法获得。构造 n 阶魔方阵(n 为奇数)的算法如下：

```
void   Square(int   a[ ][ ], int   n)
{
    i=0;      j=n/2;   a[i][j]=1;              //将 1 填入第 0 行中间位置
    for(k=2; k<=n*n; k++)                      //将 2～n*n 填入数组 a
    {
        iTemp=i;   jTemp=j;                    //暂存 i 和 j
        i=(i-1+n)%n;   j=(j-1+n)%n;            //计算左上角位置
        if(a[i][j]>0) {                        // a[i][j]已经填数
            i=(iTemp+1)%n; j=jTemp;            //位置调整为下一行的同一列
        }
        a[i][j]=k;                             //将 k 填入 a[i][j]
    }
}
```

5.5.2 在矩阵中找出所有鞍点

若在矩阵 $A_{m×n}$ 中存在一个元素 A[i-1][j-1]，满足 A[i-1[j-1]是第 i 行元素中的最小值，且又是第 j 列元素中的最大值，则称此元素为该矩阵的一个马鞍点。一个矩阵中可能有一个或多个马鞍点，也可能没有马鞍点。

算法的伪代码描述如下：

1	初始化是否有马鞍点的标志变量 have=0
2	分别找出 m 行中每行的最小值并存入数组 min[m]
3	分别找出 n 列中每列的最大值并存入数组 max[n]

4	外循环：i=0; i<m; i++
	内循环：j=0; j<n; j++
	若 min[i]==max[j]，则输出马鞍点 a[i][j]，并置 have 为 1
5	若 have==0，则输出没有马鞍点的信息

习　题　5

一、名词解释

特殊矩阵，稀疏矩阵，对称方阵，上(下)三角矩阵，对角矩阵，广义表，广义表的原子，广义表的子表

二、填空题

1. 一般地，一个 n 维数组可视为其数据元素为_____维数组的线性表。数组通常只有_____和_____两种基本运算。

2. 通常采用_____存储结构来存放数组。二维数组有两种存储方法：一种是以_____为主序的存储方式，另一种是以_____为主序的存储方式。C 语言数组用的是以_____序为主序的存储方法。

3. 数组 M 中每个元素的长度是 3 个字节，行下标 i 从 1 到 8，列下标 j 从 1 到 10，从首地址 1000 开始连续存放在存储器中。若按行方式存放，元素 M[8][5]的起始地址为_____；若按列优先方式存放，元素 M[8][5]的地址为_____。

4. 二维数组 M 的成员是由 6 个字符(每个字符占一个字节)组成的串，行下标 i 的范围从 0 到 8，列下标 j 的范围从 1 到 10，则存放 M 至少需要_____个字节；M 的第 8 列和第 5 行共占_____个字节；若 M 按行方式存储，元素 M[8][5]的起始地址与当 M 按列优先方式存储时的_____元素的起始地址一致。

5. 需要压缩存储的矩阵分为_____矩阵和_____矩阵两种。

6. 对称方阵中有近半的元素重复，若为每一对元素只分配一个存储空间，则可将 n^2 个元素压缩存储到_____个元素的存储空间中。

7. 假设以一维数组 M[1..n(n+1)/2]作为 n 阶对称矩阵 A 的存储结构，以行序为主序存储其下三角(包括对角线)中的元素，数组 M 和矩阵 A 间对应的关系为_____。

8. 在上三角矩阵中，主对角线上的第 t 行(1≤t≤n)有_____个元素。按行优先顺序在一维数组 M 中存放上三角矩阵中的元素 a_{ij} 时，a_{ij} 之前的前 i-1 行共有_____个元素。在第 i 行上，a_{ij} 是该行的第_____个元素，M[k]和 a_{ij} 的对应关系是_____。当 i > j 时，a_{ij} = c(c 表示常量)，c 存放在 M[_____]中。

9. 设有 n 阶对称矩阵 A，用数组 S 进行压缩存储，当 i < j 时，A 的数组元素 a_{ij} 相应于数组 S 的数组元素的下标为_____。(数组 S 从下标 1 开始存放元素)。

10. 广义表的元素可以是一个广义表。因此，广义表是一个_____的结构。

11. 广义表((a))的表头是_____，表尾是_____。

12. 广义表(a, (a, b), d, e, ((i, j), k))的长度是＿＿＿＿＿＿＿＿，深度是＿＿＿＿＿＿＿＿。

三、选择题

1. 对于以行序为主序的存储结构来说，在数组 A[c1..d1，c2..d2]中，c1 和 d1 分别为数组 A 第一个下标的下界和上界，c2 和 d2 分别为第二个下标的下界和上界，每个数据元素占 K 个存储单元，二维数组中任一元素 a[i,j]的存储位置可由(　　　)式确定。

   A. Loc(i, j) = Loc(c1, c2) + [(i−c1)*(d2−c2) + (j−c2)]*k

   B. Loc(i, j) = Loc(c1, c2) + [(i−c1)*(d2−c2+1) +(j−c2)]*k

   C. Loc(i, j) = Loc(c1, c2) + [(j− c2)*(d1−c1+1) +(i−c1)]*k

   D. Loc(i, j) = Loc(c1, c2) + [(j− c2)*(d1−c1) + (i−c1)]*k

2. 对于 C 语言的二维数组 DataType A[m][n]，每个数据元素占 k 个存储单元，二维数组中任意元素 a[i,j] 的存储位置可由(　　　)式确定。

   A. Loc(i, j) = Loc(0, 0) + [i*(n+1) + j]*k

   B. Loc(i, j) = Loc(0, 0) + [j*(m+1) + i]*k

   C. Loc(i, j) = Loc(0, 0) + (i*n +j)*k

   D. Loc(i, j) = Loc(0, 0) + (j*m +i)*k

3. 稀疏矩阵的压缩存储方法是只存储(　　　)。

   A. 非零元素　　　　B. 三元组(i, j, a_{ij})　　　　C. a_{ij}　　　　D. i, j

4. 基于三元组表的稀疏矩阵，对每个非零元素 a_{ij}，可以用一个(　　　)唯一确定。

   A. 非零元素　　　　B. 三元组(i, j, a_{ij})　　　　C. a_{ij}　　　　D. i, j

5. 二维数组 M[i, j]的元素是 4 个字符(每个字符占一个存储单元)组成的串，行下标 i 的范围从 0 到 4，列下标 j 的范围从 0 到 5。M 按行存储时元素 M[3, 5]的起始地址与 M 按列存储时元素(　　　)的起始地址相同。

   A. M[2, 4]　　　　B. M[3, 4]　　　　C. M[3, 5]　　　　D. M[4, 4]

6. 常对数组进行的两种基本操作是(　　　)。

   A. 建立与删除　　　　B. 建立与修改　　　　C. 查找与修改　　　D. 查找与索引

7. 设有一个 10 阶的对称矩阵 A，采用压缩存储的方式，将其下三角部分以行序为主存储到一维数组 B 中(数组下标从 1 开始)，则矩阵中元素 a_{85} 在一维数组 B 中的下标是(　　　)。

   A. 33　　　　B. 32　　　　C. 85　　　　D. 41

8. 设有一个 15 阶的对称矩阵 A，采用压缩存储方式将其下三角部分以行序为主序存储到一维数组 b 中。矩阵 A 的第一个元素为 a_{11}，数组 b 的下标从 1 开始，则数组元素 b[13]对应 A 的矩阵元素是(　　　)。

   A. a_{53}　　　　B. a_{64}　　　　C. a_{72}　　　　D. a_{68}

9. 设有一个 12 阶的对称矩阵 A，采用压缩存储方式将其下三角部分以行序为主序存储到一维数组 b 中。矩阵 A 的第一个元素为 $a_{1,1}$，数组 b 的下标从 1 开始，则矩阵 A 中第 4 行的元素在数组 b 中的下标 i 一定有(　　　)。

   A. 7≤i≤10　　　　B. 11≤i≤15　　　　C. 9≤i≤14　　　　D. 6≤i≤9

10. 假定在数组 A 中，每个元素的长度为 3 个字节，行下标 i 从 0 到 8，列下标 j 从 0 到 10，从首地址 SA 开始连续存放在存储器内，存放该数组至少需要的字节数为(　　　)。

A. 99   B. 80   C. 297   D. 240

11. 数组 A 中，每个元素的长度为 3 个字节，行下标 i 从 1 到 8，列下标 j 从 1 到 10，从首地址 SA 开始连续存放在存储器内，该数组按行存放时，元素 A[8][5] 的起始地址为（   ）。

A. SA+141   B. SA+144   C. SA+222   D. SA+225

12. 稀疏矩阵一般的压缩存储方法有两种，即（   ）。

A. 二维数组和三维数组   B. 三元组和散列

C. 三元组和十字链表   D. 散列和十字链表

13. 若下三角矩阵 $A_{n \times n}$，按列顺序压缩存储在数组 Sa[0..(n+1)n/2] 中，若数组 Sa 的起始地址为 S，则非零元素 a_{ij} 的地址为（   ）（设每个元素占 d 个字节）。

A. $S + \left[(j-1) * n - \dfrac{(j-2)(j-1)}{2} + i - 1 \right] * d$ B. $S + \left[(j-1) * n - \dfrac{(j-2)(j-1)}{2} + i \right] * d$

C. $S + \left[(j-1) * n - \dfrac{j(j-1)}{2} + i - 1 \right] * d$ D. $S + \left[(j-1) * n - \dfrac{j(j-1)}{2} + i \right] * d$

14. 设有一个 15 阶的对称矩阵 A，采用压缩存储的方式，将其下三角部分以行序为主序存储到一维数组 B 中（数组下标从 1 开始），则矩阵中元素 a_{76} 在一维数组 B 中的下标是（   ）。

A. 42   B. 13   C. 27   D. 32

15. 设二维数组 A[0..m-1][0..n-1] 按行优先顺序存储在内存中，第一个元素的地址为 p，每个元素占 k 个字节，则元素 a_{ij} 的地址为（   ）。

A. p+[i*n+j]*k   B. p+[(i-1)*n+j-1]*k

C. p+[(j-1)*n+i-1]*k   D. p+[j*n+i-1]*k

16. 已知二维数组 $A_{10 \times 10}$ 中，元素 a_{20} 的地址为 560，每个元素占 4 个字节，则元素 a_{10} 的地址为（   ）。

A. 520   B. 522   C. 524   D. 518

17. 若数组 A[0..m][0..n] 按列优先顺序存储，则 a_{ij} 地址为（   ）。

A. LOC(a_{00})+[j*(m+1)+i]   B. LOC(a_{00})+[(j-1)*(m+1)+i-1]

C. LOC(a_{00})+[i*(n+1)+j]   D. LOC(a_{00})+[(i-1)*(n+1)+j-1]

18. 已知广义表 Ls = ((a, b, c), (d, e, f))，运用 Head 和 Tail 函数取出 Ls 中元素 e 的运算是（   ）。

A. Head(Tail(Ls))   B. Tail(Head(Ls))

C. Head(Tail(Head(Tail(Ls))))   D. Head(Tail(Tail(Head(Ls))))

19. 若广义表 A 满足 Head(A)=Tail(A)，则 A 为（   ）。

A. ( )   B. (( ))   C. (( ), ( ))   D. (( ), ( ), ( ))

20. 广义表 A=(a, b, (c, d), (e, (f, g)))，则 Head(Tail(Head(Tail(Tail(A))))) 的值为（   ）。

A. (g)   B. (d)   C. c   D. d

四、简答及算法设计

1. 设有三对角矩阵 $A_{n \times n}$，将其三条对角线上的元素逐行存于数组 A(1…3n−2)中，使得 A[k] = a_{ij}。求：(1) 用 i、j 表示 k 的下标变换公式；(2) 用 k 表示 i、j 的下标变换公式

2. 广义表有哪些重要特征？

3. 画出广义表(( ), A, (B, (C, D)), (E, F))的两种存储结构。

4. 编写算法：将稀疏矩阵按行优先的顺序存储到三元组表中。

5. 稀疏矩阵以三元组表作为存储结构，试写一算法实现两个稀疏矩阵相加，结果仍存放在三元组表中。

6. 若在矩阵 $A_{m \times n}$ 中存在一个元素 a_{ij} 满足：a_{ij} 是第 i 行元素中的最小值，且又是第 j 列元素中的最大值，则称此元素为该矩阵的一个马鞍点。假设以二维数组存储矩阵 $A_{m \times r}$，试设计求出矩阵中所有马鞍点的算法。

7. 设有一系列正整数存放在一维数组中，试设计算法将所有奇数存放到数组的前半部，所有偶数存放到数组的后半部。要求尽可能少用临时存储单元，并使时间花费最少。

8. 有一个长度为 n 的整型数组 T，要求"不用循环"按照下标的顺序输出数组元素的值。(提示：可以采用递归的方法控制输出。)

9. 编写算法求一个广义表的表头。

10. 编写算法求一个广义表的表尾。

第 6 章　树和二叉树

前述的线性表、栈和队列等数据结构都属于线性结构，其元素间的逻辑关系都呈现一对一的关系。树结构和图结构属于非线性结构，其元素间的逻辑关系分别呈现一对多和多对多的关系。树的元素之间存在明显的分支和层次关系。它在客观世界中大量存在，例如人类社会的家谱、各种社会组织结构、计算机操作系统的多级目录等。

◇ 【学习重点】

(1) 树和二叉树的定义；

(2) 二叉树的性质；

(3) 二叉树和树的存储表示；

(4) 二叉树的遍历和遍历算法的应用；

(5) 树、森林与二叉树之间的转换；

(6) 哈夫曼树及其应用。

◇ 【学习难点】

(1) 二叉树深度优先非递归遍历算法；

(2) 基于二叉树深度优先递归遍历实现二叉树的其他操作；

(3) 线索二叉树。

6.1　树的基本概念

6.1.1　树的定义和表示

树(Tree)是 n(n≥0)个结点的有限集合，且满足：

(1) 若 n = 0，则称为空树；否则，有且仅有一个特定的结点被称为根。

(2) 当 n > 1 时，其余结点被分成 m(m > 0)个互不相交的子集 T_1, T_2, $\cdots$, T_m。每个子集又是一棵树，并且称为根的子树。

树的定义是递归的，即树的定义可以应用到子树的定义。

树有多种表示形式，如图 6.1 所示。图 6.1(a)所示是树的树形表示法，其中 A 是根结点，其余结点又分成 3 棵互不相交的子树 T_1、T_2 和 T_3，分别以结点 B、C 和 D 为根结点。同样，在结点 B 和 C 的下面，又可以得到以 E、F 和 G 为根结点的树。它很好地展示了树的这种按层次关系组织的分支结构，树的根结点没有前驱，其直接后继处于同一层次上。图 6.1(b)、(c)和(d)分别是该树的嵌套集合表示法、凹入表示法和广义表表示法。

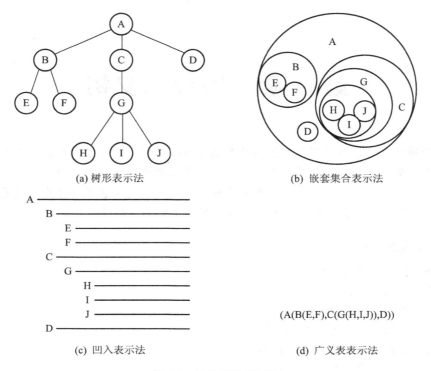

(a) 树形表示法　　　　　　　　　　　　(b) 嵌套集合表示法

(c) 凹入表示法　　　　　　　　　　　　(d) 广义表表示法

(A(B(E,F),C(G(H,I,J)),D))

图 6.1　树的四种表示法

6.1.2　树的基本术语

在树结构中，结点之间的关系可以用家族关系进行形象地描述。下面列出树结构的一些常用术语：

(1) 结点：包含一个数据元素及若干指向其子树根的分支。

(2) 结点的度：结点拥有的子树个数。

(3) 叶子(终端结点)：度为 0 的结点。

(4) 非终端结点：度不为 0 的结点。

(5) 结点的层次：树中根结点的层次为 1，根结点子树的根为第 2 层，以此类推。

(6) 树的度：树中所有结点的度的最大值。

(7) 树的深度：树中结点层次的最大值。

(8) 孩子：结点子树的根称为这个结点的孩子。

(9) 双亲：结点的直接上层结点称为该结点的双亲。

(10) 兄弟：同一双亲的孩子互称为兄弟。

(11) 堂兄弟：双亲在同一层上的结点互称为堂兄弟。

(12) 路径：从某个结点到其子树中另一个结点之间的分支，构成两个结点之间的路径。

(13) 子孙：以某结点为根的子树中的所有结点都被称为是该结点的子孙。

(14) 祖先：从根结点到该结点路径上的所有结点。

(15) 森林：m(m≥0)棵互不相交的树的集合。

(16) 有序树、无序树：如果树中每棵子树从左向右的排列拥有一定的顺序，且不得互换，则称为有序树；否则称为无序树。在有序树中，最左边的子树的根称为第一个孩子，最右边的称为最后一个孩子。

我们利用图 6.1(a)所示的树来说明上面的术语。结点 A 和 B 的度分别为 3 和 2，树的度为 3；结点 G 的层次为 3，树的深度为 4；结点 A 是结点 B 的双亲结点，结点 B 是结点 A 的孩子结点，结点 A、C、G 均为结点 I 的祖先，结点 C 的子孙有结点 G、H、I、J；结点 E、F 互为兄弟，结点 G 没有兄弟，结点 E 和 F 与 G 是堂兄弟的关系；从结点 A 到结点 I 的路径长度为 3。

尽管树的存储结构可以有很多种形式，但主要使用的存储结构仍然是顺序存储和链式存储。顺序存储时，必须采用某种方式的线性化方法，使树形结构的结点成为一个线性序列，然后才可以存储；链式存储时，可以采用多指针域的结点形式，每一个指针域指向一棵子树的根结点。

6.2　二　叉　树

由于树的分支数不固定，很难给出一种固定的存储结构，因此通常采用二叉树的形式存储树。二叉树的结构与算法都比较简单，与树之间可以简单地进行转换，因此在实际应用中具有重要的意义。

6.2.1　二叉树的定义

下面以递归的形式给出二叉树的定义。

二叉树是 n(n≥0)个结点的有限集合。二叉树或为空(n=0)，或由一个根结点加上两棵分别称为左右子树的、互不相交的二叉树组成。

二叉树的定义与树的定义一样，都是递归的，但是二叉树和树是有区别的。一个区别是二叉树的每个结点最多有两棵子树；另一个区别是二叉树每个结点的子树有左右之分，即使在这个结点只有一棵子树的情况下。由此可见，二叉树可以有 5 种基本形态，如图 6.2 所示，其中，∅ 表示空二叉树无结点，D 表示根结点，L 表示左子树，R 表示右子树。

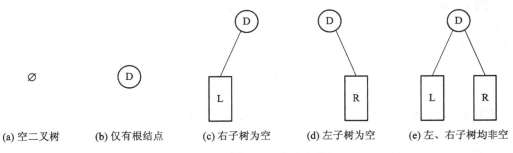

图 6.2　二叉树的 5 种基本形态

完全二叉树和满二叉树是二叉树的两种特殊形态。

一棵深度为 k 且有 2^k-1 个结点的二叉树称为满二叉树。满二叉树的特点是不存在度为 1 的结点，即每一层上的结点数都达到最大值。

从根结点开始，对满二叉树按照自上而下、从左至右的编号规则进行连续编号，可得到如图 6.3(a)所示的带有编号的满二叉树。

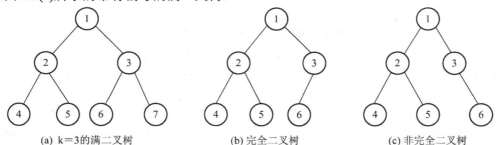

|(a) k＝3的满二叉树|(b) 完全二叉树|(c) 非完全二叉树|

图 6.3　满二叉树、完全二叉树和非完全二叉树

如果对一棵深度为 k 的二叉树结点按照上述编号规则进行编号，所得顺序与满二叉树相应结点的编号顺序一致，则称这棵二叉树为完全二叉树。完全二叉树的前 k-1 层可以看作是满二叉树，而第 k 层的结点集中在最左边的若干位置上。图 6.3(b)和(c)分别给出了完全二叉树和非完全二叉树的实例。

显然满二叉树一定是完全二叉树，但完全二叉树不一定是满二叉树。如果在满二叉树的最下一层上，从最右边开始连续删去若干个结点后，所得到的二叉树仍然是一棵完全二叉树。在完全二叉树中，若某个结点没有左孩子，则它一定没有右孩子，该结点必然是叶子结点。

6.2.2　二叉树的性质

二叉树具有以下 5 个重要的性质：

性质 1　在二叉树的第 i 层上最多有 2^{i-1} 个结点($i \geq 1$)。

证明：可用数学归纳法予以证明。

当 $i=1$ 时，有 $2^{i-1}=2^0=1$，显然第一层上只有一个根结点，故命题成立。

设当 $i=k$ 时成立，即第 k 层上至多有 2^{k-1} 个结点。

当 $i=k+1$ 时，由于二叉树的每个结点至多有两个孩子，因此第 k+1 层上至多有 $2 \times 2^{k-1}=2^k$ 个结点。命题成立。

性质 2　深度为 k 的二叉树最多有 2^k-1 个结点($k \geq 1$)。

证明：由性质 1 可得，1～k 层各层最多的结点个数分别为 $2^0, 2^1, 2^2, \cdots, 2^{k-1}$。这等比数列之和为

$$\sum_{i=1}^{k} 2^{i-1} = 2^k - 1 \tag{6-1}$$

性质 3　对任意一棵二叉树 T，如果其终端结点个数为 n_0，度为 2 的结点个数为 n_2，则 $n_0 = n_2 + 1$。

证明：设度为 1 的结点数为 n_1，则一棵二叉树的结点总数为

$$n = n_0 + n_1 + n_2 \tag{6-2}$$

除根结点外，其余结点都有一个进入的分支(边)。设 B 为分支总数，则 $n = B+1$　又考虑到分支是由度为 1 和 2 的结点发出的，故有 $B = n_1 + 2n_2$，于是可得

$$n = 2n_2 + n_1 + 1 \tag{6-3}$$

由式(6-2)和式(6-3)可得 $n_0 = n_2 + 1$。证毕。

性质 4　具有 n 个结点的完全二叉树的深度为 $\lfloor lbn \rfloor + 1$($\lfloor \log_2 n \rfloor + 1$) 或 $\lceil lb(n+1) \rceil$($\lceil \log_2(n+1) \rceil$)。其中 $\lfloor x \rfloor$ 表示不大于 x 的最大整数，$\lceil x \rceil$ 表示不小于 x 的最小整数。

证明：设完全二叉树的深度为 k。

因第 k 层至少有一个结点，则根据性质 2 和完全二叉树的定义可得

$$2^{k-1} - 1 + 1 \leqslant n < 2^k \tag{6-4}$$

从而推出 $2^{k-1} \leqslant n < 2^k$，取对数后可得 $k - 1 < \log_2 n < k$。因为 k 为整数，所以 $k = \lfloor lbn \rfloor + 1$。

同理，根据性质 2 和完全二叉树的定义可得

$$2^{k-1} - 1 < n \leqslant 2^k - 1$$

从而推出 $2^{k-1} < n + 1 \leqslant 2^k$，取对数后可得 $k = \lceil lb(n+1) \rceil$。证毕。

性质 5　如果将一棵有 n 个结点的完全二叉树的结点按层序(自顶向下，同一层自左向右)连续编号 1, 2, …, n，并简称编号为 i 的结点为结点 i($1 \leqslant i \leqslant n$)，则有以下关系成立：

(1) 若 $i = 1$，则结点 i 是二叉树的根，无双亲；若 $i > 1$，则 i 的双亲为结点 $\lfloor i / 2 \rfloor$。

(2) 若 $2i \leqslant n$，则 i 的左孩子为 $2i$，否则无左孩子。

(3) 若 $2i + 1 \leqslant n$，则 i 的右孩子为 $2i + 1$，否则无右孩子。

证明：略。

6.2.3　二叉树的存储结构

二叉树主要有顺序存储结构和链式存储结构两种存储方式。

1. 顺序存储结构

顺序存储时，首先必须对树结构的结点进行某种方式的线性化，使之成为一个线性序列，然后存储。完全二叉树和满二叉树采用顺序存储结构比较合适，因为根据二叉树中的结点序号可以唯一地反映出结点之间的逻辑关系。

顺序存储是指按照完全二叉树结点的编号顺序，用一组连续的存储单元存放结点内容。图 6.4 所示为一棵完全二叉树及其相应的存储结构。在一棵完全二叉树中，按照从根结点起、自上而下、从左至右的方式对结点进行顺序编号，便可得到一个反映结点之间关系的线性序列。这种存储结构可以反映完全二叉树结点的层次和顺序，既简单又节省存储空间。

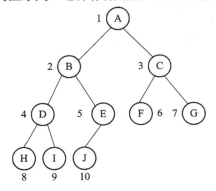

(a) 完成结点编号的完全二叉树

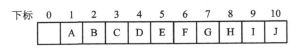

(b) 完全二叉树的顺序存储结构

图 6.4　完全二叉树及其顺序存储结构

根据二叉树的性质 5，我们可以找到任一结点 i 的双亲或孩子结点。

对于一般二叉树，可以通过增加虚结点的方式将其转化为完全二叉树，然后再按照相同的方法进行存储。图 6.5 给出了一般二叉树的顺序编号方式及相应的存储结构，其中虚结点用方块表示，并赋值为@。可以看出，虚结点的作用是把一般二叉树补全为完全二叉树，从而保持结点间的逻辑关系，并且在实际存储时利用特殊取值"@"与其他结点值加以区分。

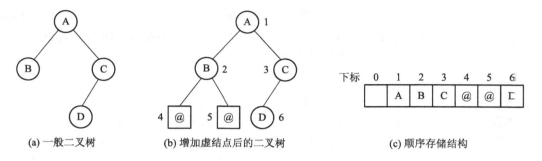

(a) 一般二叉树　　　　(b) 增加虚结点后的二叉树　　　　(c) 顺序存储结构

图 6.5　一般二叉树及其顺序存储结构

利用以上表示方法，一般二叉树顺序存储结构的 C 语言描述如下：

```
#define    maxsize    1024;
typedef    char    datatype;
typedef    struct
{    datatype    data[maxsize];        //存放二叉树的向量
     int last;                         //最后一个结点的下标
}sequenlist;
```

由于一般二叉树必须仿照完全二叉树那样存储，因此所增加的虚结点占用的存储空间将成为额外的开支。一个极端情况是，对于一棵深度为 k 的、仅由 k 个结点构成的右单支二叉树来说，根据性质 2，若采用顺序存储结构将其存储为一棵深度为 k 的完全二叉树或一般二叉树，所需向量的长度是 2^k-1，其中存储了 2^k-1-k 个虚结点，造成大量存储空间的浪费。

2. 链式存储结构

二叉树一般采用链式存储结构来表示，每个结点对应一个链表结点。根据二叉树的定义，二叉树的结点至少包括数据域(data)、左孩子指针域(lchild)和右孩子指针域(rchild)三个域，如图 6.6(a)和(b)所示。为方便查找父结点，还可以增加一个双亲指针域(parent)，如图 6.6(c)所示。利用图 6.6(b)和(c)所示的结点结构所构造的二叉树分别称为二叉链表和三叉链表。

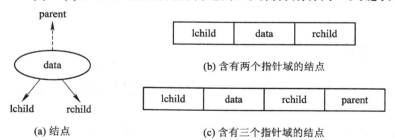

(a) 结点

(b) 含有两个指针域的结点

(c) 含有三个指针域的结点

图 6.6　二叉树结点的链式存储结构

二叉链表结点的 C 语言逻辑描述如下：

```
typedef   char   datatype;
typedef      struct node
{
    datatype data;                          //数据域
    struct   node  * lchild, *rchild;       //左、右孩子指针域
}bitree;
bitree   *root;                             //指向根结点的指针
```

其中 root 是指向根结点的头指针，当二叉树为空时，root 为 NULL。若结点的某个孩子不存在，则相应的指针域为空。对于三叉链表的 C 语言逻辑描述，仅需增加一个 struct node 类型的双亲指针域 parent 即可。

在二叉链表中，假设共有 n 个结点，则指针域个数为 2n，其中 n−1 个指针域指向结点，其余 n+1 个指针域必为空。对于三叉链表，有类似的结论。图 6.7 所示为二叉树的二叉链表和三叉链表的图形表示。

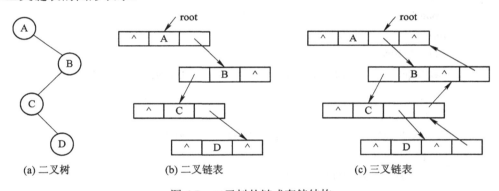

图 6.7　二叉树的链式存储结构

3．二叉树建立(二叉链表)

不论是顺序存储结构还是链式存储结构，二叉树的建立算法都取决于二叉树逻辑结构的输入顺序和表示形式。对于顺序存储结构，可以在添加虚结点后按照完全二叉树的编号顺序依次存入向量单元中。对于链式存储结构，二叉树的建立算法有很多种，这里仅讨论二叉链表一种常见的建立算法，即按照二叉树的层次顺序依次输入结点信息。类似于顺序存储结构，一般二叉树在输入结点信息的同时，还要输入虚结点信息，构成完全二叉树之后，才能应用此算法。

该算法分以下三步来完成：

(1) 按照完全二叉树结点序号的顺序，依次输入结点信息(虚结点输入@)。若输入的结点不是虚结点，则建立一个新结点。

(2) 若新结点是第 1 个结点，则令其为根结点，否则将新结点作为孩子链接到它的双亲结点上。

(3) 重复上面两步，直到输入结束标志"#"为止。

算法的具体实现如算法 6.1 所示。在实现算法时，考虑到先建立的双亲结点，其孩子

结点也会被建立，可以设置一个指针数组构成的队列来保存已输入结点的地址(虚结点的地址为空)，并使队尾(rear)指向当前输入的结点；队头(front)指向这个结点的双亲结点。由于根结点的地址放在队列的第一个单元里，因此当 rear 为偶数时，rear 所指的结点应作为左孩子与其双亲链接，否则 rear 所指的结点应作为右孩子与其双亲链接。若双亲结点或孩子结点为虚结点，则无需链接。当一个双亲结点与两个孩子链接完毕时，则进行出队操作，使队头指针指向下一个待链接的双亲结点。

算法 6.1　建立二叉树(二叉链表)。

```
bitree *CREATREE( )              //建立二叉树函数，函数返回指向根结点的指针
{
    char ch;                     //结点信息变量
    bitree *Q [maxsize];         //设置指针类型数组来构成队列
    int    front, rear;          //队头和队尾指针变量
    bitree  *root, *s;           //根结点指针和中间指针变量
    root=NULL;                   //二叉树置空
    front=1;                     //设置队列指针变量初值
    rear=0;
    //以上为初始化
    while((ch=getchar( ))!='#')  //输入一个字符，当不是结束符时执行以下操作
    {
        s=NULL;
        if(ch!='@')              // @表示虚结点。若不是虚结点，则建立新结点
        {
            s=(bitree*)malloc(sizeof (bitree));
            s->data=ch;
            s->lchild=NULL;
            s->rchild=NULL;
        }
        rear++;                  //队尾指针增1，指向新结点地址应存放的单元
        Q[rear]=s;               //将新结点地址入队或虚结点指针 NULL 入队
        if (rear==1)
            root=s;              //输入的第一个结点作为根结点
        else
        {
            if (s && Q[front])   //孩子和双亲结点都不是虚结点
                if (rear % 2==0)
                    Q[front]-> lchild=s;     // rear 为偶数，新结点是左孩子
                else
                    Q[front]->rchild=s;      // rear 为奇数且不等于1，新结点是左孩子
            if (rear % 2==1) front++;        //结点*Q[front]的两个孩子处理完毕，出队
```

```
        }
    }
    return   root;                          //返回根指针
}
```

6.3　二叉树的遍历

所谓二叉树的遍历，是指按某种搜索路线访问二叉树中的每一个结点且每个结点仅被访问一次。这里的访问可以是查找、比较、修改、输出等对结点所做的各种处理。由于二叉树是一种非线性的数据结构，因此对它进行遍历的复杂程度远高于线性结构。根据搜索路线的不同，二叉树的遍历方式分为深度优先遍历和广度优先遍历两大类。遍历的结果都是产生一个关于结点的线性序列。

6.3.1　深度优先遍历

二叉树的深度优先遍历算法可分为递归和非递归两种。在进行深度优先遍历过程中需要使用栈这种数据结构。

1. 递归遍历算法

利用二叉树的递归定义，二叉树的遍历只需依次遍历二叉树的根结点、左子树和右子树三个基本部分。设 L、D 和 R 分别表示遍历左子树、访问根结点和遍历右子树，根据访问顺序的不同则可以得到六种不同的二叉树深度优先遍历方案，即 DLR、DRL、LDR、RDL、LRD 和 RLD。按照先左后右的习惯，仅采用先(根)序遍历 DLR、中(根)序遍历 LDR 和后(根)序遍历 LRD 三种遍历方案。

1) 先序遍历 DLR

若二叉树为空，则结束遍历操作；否则访问根结点，先序遍历左子树，先序遍历右子树。

算法 6.2　二叉树先序递归遍历算法。

```
void preorder(bitree *p)             //先序遍历二叉树，p 指向二叉树的根结点
{
    if (p!=NULL)                     //二叉树 p 非空，则执行以下操作
    {
        printf ("%c", p->data);      //访问根结点的数据域
        preorder (p-> lchild);       //先序遍历左子树
        preorder (p->rchild);        //先序遍历右子树
    }
}
```

2) 中序遍历 LDR

若二叉树为空，则结束遍历操作；否则中序遍历左子树，访问根结点，中序遍历右子树。

算法 6.3　二叉树中序递归遍历算法。

```
void inorder(bitree *p)              //中序遍历二叉树，p 指向二叉树的根结点
{
    if (p!=NULL)                     //二叉树 p 非空，则执行以下操作
    {
        inorder (p-> lchild);        //中序遍历左子树
        printf ("%c", p->data);      //访问根结点的数据域
        inorder (p->rchild);         //中序遍历右子树
    }
}
```

3) 后序遍历 LRD

若二叉树为空，则结束遍历操作；否则后序遍历左子树，后序遍历右子树，访问根结点。

算法 6.4　二叉树后序递归遍历算法。

```
void postorder(bitree *p)            //后序遍历二叉树，p 指向二叉树的根结点
{
    if (p!=NULL)                     //二叉树 p 非空，则执行以下操作
    {
        postorder(p-> lchild);       //后序遍历左子树
        postorder(p->rchild);        //后序遍历右子树
        printf ("%c", p->data);      //访问根结点
    }
}
```

图 6.8 是一棵二叉树及其先序、中序和后序遍历得到的相应序列，其中虚线箭头表示遍历路线。根据函数递归调用的特点，每个结点在遍历过程中要途经三次，但是仅被访问一次。这里用①、②和③分别表示某个结点第一次、第二次或第三次途经时被访问。显然，①、②和③分别对应先序、中序和后序三种遍历路线。例如，把所有结点按照遍历路线中①出现的顺序排列，即可得到先序遍历序列为 ABDEGCFH。

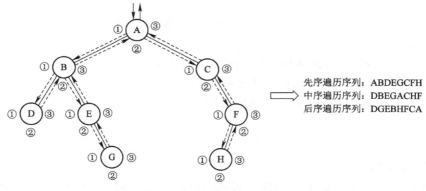

图 6.8　二叉树的遍历路线及遍历序列

二叉树遍历算法的基本操作是访问结点，因此无论何种算法，其时间复杂度仅与二叉树的结点个数 n 有关，即其时间复杂度为 O(n)。所需辅助空间为遍历过程中栈的最大容量，也即树的深度，最坏情况下其空间复杂度也为 O(n)。所得到的遍历序列可以看作是对二叉树非线性结构的线性化，但是遍历序列中的前驱和后继结点与树形结构中的前驱和后继结点是有区别的，而且与遍历算法有关，因而应同时给出遍历算法的名称。

2. 非递归遍历算法

递归遍历算法的特点是结构紧凑、清晰，但是运行效率较低。仿照递归遍历算法执行过程中栈的状态变化，可以直接写出相应的非递归遍历算法。以中序遍历为例，在遍历左子树之前，先把根结点入栈；当左子树遍历结束后，从栈中弹出并访问，再遍历右子树。由此可得，中序遍历的非递归算法的基本思想是：

(1) 当指针 p 所指的结点非空时，将该结点的存储地址进栈，然后再将 p 指向该结点的左孩子结点；

(2) 当指针 p 所指的结点为空时，从栈顶退出栈顶元素送给 p，并访问该结点，然后再将 p 指向该结点的右孩子结点；

(3) 如此反复，直到 p 为空并且栈顶指针 top = −1(栈为空)为止。

中序遍历的非递归算法详见算法 6.5。假设二叉树共有 n 个结点，每个结点进栈和出栈各一次，因此算法 6.5 的时间复杂度为 O(n)。

算法 6.5 深度优先的非递归遍历算法(中序)。

```
void ninorder(bitree *T)
{
    SqStack *S;
    bitree *p=T;
    InitStack(S);                   //顺序栈初始化
    while( p!=NULL || !Empty(S))
    {
        if (p!=NULL)
        {
            Push(S, p);             //根结点入栈
            p=p-> lchild;           //遍历左子树
        }
        else
        {
            Pop(S, p);              //左子树遍历结束，出栈
            printf("%c", p->data);  //访问根结点
            p=p->rchild;            //遍历右子树
        }
    }
}
```

6.3.2　广度优先遍历

二叉树的广度优先遍历是指按层次从上到下、从左到右访问每个结点。遍历序列从根结点开始逐层访问，先遍历二叉树的第一层结点，然后遍历第二层结点，依此类推，最后遍历最下层的结点。而对每一层的遍历是按从左至右的方式进行。

类似于二叉树的建立算法，考虑到在上层中先被访问的结点，它的下层孩子也必然先被访问。因此在实现这种遍历算法时，需要使用一个队列。广度优先遍历算法的基本思想是：

(1) 把二叉树的根结点的存储地址入队。

(2) 依次从队列中出队结点的存储地址。每出队一个结点的存储地址，对该结点进行访问，然后依次将该结点左孩子和右孩子的存储地址入队。

(3) 重复步骤(2)，直到队空为止。

以图 6.8 为例，可以得到该二叉树的广度优先遍历序列为 ABCDEFGH。

算法 6.6　广度优先遍历算法。

```
void layer(BiTree *T)
{
    bitree *p;
    bitree   *Q[maxsize];
    SqQueue *Q;
    InitQueue(Q);                             //队列 Q 初始化
    if (T!=NULL)
    {
        Q->rear=(Q->rear+1)%maxsize;          //修改循环队列尾指针
        Q->data[Q->rear]=T;                   //入队
        while (Q->front !=Q->rear)            //循环队列非空
        {
            Q->front=(Q->front+1)%maxsize;    //修改队头指针
            p=Q->data[Q->front];              //出队
            printf("%c",p->data);
            if (p-> lchild!=NULL)             //左子树非空
            {
                Q->rear=(Q->rear+1)%maxsize;
                Q ->data[Q->rear]=p-> lchild; //左子树根结点入队
            }
            if (p->rchild!=NULL)              //右子树非空
            {
                Q->rear=(Q->rear+1)%maxsize;
                Q->data[Q->rear]=p->rchild;   //右子树根结点入队
```

```
            }
          }
        }
      }
```

先序遍历和后序遍历的非递归算法实现作为练习，留给读者完成。

6.3.3　从遍历序列恢复二叉树

通过修改遍历算法中的访问函数可以对二叉树进行各种操作。反之，也可以利用所得到的遍历序列恢复相应的二叉树。根据定义，可分析得知先序、中序和后序遍历序列的以下特点：

(1) 先序遍历序列：第一个结点必定是二叉树的根结点，其余结点可分割成左子树和右子树两部分。对于其左子树和右子树，可以进行类似的分析。

(2) 中序遍历序列：已知的根结点将中序序列分割成两个子序列，根结点左面的子序列是左子树的中序序列，根结点右边的子序列是右子树的中序序列，依此类推。

(3) 后序遍历序列：最后一个结点必定是二叉树的根结点，其余结点可分割成左子树和右子树两部分，依此类推。

综上分析可知，对于一棵二叉树，由其先序或后序遍历序列可以确定根结点；确定了根结点，则可以利用中序遍历序列确定其左子树和右子树。按照这一思路，可以对这棵二叉树结点再利用中序遍历序列确定其左、右子树序列。同样，在子树中也是重复以上操作，便可唯一地确定一棵二叉树。

可以由先序和中序遍历序列，或者后序和中序遍历序列恢复一棵二叉树。先序和后序遍历序列的组合则是不可取的。

由于这一过程具有明显的递归特性，因此可以方便地用递归算法来实现。算法 6.7 是根据先序和中序遍历序列恢复二叉树的算法。

算法 6.7　从遍历序列恢复二叉树(以先序和中序遍历序列为例)。

```
bitree *BPI(datatype preod[ ], datatype inod[ ], int i, int j, int k, int l)
//i、j、k、1分别是要构造二叉树的先序和中序序列数组的起始和终点下标
{
    int m;
    bitree *p;
    datatype preod[maxsize], inod[maxsize];        //设置先序和中序遍历序列的存放数组
    p = (bitree*)malloc (sizeof(bitree));          //构造根结点
    p->data=preod[i];
    m=k;
    while ( inod[m] != preod[i] )
        m++;                                       //查找根结点在中序序列中的位置
    if (m==k)
```

```
        p-> lchild = NULL;                       //对左子树进行构造
   else
        p-> lchild = BPI( preod, inod, i+1, i+m-k, k, m-1 );
   if (m==l)
        p->rchild=NULL;                          //对右子树进行构造
   else
        p->rchild = BPI( preod, inod, i+m-k+1, j, m+1, 1 );
   return (p);
 }
```

图 6.9 为由先序遍历序列{ABHFDECKG}和中序遍历序列{HBDFAEKCG}恢复二叉树的过程。首先，由先序遍历序列确定二叉树的根结点为 A，再根据 A 在中序序列中的位置，可知结点 HBDF 在 A 的左子树上，EKCG 在 A 的右子树上；对于左子树 HBDF，根据先序遍历序列确定其根为结点 B 及其左子树 H 和右子树 DF，进一步可判断 F 为根以及 D 为其右子树。对于右子树 EKCG，通过类似过程，最终可得到如图 6.9(i)所示的二叉树。

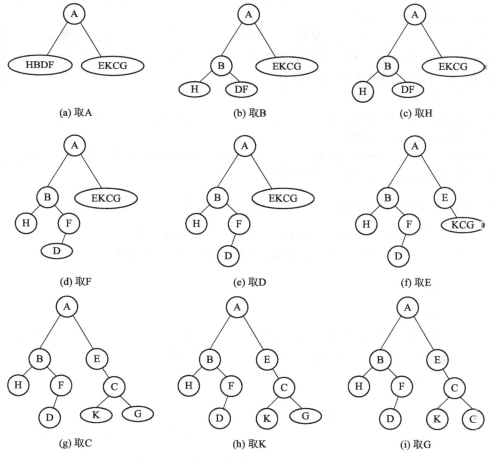

图 6.9　由先序和中序遍历序列恢复二叉树

利用相似的思路容易写出基于后序和中序遍历序列的二叉树恢复递归算法。读者可在算法 6.7 的基础上修改得到。

6.3.4　二叉树遍历算法的应用

将二叉树深度优先递归遍历算法稍加修改，可以实现对二叉树的很多操作。本节介绍两个例子，以加深对二叉树递归遍历算法应用的理解。

1．统计二叉树叶子结点的个数

统计二叉树叶子结点的个数可以使用三种遍历顺序中的任何一种。在实现时将访问操作变为对叶子结点的判断，并且当该结点是叶子结点时将累加器加 1。下面这个算法是利用中序遍历算法来实现的。

算法 6.8　计算一棵二叉树的叶子结点数目。

```
int countleaf(bitree * p)
{
    if(p==NULL)
        return 0;        //空二叉树
    if(p->lchild==NULL&&p->rchild==NULL)
        return 1;        //只有根结点
    return (countleaf(p->lchild)+countleaf(p->rchild));    //统计左右子树中的叶子结点个数之和
}
```

2．求二叉树的深度

求二叉树深度的基本思路是首先分别求出左右子树的高度，在此基础上得出该棵树的高度，即将左右子树较大的高度值加 1(根结点这一层)。这个操作使用后序遍历比较符合人们求解二叉树高度的思维方式。

算法 6.9　求二叉树的深度。

```
int    depth(bitree *p)
{
    int depL, depR;
    if (p!=NULL)
    {
        depL=depth(p-> lchild);
        depR=depth(p->rchild);
        if (depL>=depR)
            return (depL+1);    //二叉树的深度为左右子树深度较大者加 1
        else
            return (depR+1);
    }
    return (0);
}
```

6.4　线索二叉树

　　由 6.3 节的讨论得知，遍历二叉树是以一定规则将二叉树中的结点排列成一个线性序列。例如先序序列、中序序列或后序序列中，每个结点(除第一个和最后一个外)有且仅有一个直接前驱和直接后继。在二叉树中指向前驱和后继的指针称为线索，含有线索的二叉树称为线索二叉树，其二叉链表称为线索链表。线索二叉树实质上就是将非线性结构的二叉树按照某种遍历序列线性化。通过线索二叉树可以记录每个结点的直接前驱和直接后继的信息。

6.4.1　线索二叉树的存储结构

　　线索二叉树的结点结构如图 6.10 所示。其中：ltag = 0 时，lchild 域指示结点的左孩子；ltag = 1 时，lchild 域指示结点的前驱；rtag = 0 时，rchild 域指示结点的右孩子；rtag = 1 时，rchild 域指示结点的后继。

lchild	ltag	data	rtag	rchild

图 6.10　线索二叉树的结点结构

　　当结点有左子树时，其 lchild 域仍指向其左孩子，否则令左线索标志 ltag=1，此时的 lchild 指针域指向该结点的前驱结点；当结点有右子树时，其 rchild 域仍指向其右孩子，否则令右线索标志 rtag=1，此时的 rchild 指针域指向该结点的后继结点。

　　有 n 个结点的二叉链表有 2n 个指针域，其中有 n-1 个指针域非空，还有 n+1 个空指针域。线索二叉树实质上就是利用二叉链表中的空指针域作为线索，指向结点在某个遍历序列中的前驱和后继结点。由于有先序、中序和后序三种遍历序列，因此对应有三种线索二叉树。图 6.11 给出了中序线索二叉树以及对应的中序线索链表，其中实线为指针(指向左、右子树)，虚线为线索(指向前驱和后继结点)。

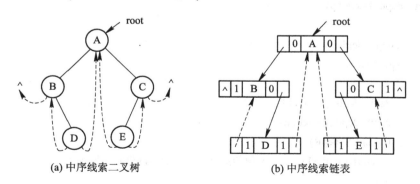

(a) 中序线索二叉树　　　　　　(b) 中序线索链表

图 6.11　中序线索二叉树及其中序线索链表

线索二叉树的结点结构体类型定义如下：

```
typedef  char  datatype;
typedef  struct  node
```

```
    {
        datatype    data;                    //数据域
        struct    node    *lchild, *rchild;    //左右指针域或直接前驱后继线索指针
        int ltag, rtag;                        //左右线索标记
    } BiThrNode;
```

6.4.2　线索二叉树的基本操作

1. 二叉树的线索化

二叉树的线索化实质是将二叉链表中的空指针改为指向前驱或后继的线索。由于前驱或后继的信息只有在遍历时才能得到，因此线索化的过程就是在遍历的过程中修改空指针的过程。为了记下遍历过程中访问结点的先后关系，用指针 p 指向当前访问的结点，并附设一个指针 pre 始终指向刚刚访问过的结点，即结点(*p)的前驱。算法 6.10 给出的是由中序遍历建立中序线索二叉树的算法。

算法 6.10　建立中序线索二叉树。

```
        BiThrNode *pre＝NULL;
        void    InThreading(BiThrNode * p)
        {
            if (p!=NULL)
            {
                InThreading(p-> lchild);        //左子树线索化
                if (p-> lchild==NULL)
                {
                    p->ltag=1;
                    p-> lchild=pre;                // p 的左线索为 pre
                }
                if (p->rchild==NULL)
                    p->rtag=1;
                if (pre!=NULL&&pre->rtag==1);
                    pre->rchild= p;              // pre 的右线索为 p
                pre=p;                            //保持 pre 指向 p 的前驱
                InThreading(p->rchild);          //右子树线索化
            }
        }
```

2. 在线索二叉树中查找结点的前驱和后继

1) 中序线索二叉树

在中序线索二叉树中查找结点的前驱可分为两种情况：

(1) 若结点(*p)的左子树为空，则左指针域是前驱线索，指向结点(*p)的前驱；

(2) 若结点(*p)的左子树为非空，则结点(*p)的前驱应当是中序遍历其左子树时访问的

最后一个结点。

根据以上分析，中序线索二叉树中查找结点前驱的算法如算法 6.11 所示。

算法 6.11 中序线索二叉树中查找结点前驱。

```
BiThrNode * InOrderPrior(BiThrNode * p)
  {
    BiThrNode *pre;
    pre=p->lchild;                    // pre 指向结点(*p)的左孩子或前驱
    if (p->ltag!=1)                   // *p 有左子树，查找中序遍历其左子树时访问的最后一个结点
    {
      while (pre->rtag==0)            //沿(*p)左子树的右指针链向下查找，直到某结点的 rtag 为 1
        pre=pre->rchild;
    }
    return pre ;                      //返回结点(*p)的中序前驱结点的指针值
  }
```

在中序线索二叉树中查找结点的后继也分为两种情况：

(1) 若结点(*p)的右子树为空，则右指针域是后继线索，指向结点(*p)的后继。

(2) 若结点(*p)的右子树非空，则查找结点(*p)的右子树中第一个访问的结点，即为结点(*p)的后继。

算法 BiThrNode * InOrderNext(BiThrNode * p)留给读者自行完成。

2) 后序线索二叉树

图 6.12 所示为后序线索二叉树。在后序线索二叉树中找结点的后继较复杂，可分三种情况：

(1) 若结点 x 是二叉树的根，则其后继为空；

(2) 若结点 x 是其双亲的右孩子或是其双亲的左孩子且其双亲没有右子树，则其后继为双亲结点；

(3) 若结点 x 是其双亲的左孩子，且其双亲有右子树，则其后继为双亲的右子树上按后序遍历列出的第一个结点。

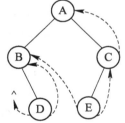

图 6.12　后序线索二叉树

可见，在后序线索二叉树中找结点的后继需要知道结点的双亲，而双亲结点的查找一般需要从根结点进行遍历。因此，此时适于采用带双亲指针的三叉链表。

在后序线索二叉树中找结点(*p)的前驱则相对简单，具体如下：

(1) 结点(*p)的左子树为空，则 p->lchild 为前驱线索。

(2) 结点(*p)的左子树非空，则分为两种情况：若右子树为空，则 p->lchild 为前驱结点；否则，p->rchild 为前驱结点。

3) 先序线索二叉树

与后序线索二叉树相反，在先序线索二叉树查找结点的后继比较简单，但是查找其前驱，则必须知道其双亲结点。具体算法请读者自行完成。

3. 遍历线索二叉树

在线索二叉树上进行遍历，要先找到序列中的第一个结点，然后依次找结点后继，直至其后继为空。由上可知，中序和先序线索二叉树中后继结点的查找较为容易。算法 6.12 给出了遍历中序线索二叉树的算法。

算法 6.12　遍历中序线索二叉树。

```
void   InThredTraverse(BiThrNode*p)
{   if (p!=NULL)
    {
        while (p->ltag==0)              //查找中序遍历序列的开始结点
            p=p-> lchild;
        do {
            printf("%c",p->data);
            p=InOrderNext(p);           //调用在中序线索二叉树中查找结点后继的函数
        }while(p!=NULL);
    }
}
```

由算法 6.12 可知，在中序线索二叉树上遍历二叉树，其时间复杂度亦为 O(n)，但常数因子要比 6.3 节讨论的算法小，且不需要设栈。因此，若所用二叉树需经常遍历或查找结点在遍历所得线性序列中的前驱和后继，则应采用线索二叉树作为存储结构。

6.5　树 和 森 林

本节讨论树的存储表示以及树、森林与二叉树的对应关系。

6.5.1　树的存储结构

树的存储结构有多种形式，常用的有以下几种。

1. 双亲表示法

树的每个结点(除根以外)都只有唯一的双亲。基于这一性质，可以用一组连续空间存储树的结点，同时在每个结点中附设一个指示器指示其双亲结点在链表中的位置。这里使用静态链表来表示这组连续空间更为方便，其类型说明如下：

```
#define   maxsize 100          //结点的最大数目
typedef   struct               //结点结构
{
    datatype data;
    int parent;                //双亲位置域
} PTNode;
typedef   struct               //树的结构
{
```

```
        PTNode nodes[maxsize];
        int n;                    //结点数
    } PTree;
```

这种表示法如图 6.13 所示。双亲表示法可以方便地查找结点的双亲或祖先，但是查找孩子结点或子孙时需要遍历整个树结构。

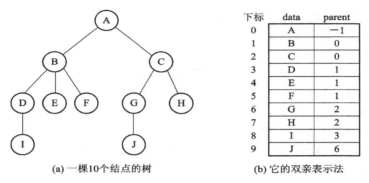

图 6.13　树及其双亲表示法

2. 孩子表示法

孩子表示法是指使用一个与树结点个数同样大小的一维数组，并且数组的每一个元素由两个域组成，一个域存放结点信息，另一个域是一个指针，用来指向该结点所有孩子结点组成的单链表中的第一个孩子结点。单链表结构也由两个域组成，一个域存放孩子结点在一维数组中的下标，另一个指针域用于指向下一个兄弟结点，图 6.13 所示的树的孩子表示法如图 6.14 所示。孩子表示法便于对孩子及子孙进行操作，却不适用于与双亲有关的运算。如果把双亲表示法和孩子表示法结合起来，可得到图 6.14(有虚线框)所示的孩子双亲表示法的存储结构。

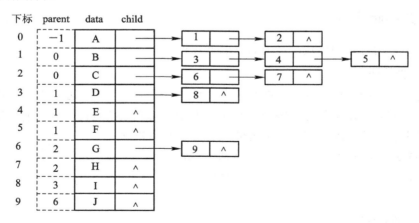

图 6.14　图 6.13 中树的孩子表示法及孩子双亲表示法

这种存储结构可用 C 语言描述如下：

```
    typedef  struct  CTNode        //孩子结点
    {
```

```
        int    child;
        struct CTNode   *next;
    } *ChildPtr;
    typedef   struct
    {
        datatype   data;
        ChildPtr   child;              //孩子链表头指针
        int    parent;                 //双亲指针，在孩子双亲表示法中定义
    } CTBox;
    typedef   struct
    {
        CTBox    nodes[maxsize];
        int   n;                       //结点数
    } CTree;
```

3. 孩子兄弟表示法

孩子兄弟表示法以二叉链表作树的存储结构，所以又称为二叉树表示法或二叉链表表示法。二叉链表中结点的两个指针域命名为 child 域和 next 域，分别指向该结点的最左孩子结点和右邻兄弟结点。孩子兄弟表示法的类型说明如下：

```
    typedef struct CSNode
    {
        datatype   data;
        struct CSNode   * child, *next;
    } CSNode, *CSTree;
```

图 6.15 所示为图 6.13 中树的孩子兄弟表示法。这种存储结构与二叉树的二叉链表相比，仅仅是用右邻兄弟指针域替换了右孩子指针域。因此，可以充分利用前面介绍的二叉树的算法。

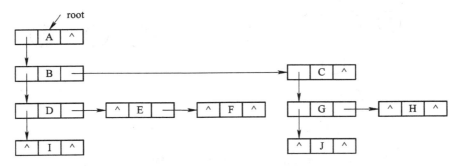

图 6.15　图 6.13 中树的孩子兄弟表示法存储示意图

6.5.2　树、森林与二叉树的转换

任何一棵树都可以转换为一棵二叉树，而一棵无右子树的二叉树也可转换成一棵树。

这种转换具有唯一性，即树和转换得到的二叉树是一一对应的。

1. 树、森林转换成二叉树

1) 树转换成二叉树

对于一棵树，其孩子兄弟表示法实质上就是二叉树的二叉链表存储形式。此时，对中第一个孩子结点指针和右兄弟指针分别相当于二叉树的左孩子指针和右孩子指针。因此，从物理结构上看，树的孩子兄弟表示法和二叉树的二叉链表是相同的，只是解释不同而已。这样，我们可以得出树转换成二叉树的方法，具体步骤如下：

(1) 在兄弟之间加连线；

(2) 保留结点与第一个孩子之间的连线，去掉其余连线；

(3) 以根结点为轴心，将树顺时针旋转 45 度，使之层次分明。

树转换成二叉树的过程如图 6.16 所示。值得注意的是，由于树的根结点没有兄弟，因此转换后得到的二叉树其右子树必为空。

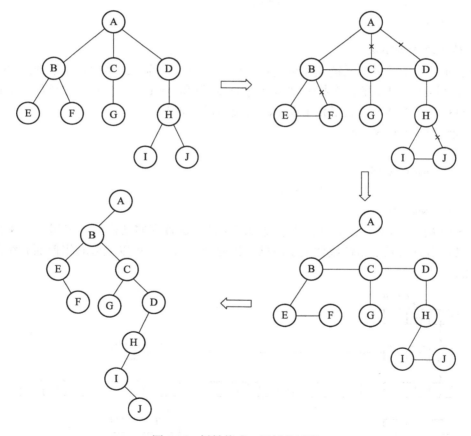

图 6.16　树转换成二叉树的过程

2) 森林转换成二叉树

将森林转换成二叉树的方法与将树转换成二叉树的方法类似。已知由一棵树转换得到的二叉树其右子树必为空，因此可以把森林中所有树的根结点看作前一棵树的右孩子，相当于把森林中所有树的根结点看作是兄弟关系。森林转换成二叉树的具体方法如下：

(1) 把每一棵树依次转换为二叉树；

(2) 将转换得到的二叉树的各个根视为兄弟并加上连线；

森林转换成二叉树的过程如图 6.17 所示。

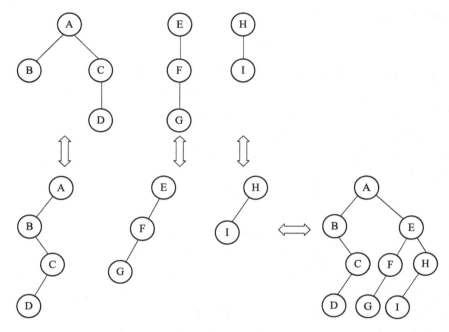

图 6.17 森林与二叉树的转换及其逆过程

2. 二叉树转换成树、森林

由图 6.17 可以看出，二叉树转换成树、森林实际上是树、森林转换成二叉树的逆过程，即将该二叉树看作是树或森林的孩子兄弟表示法。二叉树转换成树、森林的具体方法如下：

(1) 从二叉树的根结点开始，沿右指针向下走，直到为空，途经的结点即为森林中每棵树的根结点。断开这些根结点的连线(若属于无右子树的二叉树转换为树的情况，则忽略这一步，直接进入第二步)。

(2) 对每棵树中的结点 x，沿该结点的右指针向下走，直到为空，把途经的结点与 x 的双亲相连，并去掉这些结点与原有双亲的连线。

(3) 整理由前两步所得到的树或森林，使之层次分明。

6.6 哈夫曼树及其应用

哈夫曼树(Huffman Tree)又称为最优二叉树，在实际问题中得到了广泛的应用。本节首先介绍最优二叉树的基本概念，然后介绍哈夫曼树的构造。

6.6.1 最优二叉树

首先介绍与最优二叉树相关的基本概念。

(1) 路径长度：连接两结点的路径上的分支数。

(2) 树的路径长度：各结点到根结点的路径长度之和。

(3) 最优二叉树或哈夫曼树：带权路径长度最小的二叉树。

(4) 树的带权路径长度：树的所有叶结点的带权路径长度之和，记为 WPL(Weighted Path Length of Tree)，用公式可表示为

$$WPL = \sum_{k=1}^{n} w_k l_k \qquad (6\text{-}5)$$

其中 n 为树中叶子结点的数目；w_k 为叶子结点 k 的权值；l_k 为叶子结点 k 到根结点之间的路径长度。当 $w_i = 1$，$k = 1$，…，n 时，树的带权路径长度等于树的路径长度。

根据 WPL 的定义可知，在给定的结点权值集合情况下，要使树的带权路径长度最小，就应让权值较大的叶子结点尽可能接近根结点。

如图 6.18 所示，四棵不同形态的二叉树，其叶子结点的权值集合均为 {3, 4, 5, 7}，树的带权路径长度分别为

$$WPL = 3 \times 2 + 4 \times 2 + 5 \times 2 + 7 \times 2 = 38$$
$$WPL = 5 \times 3 + 3 \times 3 + 7 \times 2 + 4 \times 1 = 42$$
$$WPL = 7 \times 2 + 3 \times 3 + 4 \times 3 + 5 \times 1 = 40$$
$$WPL = 7 \times 1 + 5 \times 2 + 3 \times 3 + 4 \times 3 = 38$$

可以看出，图 6.18(d)中二叉树的权值最大的叶子结点 d 最靠近根结点，权值次最大的叶子结点 c 比较靠近根结点，所以它的 WPL 能达到最小；图 6.18(a)中的二叉树是完全二叉树，它的 WPL 也同样达到最小。所以，图 6.18(a)和(d)中的两棵二叉树均为哈夫曼树。这说明哈夫曼树的形态并不唯一。需要特别说明的是，完全二叉树不一定是哈夫曼树，例如图 6.18(a)是完全二叉树，而图 6.18(d)就不是完全二叉树，其原因可从它们的定义里很容易分析出来。图 6.18(b)和(c)中的二叉树均不是哈夫曼树，因为它们的 WPL 没有达到最小。

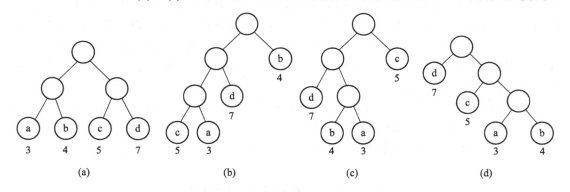

图 6.18   具有相同权值集合但带权路径长度不同的 4 棵二叉树

6.6.2   哈夫曼树的构造

用 David Albert Huffman 于 1952 年提出的哈夫曼算法来构造哈夫曼树，具体步骤如下：

(1) 由给定的 n 个权值 $\{w_0, w_1, w_2, …, w_{n-1}\}$，构造具有 n 棵二叉树的森林 F = {$T_0$, T_1, T_2, …, T_{n-1}}，其中每一棵二叉树 T_i 只有一个带有权值 w_i 的根结点，其左、右子树均为空。

(2) 在 F 中选取两棵根结点的权值最小和次小的二叉树，作为左、右子树构造一棵新

的二叉树，其根结点的权值为其左、右子树上根结点的权值之和。

(3) 在 F 中删去已作为新二叉树的左、右子树的两棵二叉树，把新的二叉树加入 F 中。

(4) 重复步骤(2)和(3)，直到 F 中仅剩下一棵树，即哈夫曼树。

假设字符 a、b、c、d 的权值分别为 6、5、2、3，利用这组权值构造哈夫曼树的过程如图 6.19 所示。分析哈夫曼算法可知，一个有 n 个叶子结点的初始集合，要生成哈夫曼树需要进行 n-1 次合并，产生 n-1 个新结点，最终所构造的哈夫曼树共有 n+n-1=2n-1 个结点。

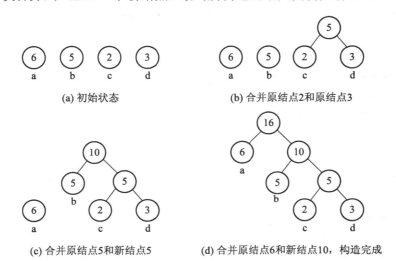

图 6.19　哈夫曼树的构造过程

哈夫曼树中没有度为 1 的分支结点。常将没有度为 1 的结点的二叉树称为严格二叉树。

哈夫曼树结点的存储结构用 C 语言描述如下：

```
# define n 16                    //叶子数目
# define   m   (2*n-1)          //结点总数
typedef   char   datatype;
typedef   struct
{float   weight;                 //权值，不妨设权值均大于零
datatype   data;
int    lchild, rchild, parent;   //左、右孩子及双亲指针
} hufmtree;
hufmtree   tree[m];              //采用顺序存储结构，每个结点为一个结构体
```

构造哈夫曼树算法用伪代码描述如下：

1	数组 tree 初始化，将所有元素的 parent、lchild、rchild 置为 −1
2	数组 tree 的前 n 个元素的权值置为给定的权值
3	进行 n−1 次合并：
	3.1　在哈夫曼树集合中选取权值最小和次最小的两个根结点，其下标分别是 p1 和 p2
	3.2　将哈夫曼树 p1 和 p2 合并为新的哈夫曼树 i

算法 6.13 是采用以上存储结构构造哈夫曼树的算法。

算法 6.13　哈夫曼树的构造算法。

```
void CreateHUFMT (hufmtree tree[ ])
{   int   i, j, p1, p2;                    // p1、p2 分别用于指向权值最小和次最小的结点
    char   ch;
    float small1, small2, wh;              // small1、small2 分别用于存放最小权值和次最小权值
    for ( i=0; i<m; i++)                   // 将数组 tree 初始化
    {
        tree[i].parent=-1;
        tree[i]. lchild=-1;
        tree[i].rchild=-1;
        tree[i].weight=0.0;
        tree[i].data= '0';
    }
    for ( i=0; i<n; i++)                   //输入 n 个叶子结点的权值和字符至 tree[0]~tree[n-1]
    {
        scanf(" %f ", &wh);
        tree[i].weight=wh;
        scanf(" %c ",&ch);
        tree[i].data=ch;
    }
    for ( i=n; i<m ; i++ )                 //进行 n-1 次合并，产生 n-1 个新结点依次存入 tree[n]~tree[m-1]
    {
        p1=p2=0;
        small1=small2=Maxval;      // Maxval 代表 float 类型的最大值
        for ( j=0; j<=i-1; j++ )
            if ( tree[j].parent==-1)
                if ( tree[j].weight<small1 )
                {
                    small2=small1;         //改变最小权值和次最小权值及位置
                    small1=tree[j].weight;
                    p2=p1;
                    p1=j;
                }
                else if ( tree[j].weight<small2 )          //改变次最小权值及位置
                {
                    small2=tree[j].weight;
                    p2=j;
                }
```

```
    tree[p1].parent=tree[p2].parent=i;        //给合并的两个结点的双亲域赋值
    tree[i]. lchild=p1;                       //最小权值的根结点是新结点的左孩子
    tree[i].rchild=p2;                        //次最小权值的根结点是新结点的右孩子
    tree[i].weight=tree[p1].weight+tree[p2].weight;  //双亲权值是两孩子结点权值之和
    }
}
```

图 6.20 给出了利用算法 6.13 构造图 6.19(d)所示哈夫曼树时，数组 tree[]的变化过程。其中初始状态如图 6.20(a)所示，第一次合并的结果如图 6.20(b)所示，最终结果如图 6.20(c)所示。需要注意的是，算法 6.13 在执行过程中，总是将具有较小权值的结点作为其双亲结点的左孩子，而将具有次最小权值的结点作为右孩子。

数组下标	lchild	data	weight	rchild	parent
0	−1	a	6	−1	−1
1	−1	b	5	−1	−1
2	−1	c	2	−1	−1
3	−1	d	3	−1	−1
4	−1	'0'	0	−1	−1
5	−1	'0'	0	−1	−1
6	−1	'0'	0	−1	−1

(a) 数组的初始状态

数组下标	lchild	data	weight	rchild	parent
0	−1	a	6	−1	−1
1	−1	b	5	−1	−1
2	−1	c	2	−1	4
3	−1	d	3	−1	4
4	2	'0'	5	3	−1
5	−1	'0'	0	−1	−1
6	−1	'0'	0	−1	−1

(b) 第一次合并的结果

数组下标	lchild	data	weight	rchild	parent
0	−1	a	6	−1	6
1	−1	b	5	−1	5
2	−1	c	2	−1	4
3	−1	d	3	−1	4
4	2	'0'	5	3	5
5	1	'0'	10	4	6
6	0	'0'	16	5	−1

(c) 最终结果

图 6.20　算法 CreateHUFMT 构造的哈夫曼树的存储结构

6.7　树的应用举例

6.7.1　哈夫曼编码和译码

1. 哈夫曼编码概述

哈夫曼树的主要用途是实现数据压缩，下面以电文传输为例进行说明。对电文中出现的每个字符须进行二进制编码，而设计编码时需要遵守两个原则：

(1) 发送方传输的二进制编码，到接收方解码后必须具有唯一性，即解码结果与发送方发送的电文完全一样；

(2) 发送的二进制编码尽可能短。

假设需传送一段电报文 abaccda，其字符集合是{a, b, c, d}，可以采用两种编码方式：

(1) 等长编码。等长编码方式的特点是每个字符的编码长度相同。假设字符集{a, b, c, d}用两位二进制表示，其编码分别为 00、01、10、11，则应发送二进制序列 0001001010 100，总长度为 14 位。接收方可对这段电文按两位一段进行译码。等长编码的特点是译码简单且具有唯一性，但编码长度并不是最短的。

(2) 不等长编码。为减少电文的编码长度，可以根据各个字符出现的概率不同而给予不等长编码。使用频度较高的字符分配一个相对比较短的编码，使用频度较低的字符分配一个比较长的编码。

例如，字符集{a, b, c, d}中各字符出现的概率为{3/7, 1/7, 2/7, 1/7}，可以为{a, b, c, d}各字符分别分配 0、00、1 和 01 四个编码，并将上述电文用二进制序列 000011010 发送，其长度只有 9 个二进制位。但是随之带来的问题是，接收方接到这段电文后无法进行译码，因为无法断定前面 4 个 0 是 4 个 a、1 个 b、2 个 a、还是 2 个 b，即译码不唯一。因此这种编码方法不可使用。

若以各字符出现的概率作为各叶子结点上的权值并建立哈夫曼树，如图 6.21 所示，将左分支赋 0，右分支赋 1，可得到哈夫曼编码为：a：0；b：110；c：10；d：111。电文的编码为 0110010101110 (abaccda)，其编码总长度为 $1 \times 3 + 3 \times 1 + 2 \times 2 + 3 \times 1 = 13$，即哈夫曼树的带权路径长度 WPL 为 13。这比等长编码的电文要短。

若编码中任一字符的编码都不是另一字符编码的前缀，则称之为前缀编码。

注意：似乎这种编码称为"非前缀编码"更合适，但基于传统的原因，我们仍称其为前缀编码。哈夫曼编码就是一种前缀编码。对前缀编码进行译码时不会发生混淆。

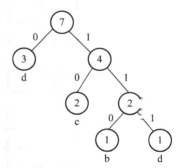

图 6.21　哈夫曼树及其编码

2. 哈夫曼编码的基本思想和算法

哈夫曼编码的基本思想是：从叶子 tree[i]出发，利用双亲地址找到双亲结点 tree[p]；再利用 tree[p]的 lchild 和 rchild 指针域判断 tree[i]是 tree[p]的左孩子还是右孩子，从而决定分配代码 '0' 或'1'；以 tree[p]为出发点继续向上回溯，直到根结点为止。

哈夫曼编码的数组结构描述如下：

```
typedef    char  datatype;
typedef    struct
{
    char   bits[n];            //存储编码位串
    int    start;             //指示位串在 bits 中的起始位置
    datatype   data;          //存储字符
} codetype;
codetype code[n];
```

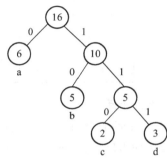

图 6.22 图 6.19(d)所示的哈夫曼树的编码

n 个叶子结点的最大编码长度不会超过 n-1。为操作方便，对不等长编码用相同长度的数组 bits[n]来表示。字符的哈夫曼编码在数组 bits 中从高位到低位顺序存储。由于是从叶子到根逆向求哈夫曼编码，因此设置整型量 start 来表示编码在数组中的起始位置。对图 6.19(d)所示的哈夫曼树进行编码，如图 6.22 所示。

具体的哈夫曼编码算法详见算法 6.14。表 6.1 为执行算法后得到的编码表。

算法 6.14 哈夫曼编码算法。

```
void    HUFMCode(codetype code[ ], hufmtree tree[ ] )
// code 存放求出的哈夫曼编码的数组，tree 已知的哈夫曼树
{
    int i, c, p;
    codetype    cd;                //缓冲变量，临时存放编码
    for ( i=0; i<n; i++ )          //n 为叶子结点数目，循环产生 n 个字符的哈夫曼编码
    {
        cd. start=n;               //从叶子结点出发向上回溯，从 bits 的高位开始存储
        c=i;                       //c 指示第 i 个叶子结点
        p=tree[c].parent;          //p 指示结点 c 的双亲结点
        cd.data=tree[c].data;      //对结点数据域赋值
        while( p!=-1 )             //c 指示到根结点时，p 为 -1
        {
            cd.start -- ;
            if( tree[p].lchild == c )
               cd.bits[cd.start]= '0';
            else
             cd.bits [cd.start]= '1'; //若结点 c 是双亲结点 p 的左孩子，则置 0；否则，置 1
```

```
        c=p;                    //双亲结点 p 作为孩子结点,用 c 指示
        p=tree[c].parent;       // p 指示结点 c 的双亲结点
    }
    code[i]=cd;                 //一个字符的编码存入 code[i]
}//for_end
}
```

表 6.1　code 数组中的编码表

code	bits				start	data
下标	0	1	2	3		
0				0	3	a
1			1	0	2	b
2		1	1	0	1	c
3		1	1	1	1	d

3. 哈夫曼译码

哈夫曼译码是指由给定的二进制代码的电文求出所对应的字符。

对于给定的哈夫曼树,译码的过程是:从根结点出发,逐位读取二进制代码的电文;若代码为 0,则走向左孩子,否则走向右孩子;一旦到达叶子结点,便可译出一个哈夫曼编码所对应的字符;然后重新从根结点开始继续译码,直到二进制电文结束。算法 6.15 给出了具体过程。

算法 6.15　哈夫曼译码算法。

```
void    HUFFMANDECODE(codetype code[ ], hufmtree tree[ ])
{
    int i, c, p, b;
    int endflag=-1;             //电文结束标志取 -1
    i=m-1;                      //从根结点开始向下搜索
    scanf ( "%d", &b);          //读入一个二进制代码
    while ( b != endflag)
    {
        if( b= =0)
            i=tree[i]. lchild;  //走向左孩子
        else
            i=tree[i].rchild;   //走向右孩子
        if ( tree[i]. lchild= =-1 )  // tree[i]是叶子结点
        {
            putchar( code[i].data);
            i=m-1;              //回到根结点
        }
```

```
        scanf("%d", &b);                   //读入下一个二进制代码
    }
    if ((tree[i]. lchild!=-1)&&(i!=m-1) )  //电文读完尚未到叶子结点
    printf( "\n ERROR\n");                 //输入电文有错
}
```

在算法 6.15 中，若 tree[i]. lchild 为-1，tree[i].rchild 也必然为-1，则 tree[i]是叶子结点。这是因为哈夫曼树是严格二叉树，不存在度为 1 的结点。

6.7.2　八枚硬币问题

在解决八枚硬币问题之前，首先来看一看一般性的假币问题：在 n 枚外观相同的硬币中，有一枚是假币，且已知假币重量较轻。可以通过一个没有刻度的天平来任意比较两组硬币，请问如何找出这枚假币？这一问题要求设计一个高效的算法来检测出这枚硬币。

解决这个问题最自然的想法就是一分为二，也就是把硬币分成两组，每组有$\lfloor n/2 \rfloor$枚硬币。若 n 为奇数，就留下一枚硬币，然后把两组硬币分别放在天平的两侧。若两组硬币的重量相同，那么留下的就是假币；否则，用相同的方法对较轻的那组硬币进行相同的处理，因为假币肯定在较轻的那组里。总起来说，这一问题的解决需要经过一系列比较和判断，可以用判定树来描述这个判定过程。图 6.23 给出了用二分法求解八枚硬币问题的判定树，其中八枚硬币分别用 a、b、c、d、e、f、g、h 表示。

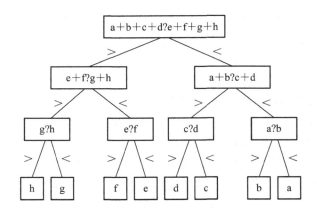

图 6.23　二分法求解八枚硬币问题的判定树

在假币问题中，尽管把硬币分成了两组，但每次用天平比较后，只需解决剩下的一半硬币问题，故二分法的时间复杂度为 O(lbn)。

下面考虑的不是把硬币分成两组，而是一分为三，把它们分成三组，前两组有$\lfloor n/3 \rfloor$个硬币，其余的硬币作为第三组。将前两组硬币放到天平上，如果它们的重量相同，则假币一定在第三组中，用同样的方法对第三组进行处理；如果前两组的重量不同，则假币一定在较轻的那一组中，用同样的方法对较轻的那组硬币进行处理。这个算法的时间复杂度为$O(\log_3 n)$。它将原问题一分为三，比较次数更少。图 6.24 给出了用三分法求解八枚硬币问题的判定树。

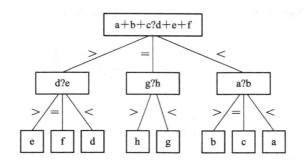

图 6.24　三分法求解八枚硬币问题的判定树

若不知道假币与真币相比较轻还是较重，则为八枚硬币问题中比较复杂的情况。下面采用三分法来求解这一问题。

现在从八枚硬币中任取六枚 a、b、c、d、e、f，在天平两端各放三枚，然后进行比较。假设 a、b、c 放在天平的一端，d、e、f 放在天平的另一端，会出现 3 种可能的比较结果。现在分别加以讨论。

1. a＋b＋c＞d＋e＋f

这种情况下，六枚硬币中必有一枚为假币，同时也说明 g 和 h 为真币。这时可将天平两端各去掉一枚硬币(假设去掉 c 和 f)，同时将天平两端的硬币各换一枚(这里假设硬币 b 与 e 互换)，然后进行第二次比较。比较同样有 3 种可能的结果：

(1) a＋e＞d＋b：这种情况表明天平两端去掉硬币 c 和 f 且硬币 b 与 e 互换后，天平两端的轻重关系保持不变，进而说明了假币必然是 a 或 d 中的一个，这时我们只要用一枚真币(例如 g)和 a 进行比较，就能找出假币。若 a＞g，则 a 是较重的假币；若 a＝g 则 d 为较轻的假币。不可能出现 a＜g 的情况。

(2) a＋e＝d＋b：此时天平两端由不平衡变为平衡，表明假币一定在去掉的两枚硬币 c 或 f 中。同样用一枚真币(例如 g)和 c 进行比较。若 c＞g，则 c 是较重的假币；若 c＝g，则 f 为较轻的假币。不可能出现 c＜g 的情况。

(3) a＋e＜d＋b：此时表明由于两枚硬币 b 与 e 的对换，引起了两端轻重关系的改变，那么可以肯定 b 或 e 中有一枚是假币。同样用一枚真币(例如 g)和 b 进行比较。若 b＞g，则 b 是较重的假币；若 b＝g，则 e 为较轻的假币。不可能出现 b＜g 的情况。

2. a＋b＋c＝d＋e＋f

可按情况(1)的讨论方法作类似的分析。

3. a＋b＋c＜d＋e＋f

可按情况(1)的讨论方法作类似的分析。

图 6.25 给出了三种情况下的分析结果，也就是八枚硬币问题的判定树。该图中大写字母 H(heavy 的首字母)和 L(light 的首字母)分别表示假币比其他真币要重或轻，边线旁边给出的是天平的状态。

八枚硬币中，每一枚硬币都可能是或轻或重的假币，因此共有 16 种结果，反映在该判定树中有 16 个叶子结点。从图 6.25 中还可看出，每次都需要经过 3 次比较才能得到结果。

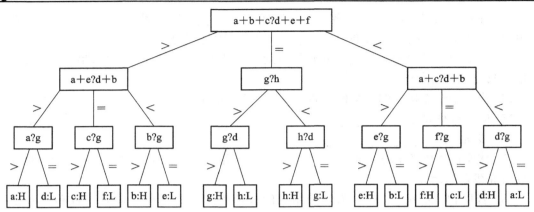

图 6.25 三分法求解八枚硬币问题的判定树(较复杂情况)

习 题 6

一、名词解释

树，结点的度，叶子，树的度，父结点，子结点，兄弟，结点的层数，树的高度，二叉树，左孩子，右孩子，满二叉树，完全二叉树，哈夫曼树

二、填空题

1. 树中某结点的子树的个数称为该结点的_____，子树的根结点称为该结点的_____，该结点称为其子树根结点的_____。

2. 已知一棵度为 3 的树有 2 个度为 1 的结点，3 个度为 2 的结点，4 个度为 3 的结点，则该树有_____个叶子结点。

3. 假定一棵二叉树的结点数为 18 个，则它的最小高度是_____，最大高度是_____。

4. 一棵深度为 k 的满二叉树的结点总数为_____，一棵深度为 k 的完全二叉树的结点总数的最小值为_____，最大值为_____。

5. 具有 n 个结点的完全二叉树，度为 1 的结点最少有_____个，最多有_____个。

6. 一棵二叉树中第 $i(i \geq 1)$ 层上的结点数最多为_____；一棵有 n (n>0) 个结点的满二叉树共有_____个叶子结点和_____个非终端结点。

7. 由权值分别为 9、2、5、7 的四个叶子结点构造一棵哈夫曼树，该树的带权路径长度为_____。

8. 具有 100 个结点的完全二叉树的叶子结点数为_____。

9. 深度为 h 的二叉树所含叶子结点最多为_____个。

10. 对于一棵具有 n 个结点的树，该树中所有结点的度之和为_____。

11. 在二叉树的顺序存储(映射成完全二叉树后，从上往下、自左向右从 1 开始编号，进而完成存储)中，对于编号为 5 的结点，它的双亲结点的编号为_____。若它存在左孩子，则左孩子结点的编号为_____；若它存在右孩子，则右孩子结点的编号为_____。

12. 在具有 n 个结点的二叉链表中，共有_____个指针域，其中_____个指针域用于指向其左右孩子，剩下的_____个指针域则是空的。

13. 设 F 是一个森林，B 是由 F 转换得到的二叉树，F 中有 n 个非终端结点，则 B 中右指针域为空的结点有_____个。

14. 由三个结点构成的二叉树，共有____种不同的形态。

15. 哈夫曼树是指_____的二叉树。

16. 线索是指_____。

17. 线索链表中的 rtag 域值为____时，表示该结点无右孩子，此时_____域为指向该结点后继线索的指针。

18. 若以 {4, 5, 6, 7, 8} 作为叶子结点的权值构造哈夫曼树，则其带权路径长度是_____。

三、选择题

1. 以下说法中，错误的是(   )。

A. 树形结构的特点是一个结点可以有多个直接前驱

B. 树形结构可以表达(组织)更复杂的数据

C. 树(及一切树形结构)是一种"分支层次"结构

D. 任何只含一个结点的集合是一棵树

2. 以下说法中，错误的是(   )。

A. 一般在哈夫曼树中，权值越大的叶子离根结点越近

B. 哈夫曼树中没有度数为 1 的分支结点

C. 若初始森林中共有 n 棵二叉树，最终求得的哈夫曼树共有 2n-1 个结点

D. 若初始森林中共有 n 棵二叉树，进行 2n-1 次合并后才能剩下一棵最终的哈夫曼树

3. 深度为 6 的二叉树最多有(   )个结点。

A. 64   B. 63   C. 32   D. 31

4. 任何一棵二叉树的叶结点在其先序、中序、后序遍历序列中的相对位置(   )。

A. 肯定发生变化   B. 有时发生变化   C. 肯定不发生变化   D. 无法确定

5. 已知某二叉树的后序遍历序列是 dabec，中序遍历序列是 deabc，它的先序遍历序列是(   )。

A. acbed   B. deabc   C. decab   D. cedba

6. 假设在一棵二叉树中，双分支结点数为 15 个，单分支结点数为 30 个，则叶子结点数为(   )个。

A. 15   B. 16   C. 17   D. 47

7. 在一棵度为 3 的树中，度为 3 的结点数为 2 个，度为 2 的结点数为 1 个，度为 1 的结点数为 2 个，则度为 0 的结点数为(   )个。

A. 4   B. 5   C. 6   D. 7

8. 用顺序存储的方法将完全二叉树中的所有结点逐层存放在数组 R[1…n] 中，结点 R[i] 若有左孩子，其左孩子的编号为结点(   )。

A. R[2i+1]   B. R[2i]   C. R[i/2]   D. R[2i-1]

9. 一棵完全二叉树共有 30 个结点，则该树一共有(　　)层(根结点所在层为第一层)。

A. 6　　　　　　　B. 4　　　　　　　C. 3　　　　　　　D. 5

10. 深度为 5 的完全二叉树至多有(　　)个结点(根结点为第一层)。

A. 40　　　　　　　B. 31　　　　　　　C. 34　　　　　　　D. 35

11. 由权值分别为 3、8、6、2、5 的叶子结点生成一棵哈夫曼树，它的带权路径长度为(　　)。

A. 24　　　　　　　B. 48　　　　　　　C. 72　　　　　　　D. 53

12. 欲实现任意二叉树的后序遍历的非递归算法而不必使用栈，最佳方案是二叉树采用(　　)存储结构。

A. 三叉链表　　　B. 广义表　　　C. 二叉链表　　　D. 顺序

13. 假定一棵三叉树的结点数为 50，则它的最小高度为(　　)。

A. 3　　　　　　　B. 4　　　　　　　C. 5　　　　　　　D. 6

14. 在一棵二叉树上第 4 层的结点数最多为(　　)。

A. 2　　　　　　　B. 4　　　　　　　C. 6　　　　　　　D. 8

15. 下列叙述中，正确的是(　　)。

A. 二叉树是特殊的树　　　　　　　　B. 二叉树等价于度为 2 的树
C. 完全二叉树必为满二叉树　　　　　D. 二叉树的左右子树有次序之分

16. 线索二叉树是一种(　　)结构。

A. 逻辑　　　　　　B. 逻辑和存储　　　C. 物理　　　　　　D. 线性

17. 线索二叉树中，结点 p 没有左子树的充要条件是(　　)。

A. p->lc=NULL　　　　　　　　　　B. p->ltag=1
C. p->ltag=1 且 p->lc=NULL　　　　D. 以上都不对

18. 设 n、m 为一棵二叉树上的两个结点，在中序遍历序列中 n 在 m 前的条件是(　　)。

A. n 在 m 右方　　　　　　　　　　B. n 在 m 左方
C. n 是 m 的祖先　　　　　　　　　D. n 是 m 的子孙

19. 如果 F 是由有序树 T 转换而来的二叉树，那么 T 中结点的前序就是 F 中结点的(　　)。

A. 中序　　　B. 前序　　　　　　C. 后序　　　　　　D. 层次序

20. 已知一棵完全二叉树的结点总数为 9 个，则最后一层的结点数为(　　)。

A. 1　　　　　　　B. 2　　　　　　　C. 3　　　　　　　D. 4

21. 根据先序序列 ABDC 和中序序列 DBAC 确定对应的二叉树，该二叉树(　　)。

A. 是完全二叉树　　　　　　　　　　B. 不是完全二叉树
C. 是满二叉树　　　　　　　　　　　D. 不可确定

22. 一棵哈夫曼树总共有 23 个结点，该树共有(　　)个叶结点(终端结点)。

A. 10　　　　　　　B. 13　　　　　　　C. 11　　　　　　　D. 12

23. 一棵哈夫曼树总共有 25 个结点，该树共有(　　)个非叶结点(非终端结点)。

A. 12　　　　　　　B. 13　　　　　　　C. 14　　　　　　　D. 15

24. 一棵哈夫曼树有 12 个叶子结点(终端结点)，该树总共有(　　)个结点。

A. 22　　　　　　　B. 21　　　　　　　C. 23　　　　　　　D. 24

25. 在一棵具有 n 个结点的二叉树中，所有结点的空子树个数等于(　　　)。

A. n　　　　　　　B. n−1　　　　　　　C. n+1　　　　　　　D. 2n

26. 在一棵深度为 h 的完全二叉树中，所含结点的个数不小于(　　　)。

A. 2^h　　　　　　B. 2^{h+1}　　　　　C. 2^h-1　　　　　D. 2^{h-1}

27. 下面几个符号串编码集合中，不是前缀编码的是(　　　)。

A. {0, 10, 110, 1111}

B. {11, 10, 001, 101, 0001}

C. {00, 010, 0110, 1000}

D. {b, c, aa, ac, aba, abb, abc}

28. 一棵有 124 个叶结点的完全二叉树，最多有(　　　)个结点。

A. 247　　　　　　B. 248　　　　　　　C. 249　　　　　　　D. 250

29. 下列有关二叉树的说法，正确的是(　　　)。

A. 二叉树的度为 2

B. 一棵二叉树的度可以小于 2

C. 二叉树中至少有一个结点的度为 2

D. 二叉树中任一个结点的度都为 2

30. 一棵非空的二叉树的先序遍历序列与后序遍历序列正好相反，则该二叉树一定满足(　　　)。

A. 所有的结点均无左孩子

B. 所有的结点均无右孩子

C. 只有一个叶子结点

D. 是任意一棵二叉树

四、简答及算法设计题

1. 已知某二叉树的先序遍历序列为 ABC，试画出能得到这一结果的所有二叉树。

2. 已知二叉树的后序序列 DECBGIHFA 和中序序列 DCEBAFHGI，画出这棵二叉树。

3. 分别设计出先序和后序遍历二叉树的非递归算法。

4. 已知二叉树采用二叉链表存储结构，编写一个算法交换二叉树所有左、右子树的位置，即结点的左子树变为结点的右子树，右子树变为左子树。

5. 采用二叉链表结构存储一棵二叉树，编写一个算法删除该二叉树中数据值为 x 的结点及其子树，并且输出被删除的子树。

6. 试以三种遍历为基础，分别写出在二叉树上查找指定结点的直接前驱或直接后继的算法。

7. 以孩子兄弟表示法作为存储结构，编写算法求树的深度。

8. 已知一棵度为 m 的树中，度为 1 的结点有 n_1 个，度为 2 的结点有 n_2 个，……，度为 m 的结点有 n_m 个，试求该树的叶子结点的个数。

9. 已知树(森林)的高度为 4，所对应的二叉树的先序序列为 ABCDE，请构造出所有满足这一条件的树或森林。

10. 将深度为 4 的满二叉树转换为对应的树或森林。

11. 设某密码电文由 8 个字母(a, b, c, d, e, f, g, h)组成，每个字母在电文中的出现频率分别是 7、19、2、6、32、3、21、10。试为这 8 个字母设计相应的哈夫曼编码。

12. 用数学归纳法证明：若已知一棵二叉树的先序遍历序列和中序遍历序列，则可唯一确定一棵二叉树。

13. 给定一棵二叉树，用二叉链表表示，其根指针为 t，试写出求该二叉树中结点 n 的双亲结点的算法。若没有结点 n 或者该结点没有双亲结点，则分别输出相应的信息；若结点 n 有双亲结点，则输出其双亲的值。

14. 一棵具有 n 个结点的完全二叉树以一维数组作为存储结构，试设计一个对该完全二叉树进行先序遍历的算法(要求用非递归算法完成)。

第 7 章　图

　　图是一种较复杂的非线性数据结构。图中任意两个数据元素之间均有可能相关。因此，线性表中数据元素之间的线性关系以及树型结构中数据元素之间明显的层次关系，都可以看作是图在结构上的一种简化。

　　图的这种复杂结构使其有广泛的应用，已渗入到诸如数学、物理、化学、通信、计算机科学、人工智能、语言学和逻辑学等各个领域中。

　　本章首先介绍图的基本概念和存储结构，然后介绍图的相关算法及应用，包括图的遍历、最小生成树、最短路径、拓扑排序和关键路径等。

◇ 【学习重点】

(1) 图的定义和基本术语；

(2) 图的邻接矩阵和邻接表表示；

(3) 图的遍历方法及算法的实现；

(4) 最小生成树、最短路径、拓扑排序和关键路径等算法的执行过程。

◇ 【学习难点】

(1) 运用图的遍历算法解决图的其他相关问题；

(2) 最小生成树、最短路径、拓扑排序和关键路径等图算法。

7.1　图的基本概念

1. 图的定义

　　对于图(Graph)这一类较复杂的非线性数据结构，可以用两个集合 V 和 E 来表示其组成，在形式上可记为

$$G = (V，E)$$

其中 V 是顶点(Vertex)的非空有限集合；而 E 是边(Edge)的有限集合，用于表示 V 中任意两个顶点之间的关系集合。

2. 图的相关术语

1) 无向图

　　在一个图中，如果任意两个顶点构成的偶对 $(v_i, v_j) \in E$ 是无序的，即顶点之间的连线是无方向的，则该图称为无向图。

图 7.2(a)所示为一个无向图 G_1，记为

$$G_1 = (V_1, E_1)$$

其中

$$V_1 = \{v_1, v_2, v_3, v_4, v_5\}$$
$$E_1 = \{(v_1, v_2), (v_1, v_3), (v_1, v_5), (v_2, v_4), (v_3, v_4), (v_3, v_5), (v_4, v_5)\}$$

在一个无向图中，若任意两顶点之间都存在一条直接连线，则称该图为完全无向图。n 个顶点的完全无向图有 n(n-1)/2 条边。

2) 有向图

在一个图中，如果任意两个顶点构成的偶对 $\langle v_i, v_j \rangle \in E$ 是有序的，即顶点之间的连线是有方向的，则该图称为有向图。图 7.1(a)所示为一个有向图 G_2，记为

$$G_2 = (V_2, E_2)$$

其中

$$V_2 = \{v_1, v_2, v_3, v_4, v_5\} \ ;$$
$$E_2 = \{\langle v_1, v_2 \rangle, \langle v_1, v_3 \rangle, \langle v_2, v_4 \rangle, \langle v_3, v_5 \rangle, \langle v_4, v_5 \rangle, \langle v_5, v_1 \rangle\}$$

在一个有向图中，若任意两顶点之间都存在方向互为相反的两条直接连线，则称该图为完全有向图。n 个顶点的完全有向图有 n(n-1)条边。

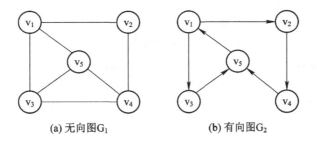

(a) 无向图 G_1 (b) 有向图 G_2

图 7.1　无向图 G_1 与有向图 G_2

3) 顶点、边和弧

图结构中的数据元素 v_i 称为顶点 v_i。在无向图中，(v_i, v_j) 表示在顶点 v_i 和顶点 v_j 之间有一条直接连线，称这条连线为边。在有向图中，$\langle v_i, v_j \rangle$ 表示在顶点 v_i 和顶点 v_j 之间有一条直接连线，称这条连线为有向边(或弧)，顶点 v_i 称为弧的起点(弧尾)，顶点 v_j 称为弧的终点(弧头)。

4) 邻接点

在无向图中，若存在边 (v_i, v_j)，则称顶点 v_i 和 v_j 互为邻接点，即相互邻接，称边 (v_i, v_j) 依附于顶点 v_i 和 v_j 或称边 (v_i, v_j) 与顶点 v_i 和 v_j 相关联。在有向图中，若存在边 $\langle v_i, v_j \rangle$，则称顶点 v_i 邻接到 v_j 或 v_j 邻接自 v_i，称边 $\langle v_i, v_j \rangle$ 依附于顶点 v_i 和 v_j，或称边 $\langle v_i, v_j \rangle$ 与顶点 v_i 和 v_j 相关联。图 7.1(b)存在有向边 $\langle v_3, v_5 \rangle$，我们可以说顶点 v_3 邻接到 v_5，或者顶点 v_5 邻接自 v_3；也可以说边 $\langle v_3, v_5 \rangle$ 依附于顶点 v_3 和 v_5，或者边 $\langle v_3, v_5 \rangle$ 与顶点 v_3 和 v_5 相关联。

5) 顶点的度、入度和出度

在无向图中，与某一顶点 v_i 相关联的边的数目称为 v_i 的度，记为 $D(v_i)$。在有向图中，顶点 v_i 的度定义为该顶点的入度和出度之和，其中 v_i 的入度定义为以顶点 v_i 为终点的边的数目，记为 $ID(v_i)$；v_i 的出度定义为以顶点 v_i 为起点的边的数目，记为 $OD(v_i)$。图 7.1(a) 无向图 G_1 的顶点 v_5 的 $D(v_5)=3$，而图 7.1(b) 有向图 G_2 的顶点 v_1 的 $D(v_1)=3$，其中 $ID(v_1)=1$，$OD(v_1)=2$。

对于具有 n 个顶点、e 条边或弧的图，假设每个顶点的度为 $D(v_i)$ $(1\leqslant i\leqslant n)$，则

$$e=\frac{1}{2}\sum_{i=1}^{n}D(v_i) \tag{7-1}$$

6) 边的权和网

与边有关的数据信息称为权。在实际应用中，权值可以有某种特殊含义。边上带权的图称为网络，简称网。

7) 路径和路径长度

顶点 v_p 到顶点 v_q 之间的路径是指顶点序列 v_p, v_{i1}, v_{i2}, $\cdots$, v_{im}, v_q，其中 (v_p, v_{i1}), (v_{i2}, v_{i3}), $\cdots$, (v_{im}, v_q) 分别为图中的边。路径上边的数目称为路径长度。在图 7.1(b) 有向图 G_2 中，v_1、v_2、v_4、v_5 是从顶点 v_1 到顶点 v_5 的一条路径，其路径长度为 3。

8) 简单路径、回路和简单回路

顶点序列中顶点不重复出现的路径称为简单路径。路径中第一个顶点与最后一个顶点相同的路径称为回路或者环。除第一个和最后一个顶点外，其他顶点不重复出现的回路称为简单回路或者简单环。在图 7.2(b) 有向图 G_2 中，v_1、v_3、v_5 就是一条简单路径；v_1、v_2、v_4、v_5、v_1 是回路，也是简单回路；v_3、v_5、v_1、v_2、v_4、v_5、v_1、v_3 是回路，但不是简单回路。

9) 子图

对于图 G=(V，E) 和 G'=(V'，E')，若 $V'\subset V$，$E'\subset E$，则图 G' 是 G 的一个子图。图 7.1 中 G_1 和 G_2 的其中一个子图分别为 G_1' 和 G_2'，如图 7.2 所示。

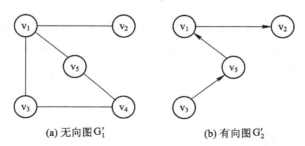

　　　　(a) 无向图 G_1'　　　　　　　　(b) 有向图 G_2'

图 7.2　无向图 G_1 的子图 G_1' 和有向图 G_2 的子图 G_2'

10) 连通、连通图和连通分量

在无向图中，若从一个顶点 v_i 到另一个顶点 $v_j(i\neq j)$ 存在路径，则称顶点 v_i 和顶点 v_j 是连通的。若图中任意两个顶点都是连通的，则称该图为连通图。无向图的极大连通子图称为连通分量。图 7.3(a) 中 G_3 为非连通图，它的两个连通分量如图 7.3(b) 所示。

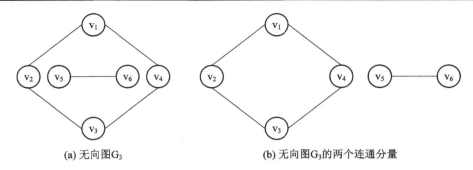

(a) 无向图G₃ 　　　　　　　　(b) 无向图G₃的两个连通分量

图 7.3　无向图 G₃ 及其连通分量

11) 强连通图和强连通分量

对于有向图来说，若图中任意一对顶点 v_i 和顶点 $v_j(i \neq j)$ 均存在从 v_i 到 v_j 和从 v_j 到 v_i 的路径，则称该图为强连通图。有向图的极大强连通分量子图称为强连通分量。图 7.4(a) 中 G_4 为非强连通图，它的两个强连通分量如图 7.4(b)所示。

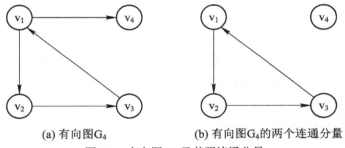

(a) 有向图G₄ 　　　　　　　　(b) 有向图G₄的两个连通分量

图 7.4　有向图 G₄ 及其强连通分量

12) 稀疏图和稠密图

对于具有 n 个顶点、e 条边的图，若 e < nlb(n)，则称该图为稀疏图，否则为稠密图。

13) 生成树

连通图的生成树是包含其全部顶点的一个极小连通子图。这里的极小连通子图是指在包含所有顶点且保证连通的前提下尽可能少地包含原图中的边。在生成树中添加任意一条属于原图的边必定产生回路，减少任意一条边必定成为非连通。所以一棵具有 n 个顶点的生成树有且仅有 n−1 条边。

14) 生成森林

在非连通图中，由于每个连通分量都可以得到一个极小连通子图，即一棵生成树，这些连通分量的生成树就组成了一个非连通图的生成森林。

本章讨论的内容不考虑下列图的两种特殊情形：(a) 存在顶点到其自身的边或弧，如图 7.5 所示；(b) 两个顶点之间重复出现的边或弧，如图 7.6 所示。

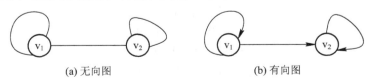

(a) 无向图 　　　　　　　　　　　　(b) 有向图

图 7.5　图中存在顶点到其自身的边或弧

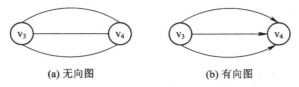

(a) 无向图　　　　　　(b) 有向图

图 7.6　图中两个顶点之间重复出现的边或弧

7.2　图的存储结构

图的结构比较复杂，任意两个顶点之间都可能存在联系，因此无法以数据元素在存储区域中的物理位置来表示元素之间的关系。前面已经介绍过，图型结构包括各顶点本身的信息和边的信息两种信息。所以，借助一个二维数组或多重链表可以很自然地表示图。图的存储方法很多，常用的方法有邻接矩阵、邻接表、十字链表、多重链表等。这里仅介绍邻接矩阵存储方法和邻接表存储方法。

7.2.1　邻接矩阵

在邻接矩阵(Adjacency Matrix)存储方法中，图中各个顶点的数据信息存放在一个一维数组中，而图中各顶点之间的邻接关系(边的信息)用一个二维数组(又称为邻接矩阵)来表示。

n 个顶点的图的邻接矩阵 $A[n][n]$ 的元素值定义为

$$A[i][j]=\begin{cases}1, & 若(v_i,v_j)或\langle v_i,v_j\rangle\in E(G) \\ 0, & 若(v_i,v_j)或\langle v_i,v_j\rangle\notin E(G)\end{cases} \qquad 0\leqslant i, j\leqslant n-1 \qquad (7-2)$$

对于无向图的邻接矩阵，第 i 行或第 i 列中的非零元素个数等于对应顶点的度。由于无向图的边的特点，可知无向图的邻接矩阵是对称的，在存储时可以只保存矩阵的下三角或上三角的元素。在有向图中，第 i 行非零元素的个数对应于该顶点的出度，而第 i 列非零元素的个数则对应于该顶点的入度。

图 7.1(a)中 G_1 的邻接矩阵为

$$A_1=\begin{bmatrix}0 & 1 & 1 & 0 & 1 \\ 1 & 0 & 0 & 1 & 0 \\ 1 & 0 & 0 & 1 & 1 \\ 0 & 1 & 1 & 0 & 1 \\ 1 & 0 & 1 & 1 & 0\end{bmatrix}$$

图 7.1(b)中 G_2 的邻接矩阵为

$$A_2=\begin{bmatrix}0 & 1 & 1 & 0 & 0 \\ 0 & 0 & 0 & 1 & 0 \\ 0 & 0 & 0 & 0 & 1 \\ 0 & 0 & 0 & 0 & 1 \\ 1 & 0 & 0 & 0 & 0\end{bmatrix}$$

易知无向图 G_1 的邻接矩阵 A_1 为对称矩阵，而有向图 G_2 的邻接矩阵 A_2 为非对称矩阵。

很容易把图的邻接矩阵推广到网络。网络的邻接矩阵 $A[n][n]$ 元素值定义为

$$A[i][j]=\begin{cases} w_{ij} & 若(v_i,v_j)或\langle v_i,v_j\rangle\in E(G) \\ 0或\infty & 其他 \end{cases} \qquad 0\leqslant i,j\leqslant n-1 \qquad (7\text{-}3)$$

其中 w_{ij} 表示边 (v_i,v_j) 或 $\langle v_i,v_j\rangle$ 的权值；∞ 表示一个计算机允许的、大于网络中所有边的权值的数。

图 7.7 所示是有向网络 G_5 及其邻接矩阵。

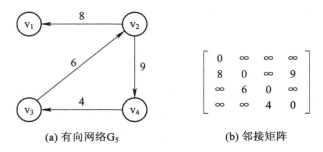

(a) 有向网络 G_5　　　　　　　　(b) 邻接矩阵

图 7.7　有向网络 G_5 及其邻接矩阵

n 个顶点的图 G 的存储结构定义为

```
#define   n                    //图的顶点数
#define   e                    //图的边数
typedef   char   vextype;      //顶点的数据类型
typedef   float  adjtype;      //顶点权值的数据类型
typedef   struct
{
    vextype   vexs[n];         //顶点数组
    adjtype   arcs[n][n];      //邻接矩阵
} graph;
```

下面给出无向图的邻接矩阵建立算法 7.1。

算法 7.1　无向图的邻接矩阵建立算法。

```
void   CreateAdjArray(graph * G)   //建立无向图的邻接矩阵
{
    int   i, j, k;
    for( i=0; i<n; i++)
        G ->vexs[i]=getchar( );        //读入顶点信息，建立顶点表
        for( i=0; i<n; i++)
            for(j=0; j<n; j++)
                G ->arcs[i][j]=0;      //邻接矩阵初始化
    for( k=0; k<e; k++ )
```

```
        {
            scanf ( " %d%d%f ", &i, &j);          //读入边(vᵢ, vⱼ)
            G ->arcs[i][j]=1;                     //邻接矩阵写入
            G ->arcs[j][i]=1;
        }
    }          // CreateAdjArray
```

对于有向图、无向网络或有向网络，只需对算法 7.1 进行部分修改即可。

算法 7.1 中所有语句的频度之和为 $n+n^2+e$。一般情况 $e \ll n^2$，所以算法的时间复杂度是 $O(n^2)$。

不难看出，算法 7.1 的空间复杂度为 $O(n^2)$。当邻接矩阵是一个稀疏矩阵时，显然存储空间浪费现象较严重。

7.2.2　邻接表

邻接表(Adjacency List)是一种结合顺序存储与链式存储的存储方法。其中顺序存储部分称为顶点表，用于保存顶点信息；链式结构即邻接链表，用于存储图中边的信息。当图中的顶点很多而边很少时，可以用链式结构取代稀疏的邻接矩阵，从而节省存储空间。

顶点表是一个具有两个域的结构体数组，其中一个域称为顶点域(vertex)，用来存放顶点本身的数据信息；而另一个域称为指针域(link)，用于指示依附于该顶点的边所组成的单链表的第一个结点。

顶点 v_i 的邻接链表是由 v_i 所有邻接点链接成的单链表。邻接链表中的每个结点由邻接点域和链域构成。邻接点域(adjvex)用于存放 v_i 的邻接点在顶点表中所处单元的下标；链域(next)用于指向邻接链表中的下一结点。

下面给出邻接链表和顶点表中的结点的数据类型：

```
    typedef   char  vextype;           //定义顶点数据信息类型
    typedef   struct   node            //邻接链表结点的结构体类型
    {
        int   adjvex;                  //邻接点域
        struct   node   *next;         //链域
        //若要表示边上的权，则应增加一个权值域
    } edgenode;
    typedef   struct                   //顶点表结点的结构体类型
    {
        vextype   vertex;              //顶点域
        edgenode   *link;              //边表头指针域
    } vexnode;
    vexnode Ga[n];                     //顶点表
```

无向图的邻接链表又称为边表。这是因为边表中每个结点都对应与顶点 v_i 相关联的一条边，而边表的长度就是顶点 v_i 的度。图 7.8 所示为图 7.1 中无向图 G_1 的邻接表(边表)，其

中顶点 v_3 的度 3 就是其关联的邻接链表的长度。在有向图中，v_i 的邻接链表中结点的个数则对应于 v_i 的出度，因此有向图的邻接表也称为出边表。同样，也可以建立一个有向图的逆邻接链表，即入边表。v_i 的入边表中每个结点对应于以 v_i 为终点的一条边。图 7.9(a) 和图 7.9(b)所示分别为图 7.1 中有向图 G_2 的邻接表和逆邻接表，其中顶点 v_5 的出度 1 就是其关联的邻接链表的长度，入度 2 就是其关联的逆邻接链表的长度。

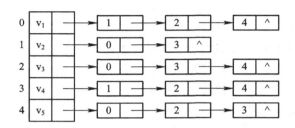

图 7.8　图 7.1 中无向图 G_1 的邻接表

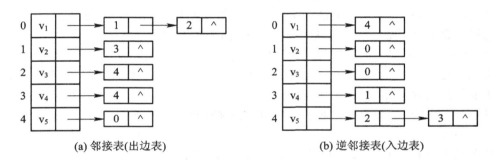

(a) 邻接表(出边表)　　　　　　　　　(b) 逆邻接表(入边表)

图 7.9　图 7.1 中有向图 G_2 的邻接表表示

无向图邻接表的建立如算法 7.2 所示。

算法 7.2　无向网络的邻接表建立算法。

```
void    CreateAdjList(vexnode   G[ ])              //建立无向图的邻接表
{
    int    i, j, k;
    edgenode    *s;
    for( i=0; i<n; i++)
    {
        G[i]. vertex=getchar( );                   //读入顶点信息和边表头指针初始化
        G[i]. link=NULL;                           //边表头指针初始化
    }
    for( k=0; k<e; k++)                            //建立边表
    {
        scanf ("%d%d", &i, &j);                    //读入边(vᵢ, vⱼ)的顶点序号
        s=(edgenode*)malloc( sizeof(edgenode));    //生成邻接点序号为 j 的边表结点 *s
        s ->adjvex=j;
        s ->next=G[i]. link;
```

```
        G[i]. link=s;                              //将 *s 插入顶点 vi 的边表头部
        s=(edgenode*)malloc(sizeof (edgenode));    //生成邻接点序号为 i 的边表结点 *s
        s ->adjvex=i;
        s ->next=G[j]. link;
        G[j]. link=s;                              //将 *s 插入顶点 vj 的边表头部
    }
}        // CreateAdjList
```

对于有向图邻接表的建立，只需去除算法 7.2 中生成邻接点序号为 i 的边表结点 *s，并将 *s 插入顶点 vj 边表头部的那一段语句组即可。如果要建立网络的邻接表，则需在边表每个结点中增加一个数据域以存储边上的权值。

算法 7.2 的时间复杂度是 O(n+e)。

邻接矩阵和邻接表都是最常用的图的存储结构。在具体应用中如何选取存储方法，应综合考虑算法本身的特点和空间的存储密度。下面具体分析和比较它们的优缺点：

(1) 由于邻接链表中结点的链接次序取决于邻接表的建立算法和边的输入次序，因此图的邻接表表示是不唯一的；而图的邻接矩阵表示是唯一的。

(2) 要判定(v_i,v_j)或$\langle v_i,v_j\rangle$是否是图中的一条边，在邻接矩阵表示中只需随机读取矩阵单元(i, j)的元素值是否为零即可；而在邻接表中，需要扫描 v_i 对应的邻接链表，在最坏情况下需要的扫描时间为 O(n)。

(3) 计算图中边的数目时，对于邻接矩阵必须对整个矩阵进行扫描后才能确定，其时间耗费为 $O(n^2)$，与 e 的大小无关；而在邻接表中只需统计每个边表中的结点个数便可确定，时间耗费仅为 O(n + e)。当 $e<<n^2$ 时，节省的计算时间非常可观。

7.3　图 的 遍 历

图的遍历是指从图中某一顶点出发访问图中的其余所有顶点，且每个顶点仅被访问一次。图的遍历算法是求解图的连通性、拓扑排序和求关键路径等算法的基础。

图的遍历与树的遍历在思路上是类似的，但是其过程要复杂得多。由于图中的任一顶点都可能与其他顶点相邻接，因此在访问某个顶点之后有可能沿着某条路径又回到该顶点上。为避免对同一顶点的重复访问，可以设置一个辅助数组 visited[n]，用于标记访问过的顶点。数组 visited[n]初值可设为 0。一旦顶点 v_i 被访问，则设置 visited[i]值为 1。

图的遍历路径通常可分为深度优先搜索和广度优先搜索。本节以无向图为例进行讨论，并且假定遍历过程中访问顶点的操作只是简单地输出顶点。这些方法也适用于有向图的情况。

7.3.1　深度优先搜索遍历

1. 深度优先搜索遍历概述

图的深度优先搜索(Depth-First Search，DFS)遍历类似于树的先序遍历，是树的先序遍历的推广。

假设初始状态是图中所有顶点都未被访问,深度优先搜索方法的步骤是:

(1) 首先选取图中某一顶点 v_i 为出发点,访问并标记该顶点。

(2) 以 v_i 为当前顶点,依次搜索 v_i 的每个邻接点 v_j。若 v_j 已被访问过,则搜索 v_i 的下一个邻接点,否则访问和标记邻接点 v_j。

(3) 以 v_j 为当前顶点,重复步骤(2),直到图中和 v_i 有路径相通的顶点都被访问为止。

(4) 若图中尚有顶点未被访问过(非连通的情况下),则可任取图中的一个未被访问的顶点作为出发点,重复上述过程,直至图中所有顶点都被访问。

与树的深度优先搜索类似,这种方法在访问了顶点 v_i 以及 v_i 的一个邻接点 v_j 之后,马上又访问 v_j 的一个邻接点,依此类推,搜索朝着纵深方向进行,所以称为深度优先搜索遍历。图 7.10 给出了从顶点 A 出发的深度优先搜索遍历的示例,其中虚线表示搜索路线。显然这种搜索方法具有递归的性质。

2. DFSA 的算法及步骤

选择邻接矩阵作为图的存储结构,则图的深度优先搜索遍历如算法 7.3 所示。

算法 7.3 图的深度优先搜索遍历 DFSA。

```
int   visited[n];                  // visited 为全局变量,初值设为 0,n 为顶点数
void  DFSA(graph  G , int  i)      //从 vi 出发深度优先搜索图 G
{
    int  j;
    printf("node:%c\n", G.vexs[i]);  //访问出发点 vi
    visited[i]=1;                    //标记 vi 已被访问
    for(j=0; j<n; j++)               //依次搜索 vi 的邻接点
        if( (G.arcs[i][j]==1)&&(visited[j]==0))
            DFSA(G, j);              //若邻接点 vj 未被访问过,则从 vj 出发进行深度优先搜索遍历
}                                    //DFSA
```

下面根据算法 7.3 详细讨论图 7.10 的深度优先搜索遍历过程。调用函数 DFSA 时,以相关顶点在顶点表的数组下标作为实参,选取顶点 A 为遍历的初始出发点,其在顶点表的数组下标为 0。

(1) 调用 DFSA(0) 来访问顶点 A,将 visited[0]置为 1,表示顶点 A 已被访问过(简称标记顶点 A,下同)。按顺序首先选择 A 未被访问的邻接点 B,进行 DFS 遍历。

(2) 调用 DFSA(1)访问顶点 B,标记顶点 B。按顺序选择 B 的下一个未被访问的邻接点 D,进行 DFS 遍历。

(3) 调用 DFSA(3)来访问顶点 D,标记顶点 D。按顺序选择顶点 D 的下一个未被访问的邻接点 E,接着从 E 出发进行 DFS 遍历。

(4) 调用 DFSA(4)来访问顶点 E,标记顶点

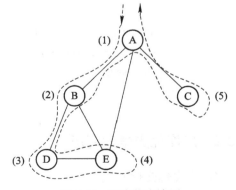

图 7.10 深度优先遍历

E。由于顶点 E 的所有邻接点均已被标记为访问过，结束 DFSA(4)的调用并退回到上一层调用 DFSA(3)中。此时顶点 D 的所有邻接点均已被标记过，结束 DFSA(3)的调用并继续退回到上一层调用 DFSA(1)。基于同样理由继续退回 DFSA(0)，按顺序选择顶点 A 的下一个未被访问的邻接点 C，因此以顶点 C 为出发点进行 DFS 遍历。

(5) 调用 DFSA(2)来访问顶点 C，标记顶点 C。此时顶点 C 的所有邻接点均已被访问过，退回到上一层调用 DFSA(0)，顶点 A 的所有邻接点均已被标记过。此时与出发点 A 有路径相通的所有顶点已被访问过，该连通图的遍历过程结束，所得到的 DFS 序列为 A、B、D、E、C。

在算法 7.3 中，每个顶点 v_i 仅被标记一次，因此至多调用函数 DFSA(i)一次。每次调用中 for 循环要运行 n 次，所以算法的时间复杂度为 $O(n^2)$。由于是递归调用，需要使用长度为 n 的辅助数组以及一个长度为 n−1 的工作栈，所以算法的空间复杂度为 $O(n)$。

按照深度优先搜索遍历顺序所得到的顶点序列称为该图的深度优先搜索遍历序列，简称为 DFS 序列。DFS 序列取决于算法、图的存储结构和初始出发点，因此一个图的 DFS 序列并不唯一。

3. DFSL 算法

以邻接表为存储结构的深度优先搜索遍历如算法 7.4 所示。可见，只需将算法 7.3 作适当修改即可。同样，由于图的邻接表表示不唯一，以邻接表为存储结构的 DFS 序列也不唯一。DFSL 算法需要对 n 个顶点的所有边表结点扫描一遍，而边表结点的数目为 2e，所以算法的时间复杂度为 $O(n+2e)$，空间复杂度为 $O(n)$。

算法 7.4 图的深度优先搜索遍历 DFSL。

```
void   DFSL(vexnode Ga[], int i)        //图 G 用邻接表表示，以 vi 为出发点
{
    edgenode   *p;
    printf("node:%c\n", Ga[i]. vertex);  //访问顶点 vi
    visited[i]=1;                        //标记 vi 已被访问
    p=Ga[i].link;                        //取 vi 的边表头指针
    while(p!=NULL)                       //依次搜索 vi 的邻接点
    {
        if (visited[p →adjvex]==0)
            DFSL(Ga, p →adjvex);         //选择未被访问的邻接点出发进行深度优先搜索遍历
        p=p →next;
    }
}                                        //DFSL
```

7.3.2 广度优先搜索遍历

1. 广度优先搜索概述

图的广度优先搜索(Breadth-first Search，BFS)遍历类似于树的按层次遍历。

假设初始状态是图中所有顶点都未被访问，广度优先搜索的思路是：从图中某一顶点

v_i 出发，先访问 v_i，然后访问 v_i 的所有邻接点 v_j；当所有的 v_j 都被访问之后，再访问 v_j 的邻接点 v_k；依此类推，直到图中所有已被访问的顶点的邻接点都被访问过；此时，与初始出发点 v_i 有路径相通的顶点都将被访问。若图是非连通的，则另需选择一个未曾被访问的顶点作为出发点，重复以上过程，直到图中所有顶点都被访问为止。

这种遍历方法的特点是，"先被访问的顶点的邻接点"也先于"后被访问的顶点的邻接点"访问，因此具有先进先出的特性。所以需要使用队列来保存已访问过的顶点，以确定对访问过的顶点的邻接点的访问次序。这里仍需使用一个辅助数组 visited[n] 来标记顶点的访问情况，以避免对某一个顶点的重复访问。

2．BFSA 和 BFSL 算法

下面分别给出以邻接矩阵和邻接表为存储结构的广度优先搜索遍历算法 BFSA 和 BFSL，分别如算法 7.5 和算法 7.6 所示。

算法 7.5 图的广度优先搜索遍历 BFSA。

```
void   BFSA(graph G, int k)          //图 G 用邻接矩阵表示，以 vk 为出发点
{
    int   i, j;
    SeqQueue *Q;
    InitQueue(Q);                    //辅助队列 Q 初始化
    printf("%c\n", G.vexs[k]);       //访问出发点 vk
    visited[k]=1;                    //标记 vk 已被访问
    ENQUEUE(Q, k);                   //访问过的顶点序号入队
    while( !EMPTY(Q) )               //队列非空时执行下列操作
    {
        i=DEQUEUE(Q);                    //队头顶点序号出队
        for( j=0; j<n; j++)
            if ( ( G.arcs[i][j]= =1)&&( visited[j]!=1 ) )
            {
                printf("%c\n", G.vexs[j]);     //访问与 vi 邻接的未曾被访问的顶点 vj
                visited[j]=1;                  //置顶点 vj 的标志为 1
                ENQUEUE(Q, j);                 //访问过的顶点序号入队
            }
    }
}       // BFSA
```

算法 7.6 图的广度优先搜索遍历 BFSL。

```
void   BFSL(vexnode Ga[], int k)     //图 G 用邻接表表示，以 vk 为出发点
{
    int i;
    edgenode *p;
    SeqQueue *Q;
```

```
    InitQueue(Q);                      //辅助队列 Q 初始化
    printf("%c\n", Ga[k].vertex);      //访问出发点 vₖ
    visited[k]=1;                      //标记 vₖ 已被访问
    ENQUEUE(Q, k);                     //顶点 vₖ 序号入队
    while( !EMPTY(Q) )
    {
        i=DEQUEUE(Q);                  //队头顶点序号出队
        p=Ga[i]. link;                 //取 vᵢ 的边表头指针
        while (p!=NULL)                //依次搜索 vᵢ 的邻接点
        {
            if (visited[p->adjvex]==0)      // vᵢ 的邻接点未曾被访问
            {
                printf("%c\n",Ga[p->adjvex].vertex);
                visited[p->adjvex]=1;       //置顶点的访问标志为 1
                ENQUEUE(Q, p->adjvex);      //访问过的顶点序号入队
            }
            p=p->next;
        }
    }
}            // BFSL
```

3. BFSA 算法的性能分析

图 7.11 给出了以邻接矩阵为存储结构时，图的广度优先搜索遍历过程。按图的广度优先搜索遍历顺序得到的顶点序列称为该图的广度优先搜索遍历序列，简称为 BFS 序列。一个图的 BFS 序列也不是唯一的，它取决于算法、图的存储结构和初始出发点。以邻接表作为存储结构得到的 BFS 序列还与邻接表中边表结点的链接次序有关。

下面仅以邻接矩阵为例，讨论图 7.11 的广度优先搜索遍历过程。调用函数 BFSA 时，以相关顶点在顶点表的数组下标作为实参，以顶点 A 为遍历的初始出发点，其在顶点表的数组下标为 0。

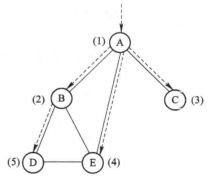

图 7.11　广度优先遍历

(1) 调用 BFSA(0)，顶点 A 首先被访问；将 visited[0]置 1 并将顶点 A 的下标值 0 入队；然后，当队列不为空时执行出队操作得到顶点下标值 0，通过搜索顶点 A 的邻接点可得到未被访问的顶点为 B、C 和 E，所访问的第二、三和四个顶点分别为 B、C 和 E；将 visited[1]、visited[2] 和 visited[4]置 1，并将其对应顶点的下标值 1、2 和 4 入队。

(2) 此时出队的顶点下标值是 1，搜索到 B 的三个邻接点 A、D、E 中有顶点 D 未被访问，因此 D 为第五个被访问的顶点；置 visited[3]为 1，并将其下标值 3 入队。

(3) 此时出队的顶点下标值是 2，对应顶点 C 的邻接点 A 已访问过，故不执行入队操作。

(4) 接着出队的顶点下标值是 4，搜索到 E 的两个邻接点 B 和 D 均已访问过，故不执行入队操作。

(5) 最后出队的顶点下标值是 3，搜索可知 D 的两个邻接点 B 和 E 都已访问过，故无顶点下标值入队。此时队列已为空，所以搜索过程结束，根据访问的顺序得到的 BFS 遍历序列是 A、B、C、E、D。

分析可知，对于有 n 个顶点和 e 条边的连通图，BFSA 算法的 while 循环和 for 循环都需执行 n 次，所以 BFSA 算法的时间复杂度为 O(n²)；BFSL 算法的 while 循环要执行 n 次，而 for 循环执行次数等于边表结点的总个数 2e，因此 BFSL 算法的时间复杂度为 O(n+2e)。BFSA 算法和 BFSL 算法都使用了一个长度均为 n 的队列和辅助标志数组，因此空间复杂度都为 O(n)。

7.4　生成树和最小生成树

7.4.1　生成树和生成森林

我们知道，利用图的遍历算法可以求解图的连通性问题。例如对无向连通图 G 进行遍历，可以选择 G 的任意顶点作为出发点，进行一次深度优先搜索或广度优先搜索就可以访问到 G 中的所有顶点。如果对无向非连通图进行遍历，则需要对其每一个连通分量分别选择某个顶点作为出发点进行遍历。

现在引入生成树的概念。以无向连通图 G 为例，把遍历过程中顺序访问的两个顶点之间的路径记录下来。这样 G 中的 n 个顶点以及由出发点依次访问其余 n-1 个顶点所经过的 n-1 条边就构成了 G 的极小连通子图，也就是 G 的一棵生成树，而出发顶点是生成树的根。所谓极小是指该子图具有连通所需的最小边数，若去掉一条边，该子图就变成了非连通图；若任意增加一条边，该子图就有回路产生。通常我们将深度优先搜索得到的生成树称为深度优先搜索生成树，简称为 DFS 生成树；而将广度优先搜索得到的生成树称为广度优先搜索生成树，简称为 BFS 生成树。图 7.12 给出了对图 7.10 和图 7.11 从顶点 A 出发进行遍历所产生的 DFS 生成树和 BFS 生成树。

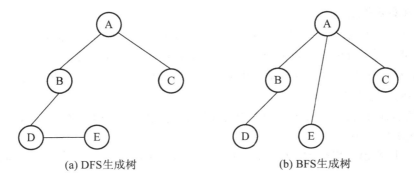

(a) DFS生成树　　　　(b) BFS生成树

图 7.12　DFS 生成树和 BFS 生成树

在图论中，树可以看作是一个无回路存在的连通图，连通图 G 的生成树就可以定义为一个包含了 G 的所有顶点的树。由树的性质也可知,一个连通图 G 具有 n 个顶点,其生成树最多有 n-1 条边。该生成树也是 G 的一个极小连通子图。

显然,连通图的生成树并不唯一,这取决于选择的遍历方法和出发顶点。对于非连通图,遍历其每个连通分量则可生成对应的生成树,这些生成树构成了非连通图的生成森林。

7.4.2　最小生成树

下面给出最小生成树(Minimum Spanning Tree, MST)的概念。给定一个连通网络,要求构造具有最小代价的生成树,即生成树各边的权值总和达到最小。把生成树各边的权值总和定义为生成树的权,那么具有最小权值的生成树就构成了连通网络的最小生成树。

最小生成树的构造具有重要的实际应用价值。例如要在 n 个城市之间建立通信光纤网络,而不同城市之间铺设光纤的造价不同,要想使总造价最低,实际上就是寻找该网络的最小生成树,也就是可将这一问题转化为构造最小生成树的问题。构造最小生成树,也就是在给定 n 个顶点所对应的权矩阵(代价矩阵)的条件下,给出代价最小的生成树。

构造最小生成树的算法有多种,其中大多数算法都利用了最小生成树的一个性质,简称 MST 性质。假设 $G = (V, E)$ 是一个无向连通网络,U 是 V 中的一个非空子集,若存在顶点 $u \in U$ 和顶点 $v \in V-U$ 的边 (u, v) 是一条具有最小权值的边,则必存在 G 的一棵最小生成树包括这条边 (u, v)。

MST 性质可用反证法加以证明。假设网络 G 中的任何一棵最小生成树 T 都不包含 (u,v),其中 $u \in U$, $v \in V-U$。在最小生成树 T 中,必然存在一条边 (u', v') 连接两个顶点集 U 和 V-U,其中 $u' \in U$, $v' \in V-U$。当 (u,v) 加入到 T 中时,T 中必然存在一条包含了 (u,v) 的回路。如果删除 (u',v') 并保留 (u, v),则得到另一棵生成树 T'。因为 (u, v) 的权小于 (u', v') 的权,故 T' 的权小于 T 的权,这与假设相矛盾。

下面介绍的 Prim(普里姆)算法和 Kruskal(克鲁斯卡尔)算法是利用 MTS 性质构造最小生成树的两种经典算法。

7.4.3　构造最小生成树的 Prim 算法

1. Prim 算法概述

假设 $G = (V,E)$ 是有 n 个顶点的连通网络,用 $T = (U,TE)$ 表示要构造的最小生成树,其中 U 为顶点集合,TE 为边的集合。以下是 Prim 算法的具体步骤。

(1) 初始化。令 $U = \phi$, $TE = \phi$,从 V 中取出一个顶点 u_0 放入生成树的顶点集 U 中作为第一个顶点,此时 $T=(\{u_0\}, \phi)$。

(2) 从所有满足 $u \in U$、$v \in V-U$ 的边 (u,v) 中找一条代价最小的边 (u^*, v^*),将其放入 TE 中,并将 v^* 放入 U 中。

(3) 重复步骤(2),直至 U=V 为止。此时集合 TE 中必有 n-1 条边,T 即为所要构造的最小生成树。

Prim 算法的关键是第(2)步,即如何找到连接 U 和 V-U 的最短边(代价最小边)。假设生成树 T 中已有 k 个顶点,则 U 和 V-U 中可能存在的边数最多为 $k(n-k)$ 条,从如此之大的边集合中选取最短边是十分不可行的。可以这样来构造候选最短边的集合：对于 V−U 中的每个顶点，只保留从该顶点到 U 中某顶点的最短边，即候选最短边的集合为 V−U 中 n−k 个顶点所关联的 n−k 条最短边的集合。只要有新的顶点加入 U(此时 V−U 集合中元素也发生变化)，就需要更新候选最短边的集合。

2．Prim 算法的步骤

Prim 算法的基本思想用伪代码描述如下：

```
1      初始化：U={u₀}      TE={ }
2      重复下述操作，直到 U=V：
       2.1   在 E 中寻找最短边(u*,v*)，且满足 u*∈U，v*∈V−U
       2.2   U=U+{v*}
       2.3   TE=TE+{(u*,v*)}
```

为具体实现 Prim 算法，设立以下边的存储结构：

```
typedef   struct
{
    int   fromvex, endvex;        //边的起点和终点
    float length;                 //边的权值
} edge;
edge T[n−1];                      //最小生成树
float dist[n][n];                 //连通网络的带权邻接矩阵
```

以图 7.13(a)所示的连通网络为例，Prim 算法的工作过程以及数组 T 的变化过程如表 7.1 所示。表 7.1 中边的 fromvex、endvex 是该边依附的顶点在图 7.13(b)里顶点表的数组下标。由表 7.1 可知，初始状态设为 U={A}，TE=φ，相应 T 数组元素的初始值见"初始化"所在行。Prim 算法的实质就是寻找最小生成树的 n−1 条边。首先找到最小代价边(A，C)，并将 T[1]与 T[0]交换；U 中新加入顶点 C 之后，需更新候选最小代价边集合(除去已选为最短边的 T 数组的剩余元素构成的集合)，见"顶点 C 加入 U 中"所在行；对该行 T 数组进行搜索，可以得到最小代价边(C，F)；将 T[4]与 T[1]交换并更新 T 数组，结果见"顶点 F 加入 U 中"所在行。如此进行下去，可依次得到其余的 3 条边(E,F)、(D，E)和(B，C)。最后构造的最小生成树如图 7.13(c)所示。

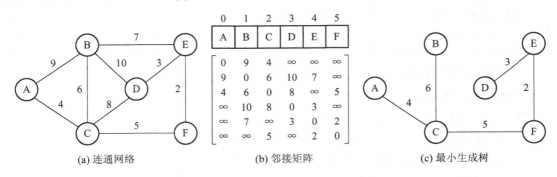

图 7.13　连通网络及其最小生成树

表 7.1　Prim 算法 T 数组变化过程

U 和 TE 集合元素的变化情况	T 数组中候选最小边信息			
	下标	fromvex	endvex	length
初始化 U={A} TE=Φ	0	0	1	9
	1	0	2	(4)
	2	0	3	inf
	3	0	4	inf
	4	0	5	inf
顶点 C 加入 U 中 U={A,C} TE={(A,C)}	0	0	2	(4)
	1	2	1	6
	2	2	3	8
	3	0	4	inf
	4	2	5	(5)
顶点 F 加入 U 中 U={A,C,F} TE ={(A,C),(C,F)}	0	0	2	(4)
	4	2	5	(5)
	2	2	3	8
	3	5	4	(2)
	4	2	1	6
顶点 E 加入 U 中 U ={A,C,F,E} TE ={(A,C),(C,F),(E,F)}	0	0	2	(4)
	1	2	5	(5)
	2	5	4	(2)
	3	4	3	(3)
	4	2	1	6
顶点 D 加入 U 中 U={A,C,F,E,D} TE={(A,C),(C,F),(E,F), (E,F),(D,E)}	0	0	2	(4)
	1	2	5	(5)
	2	5	4	(2)
	3	4	3	(3)
	4	2	1	(6)
顶点 B 加入 U 中 U ={A,C,F,E,D,B} TE={(A,C),(C,F),(E,F), (D,E),(B,C)}	0	0	2	(4)
	1	2	5	(5)
	2	5	4	(2)
	3	4	3	(3)
	4	2	1	(6)

3. Prim 算法的代码

上述过程的具体细节如算法 7.7 所示。

算法 7.7　最小生成树的 Prim 算法。

```
void   Prim (int i)          // i 表示最小生成树所选取的第一个顶点下标
{   int j, k, m, v, min, max=100000;
    float d;
    edge e;
```

```
    v=i;                    //将选定顶点送入中间变量 v
    for( j=0; j<n-1; j++)    // T 数组初始化
    {
        T[j].fromvex=v;
        if(j>=v)
        {
            T[j].endvex=j+1;
            T[j].length=dist[v][j+1];
        }
        else
        {
            T[j].endvex=j;
            T[j].length=dist[v][j]; }
        }
    }
    for( k=0; k<n-1; k++)          //求第 k 条边
    {
        min=max;
        for(j=k; j<n-1; j++)          //找出最短的边并将最短边的下标记录在 m 中
        if (T[j].length<min )
        {
            min=T[j].length;
            m=j;
        }
        e=T[m];
        T[m]=T[k];
        T[k]=e;                  //将最短的边交换到 T[k]单元
        v=T[k].endvex;           // v 中存放新找到的最短边在 V–U 中的顶点
        for( j=k+1; j<n-1; j++)      //修改所存储的最小边集
        {
            d=dist[v][T[j].endvex];
            if(d<T[j].length)
            {
                T[j].length=d;
                T[j].fromvex=v;
            }
        }
    }
} // Prim
```

算法 7.7 中构造第一个顶点所需的时间是 O(n)，求 k 条边的时间大约为

$$\sum_{k=0}^{n-2}(\sum_{j=k}^{n-2}O(1)+\sum_{j=k+1}^{n-2}O(1)) \approx 2\sum_{k=0}^{n-2}\sum_{j=k}^{n-2}O(1) \tag{7-4}$$

其中 O(1)表示某一正常数 C，所以式(7-3)的时间复杂度是 $O(n^2)$。可见 Prim 算法的复杂度与网的边数无关，适合于边稠密网络的最小生成树。

7.4.4　构造最小生成树的 Kruskal 算法

Kruskal 算法是从另一途径来求网络的最小生成树。设 G=(V, E)是一个有 n 个顶点的连通图，则令最小生成树的初始状态为只有 n 个顶点而无任何边的非连通图 T=(V, φ)，图中每个顶点自成一个连通分量。依次选择 E 中的最小代价边，若该边依附于 T 中两个不同的连通分量，则将此边加入 TE 中；否则，舍去此边而选择下一条代价最小的边。依此类推，直到 T 中所有顶点都在同一连通分量上为止。这时的 T 就是 G 的一棵最小生成树。

利用 Kruskal 算法对图 7.13(a)所示的网络构造最小生成树，过程如图 7.14 所示。

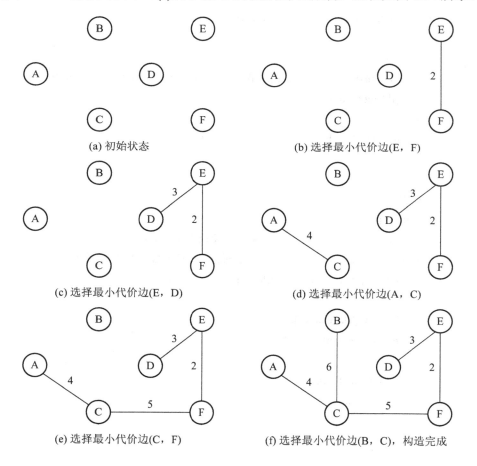

图 7.14　Kruskal 算法构造最小生成树

Kruskal 算法的基本思想用伪代码描述如下：

1	初始化：U=V　　TE={ }
2	重复下述操作，直到 T 中的连通分量个数为 1：
	2.1　在 E 中寻找最短边(u,v)
	2.2　如果顶点 u、v 位于 T 的两个不同的连通分量上，则
	2.2.1　将边(u,v)并入 TE
	2.2.2　将这两个连通分量合为一个
	2.3　在 E 中标记边(u,v)，使得(u,v)不参加后续最短边的选取

在 Kruskal 算法中，每次选择最小代价边都需要扫描图所有边中的最短边。若用邻接矩阵实现，则需要扫描整个邻接矩阵，算法复杂度太高；而使用邻接表时，由于每条边都被连接两次，因此寻找最短边的计算时间加倍。所以我们对图中的边采用如下的存储结构：

```
typedef    struct
{   int fromvex, endvex;      //边的起点和终点
    float length;             //边的权值
    int sign;                 //该边是否已选择过的标志信息
} edge;
edge T[e];                    // e 为图中的边数
int G[n];                     //判断该边的两个顶点是不是在同一个分量上的数组，n 为顶点数
```

这里数组 G 存放顶点的连通信息，用于判断所选择的边对应的两个顶点是否在同一个分量上。

具体描述如算法 7.8 所示。

算法 7.8　最小生成树的 Kruskal 算法。

```
void    Kruskal(int n, int e)      //n 表示图中的顶点数目，e 表示图中的边数目
{
    int h,i, j, k, l,m, t, min ;
    for ( i=0; i<=n-1; i++)
        G[i]=i;                     //数组 G 置初值
    for ( i=0; i<=e-1; i++)         //输入边信息
    {
        scanf (" %d%d%f ", &T[i]. fromvex，&T[i].endvex，&T[i]. length);
        T[i].sign=0;
    }
    j=0;
    while(j<n-1)
    {
        min=1000;
        for ( i=0; i<=e-1; i++)     //寻找最短边
            if( T[i].sign= =0 )
```

```
            if( T[i].length<min)
            {
                min= T[i].length;
                m=i;
            }
            k=T[m].fromvex;
            l=T[m].endvex;
            T[m].sigh=1;
            if(G[k]= =G[l])
                T[m].sign=2;                //在同一分量上舍去
            else
            {
                j++;
                h= G[l];
                for(t=0; t<n; t++)          //将最短边的两个顶点并入同一分量
                    if(G[t]= =h)
                        G[t]=G[k];
            }
        }
    }            // Kruskal
```

　　一般情况下，Kruskal 算法的时间复杂度约为 O(elge)，仅与网中的边数有关，因此适合边稀疏网络的最小生成树。这一点与 Prim 算法相反。实际上我们还可以在 Kruskal 算法之前先对边进行排序，这样 Kruskal 算法的复杂度可以降为 O(e)。

7.5　最　短　路　径

　　在计算机中可以用图形结构来表示一个实际的交通网络，其中顶点作为城市，边可以作为城市之间的交通联系。由于城市之间的交通存在多条路径而且往往具有方向性，因此有向网络结构是较好的选择。在无向网络中的情况类似。

　　在交通网络中，最常见的问题有两个：一是从城市 A 是否可以到达城市 B；二是如何选择最小代价的路线。这里最小代价可以是指花费最小、时间上最快，或者是二者的综合考虑。这两个问题可以归结为图论中的最短路径问题。路径上的第一个顶点称为源点(Source)，最后一个顶点称为终点(Destination)，路径长度则是指路径上各条边的权值之和。下面讨论两种最常见的最短路径问题。

7.5.1　从某个源点到其他各顶点的最短路径

　　从某个源点到其他各顶点的最短路径问题称为"单源最短路径问题"。单源最短路径问题可以描述为：对于给定的有向网络 G = (V，E)及源点 $u_0 \in V$，求从 u_0 到 G 中其他各顶点的最短路径。假设各边上的权值大于或等于 0，单源最短路径问题可以用迪杰斯特拉(Edsger Wybe Dijkstra)提出的最短路径算法来解决。

迪杰斯特拉最短路径算法的思路源自迪杰斯特拉对大量单源最短路径顶点构成的集合和路径长度之间关系的研究。若按长度递增的次序来产生源点到其余顶点的最短路径，则当前正要生成的最短路径除终点外，其余顶点的最短路径已生成。换句话说，假设 A 为源点，U 为已求得的最短路径的终点的集合(初态时为空集)，则下一条最短路径(设其终点为 X)或者是弧(A, X)，或者是中间只经过 U 集合中的顶点，最后到达 X 的路径。这条最短路径上不可能存在 U 集合之外的顶点。这一点，读者可以用反证法加以证明。

为验证以上观点，图 7.15 所示为有向网络 G 以及以顶点 A 为源点的最短路径集合。可以看出，在查找终点为 E、B 的最短路径时，其中间顶点均是已求得的最短路径终点的集合。

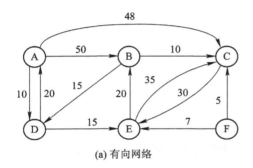

最短路径	路径长度
A，D	10
A，D，E	25
A，D，E，B	45
A，C	48

(a) 有向网络　　　　　　　　(b) 源点A到其他顶点的最短路径

图 7.15　有向网络 G 及其以 A 为源点的最短路径

根据以上思路，可以按路径长度递增次序来产生源点到各顶点的最短路径。对有向连通网络 G=(V, E)，假设顶点个数为 n，以 u_0 作为源点，算法步骤描述如下：

(1) 从 V 中取出源点 u_0 放入最短路径顶点集合 U 中，此时最短路径网络 S=({u_0}，φ)。

(2) 从 $u \in U$ 和 $v \in V-U$ 中找到一条最小代价边(u*, v*)，将其加入到 S 中去，更新 S = ({u_0, v*}，{(u_0, v*)})。

(3) 每往 U 中增加一个顶点，就要对 V-U 中各顶点的权值进行一次修正：若加进 v* 作为中间顶点，使得从 u_0 到其他属于 V-U 的顶点 v_i 的路径不加 v* 时最短，则修改 u_0 到 v_i 的权值，即以(u_0,v*)的权值加上(v*,v_i)的权值来代替原(u_0, v_i)的权值，否则不修改 u_0 到 v_i 的权值。

(4) 从权值修正后的 V-U 中选择最短的边加入 S 中，如此反复，直到 U=V 为止。

Dijkstra 算法的基本思想用伪代码描述为：

1	初始化数组 D、p 和 s
2	while(s 中的元素个数<n)
	2.1　在 D[n]中求最小值，其编号为 k
	2.2　输出 D[k]和 p[k]
	2.3　修改数组 D 和 p
	2.4　将顶点 k 添加到数组 s 中

算法 7.9 所示为 C 语言描述的迪杰斯特拉算法。其中有向网络用邻接矩阵 dist[n][ɔ]表示；数组 D[n]用于保存源点到其他顶点的最短距离；数组 p[i]用于记录最短路径中顶点 i 的前驱顶点；数组 s[n]则用于标识最短路径的生成情况，s[i]=1 表示源点到顶点 i 的最短路径已产生，s[i]=0 表示最短路径还未产生。

算法 7.9　迪杰斯特拉(Dijkstra)最短路径算法。

```
    float D[n];
    int   p[n], s[n];
    void   Dijkstra(int v, float dist[][n])        //求源点 v 到其余顶点的最短路径及长度
    {  int i, j, k, v1, min, max=10000, pre;        // max 中的值用以表示 dist 矩阵中的值∞
       v1=v;
       for( i=0; i<n; i++)                          //各数组进行初始化
       {   D[i]=dist[v1][i];
           if( D[i]!=max)
             p[i]= v1+1;
           else
             p[i]=0;
           s[i]=0;
       } //endfor
       s[v1]=1;                                     //将源点送 U
       for( i=0; i<n-1; i++)                        //求源点到其余顶点的最短距离
       {
           min=10001;                               // min>max, 以保证值为∞的顶点也能加入 U
           for( j=0; j<n; j++)
             if ((!s[j])&&(D[j]<min))               //找出到源点具有最短距离的边
             {
                 min=D[j];
                 k=j;
             }
           s[k]=1;                                  //将找到的顶点 k 送入 U
           for(j=0; j<n; j++)
             if ((!s[j])&&(D[j]>D[k]+dist[k][j]))   //调整 V−U 中各顶点的距离值
             {
                 D[j]=D[k]+dist[k][j];
                 p[j]=k+1;                          // k 是 j 的前驱
             }
       }                                            //所有顶点已扩充到 U 中
       for( i=0; i<n; i++)
       {
           printf(" %f %d ", D[i], i);
```

```
            pre=p[i];
            while ((pre!=0)&&(pre!=v+1))
            {
                printf ("<-%d ", pre-1);
                pre=p[pre-1];
            }
            printf("<-%d ", v);
        } //endfor
    }      // Dijkstra
```

对图 7.14 中的有向网络 G 执行 Dijkstra 算法,以 A 点为源点时的数组 D[n]、p[n]和 s[n] 的更新状况如表 7.2 所示。

表 7.2　Dijkstra 算法的动态执行情况

循环	U	k	D[0]~D[5]						p[0]~p[5]	s[0]~s[5]
初始化	{A}		0	50	48	**10**	inf	inf	1 1 1 1 0 0	1 0 0 0 0 0
1	{A, D}	3	0	50	48	10	**25**	inf	1 1 1 1 4 0	1 0 0 1 0 0
2	{A, D, E}	4	0	**45**	48	10	25	inf	1 5 1 1 4 0	1 0 0 1 1 0
3	{A, D, E, B}	1	0	45	**48**	10	25	inf	1 5 1 1 4 0	1 1 0 1 1 0
4	{A, D, E, B, C}	2	0	45	48	10	25	**inf**	1 5 1 1 4 0	1 1 1 1 1 0
5	{A, D, E, B, C, F}	5	0	45	48	10	25	inf	1 5 1 1 4 0	1 1 1 1 1 1

相应的打印输出结果为:

```
    0       0<-0
    45      1<-4<-3<-0
    48      2<-0
    10      3<-0
    25      4<-3<-0
```

上述结果中最短路径的数字为相关顶点在顶点表中的下标。容易分析 Dijkstra 算法的时间复杂度为 $O(n^2)$,占用的辅助空间是 $O(n)$。

7.5.2 每一对顶点之间的最短路径

人们可能只希望找到源点到某个顶点的最短路径,但是其这个问题的时间复杂度也是 $O(n^2)$。为求解这一问题,可以把有向网络的每个顶点依次作为源点并执行 Dijkstra 算法,从而求得每一对顶点之间的最短路径。这种方法中 Dijkstra 算法需要重复执行 n 次,因此总的时间复杂度为 $O(n^3)$。

弗洛伊德(Robert W. Floyd)于 1962 年提出了解决这一问题的另一种算法。该算法的时间复杂度也是 $O(n^3)$,但是形式比较简单,易于理解。本节主要介绍这种算法。

Floyd 算法是根据有向网络的邻接矩阵 dist[n][n]来求顶点 v_i 到顶点 v_j 的最短路径,其基本思路是:假设 v_i 和 v_j 之间存在一条路径,但这并不一定是最短路径,尚需进行 n 次试探。首先尝试在 v_i 和 v_j 之间增加一个中间顶点 v_0，若增加 v_0 后的路径(v_i, v_0, v_j)比(v_i, v_j)短，则以新的路径代替原路径，并且修改 dist[i][j]的值为新路径的权值；若增加 v_0 后的路径比(v_i, v_j)更长，则维持 dist[i][j]不变。然后在修改后的 dist 矩阵中，另选一个顶点 v_1 作为中间顶点，重复以上的操作，直到除 v_i 和 v_j 外的其余顶点都做过中间顶点为止。

邻接矩阵 dist[n][n]的更新是 Floyd 算法的重点。依次以顶点 v_1, …, v_n 为中间顶点实施以上操作时，将递推地产生出一个矩阵序列 $D^{(k)}[n][n]$(k = 0, 1, 2, …, n)。其中 $D^{(0)}[n][n]$即初始邻接矩阵 dist[n][n]，表示每一对顶点之间的直接路径的权值；$D^{(k)}[n][n]$(1≤k<n)则表示中间顶点的序号不大于 k 的最短路径长度。显然，$D^{(n)}[n][n]$就是每一对顶点之间的最短路径长度。

为了记录每一对顶点之间最短路径所经过的具体路径，需另设一个 path 矩阵，其每个元素 path[i][j]所保存的值是从顶点 v_i 到顶点 v_j 的最短路径上 v_j 的前驱顶点序号。类似地，$path^{(0)}$给出了每一对顶点之间的直接路径，而 $path^{(n)}$给出了每一对顶点之间的最短路径。

算法 7.10 所示为 C 语言描述的 Floyd 算法。

算法 7.10　弗洛伊德(Floyd)最短路径算法。

```
int    path[n][n];                       //路径矩阵
void Floyd(float D[ ][n], float dist[ ][n])   //D 是路径长度矩阵, dist 是有向网 G 的带权邻接矩阵
{
    int i, j, k, pre;
    float w, max=10000.0;
    for (i=0; i<n; i++)                  //设置 D 和 path 的初值
      for (j=0; j<n; j++)
      {
          if (dist[i][j] !=max )
              path[i][j]=i+1;             //i 是 j 的前趋
          else    path[i][j]=0;
          D[i][j]=dist[i][j];
      }  //endfor
    for (k=0; k<n; k++)                  //以 0, 1, …, n-1 为中间顶点做 n 次
      for (i=0; i<n; i++)
        for (j=0; j<n; j++)
          if (D[i][j]>(D[i][k]+D[k][j]))
          {
              D[i][j]=D[i][k]+D[k][j];    //修改路径长度
              path[i][j]=path[k][j];      //修改路径
          }                              //endfor
    for (i=0; i<n; i++)                  //输出所有顶点对 i,j 之间最短路径的长度和路径
      for (j=0; j<n; j++)
```

```
        {
            printf ( " %f%d ", D[i][j], j);
            pre=path[i][j];
            while ((pre!=0)&&(pre!=i+1))
            {
                printf ("<-%d ", pre-1);
                pre=path[i][pre-1];
            }                //endwhile
            printf ("<-%d\n ", i);
        }                    //endfor
    }                        // Floyd
```

仍以图 7.15 中有向网络为例, 执行 Floyd 算法得到的打印输出结果如下:

```
0       0 <-0
45      1 <-4 <-3 <-0
48      2 <-0
10      3 <-0
25      4 <-3 <-0
35      0 <-3 <-1
0       1 <-1
10      2 <-1
15      3 <-1
30      4 <-3 <-1
85      0 <-3 <-1 <-4 <-2
50      1 <-4 <-2
0       2 <-2
65      3 <-1 <-4 <-2
30      4 <-2
10000   5 <-2
20      0 <-3
35      1 <-4 <-3
45      2 <-1 <-4 <-3
0       3 <-3
15      4 <-3
55      0 <-3 <-1 <-4
20      1 <-4
30      2 <-1 <-4
35      3 <-1 <-4
0       4 <-4
62      0 <-3 <-1 <-4 <-5
```

```
27      1 <-4 <-5
5       2 <-5
42      3 <-1 <-4 <-5
7       4 <-5
0       5 <-5
```

上述结果中最短路径的数字为相关顶点在顶点表中的下标。

7.6 拓 扑 排 序

我们用顶点表示某个活动，用顶点之间的有向边表示活动之间的先后关系，这样无论是工程、生产还是专业的课程学习，都可以用一个有向图来表示，并称其为顶点表示活动网络(Activity On Vertex network，简称 AOV 网)。AOV 网中的顶点也可带有权值，表示完成一项活动所需要的时间；AOV 网中的有向边表示活动之间的制约关系。

这些活动可以表示一个工程中的子工程，一个产品生产中的部件生产，课程学习中的一门课程，因此一般要按一定次序进行。当限制各个活动只能串行进行时，如果可以将 AOV 网中的所有顶点排列成一个线性序列 v_{i1}，v_{i2}，…，v_{in}，并且这个序列同时满足条件：若在 AOV 网中从顶点 v_i 到顶点 v_j 存在一条路径，则在线性序列中 v_i 必在 v_j 之前，这个线性序列就称为拓扑序列。对 AOV 网构造拓扑序列的操作称为拓扑排序。AOV 网的拓扑序列给出了各个活动按序完成的一种可行方案。

拓扑排序应用十分广泛。例如，某专业的学生必须完成一系列的课程学习才能毕业，其中一些课程是基础课，无需先修其他课程便可学习；而另一些课程则必须学完其他的基础先修课后才能进行学习。这些课程之间的关系如表 7.3 所示，其 AOV 网表示如图 7.16 所示。这里有向边 $\langle C_i, C_j \rangle$ 表示了课程 C_i 是课程 C_j 的先修课程。

表 7.3　某专业的课程设置

课程编号	课程名称	先修课程
C_1	高等数学	无
C_2	程序设计	无
C_3	编译原理	C_2, C_4
C_4	数据结构	C_2
C_5	操作系统	C_4, C_6
C_6	计算机原理	C_2, C_9
C_7	线性代数	C_1
C_8	数值分析	C_2, C_7
C_9	普通物理	C_1

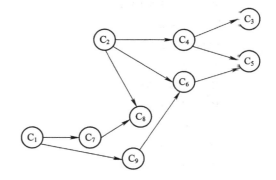

图 7.16　表示课程先后关系的 AOV 网

AOV 网中不应该出现有向环，因为这意味着某些活动是以自己为先决条件，显然是荒谬的。例如，若 AOV 网中存在环，对于程序的数据流图则意味着程序存在一个死循环。要判断一个 AOV 网中是否存在有向环，可以先构造其拓扑序列，如果拓扑序列中并没有包含网中所有的顶点，则该 AOV 网必定存在有向环。反之，任何一个无环的 AOV 网中的所有顶点都可排列在一个拓扑序列中。

2．拓扑排序的基本操作

拓扑排序的基本操作如下：

(1) 从网中选择一个入度为 0 的顶点并且输出它。

(2) 从网中删除此顶点及所有由它发出的边。

重复上述两步，直到网中再没有入度为 0 的顶点为止。

以上操作的结果有两种：网中无有向环，则网中的全部顶点被输出到拓扑序列中；网中存在有向环，顶点未被全部输出，剩余顶点的入度均不为 0。第二种情况下的拓扑排序是不会成功的。

对图 7.16 的 AOV 网进行拓扑排序，可以得到一种拓扑序列 C_1、C_2、C_7、C_9、C_4、C_6、C_8、C_3、C_5，具体过程如图 7.17 所示。

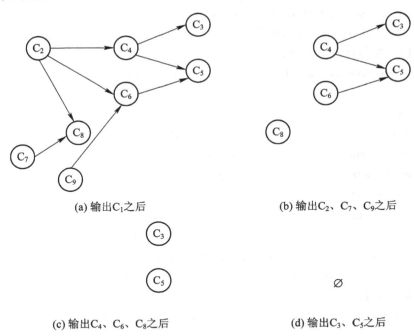

(a) 输出 C_1 之后

(b) 输出 C_2、C_7、C_9 之后

(c) 输出 C_4、C_6、C_8 之后

(d) 输出 C_3、C_5 之后

图 7.17 AOV 网拓扑排序过程

注意：在选择入度为 0 的顶点时可能会有多个选择，因此可以产生多种拓扑序列。任何一种拓扑序列都可以保证在学习任一门课程时，这门课程的先修课程已经学过。

拓扑排序算法用伪代码描述如下：

1	栈 S 初始化，计数器 count 初始化为 0
2	扫描顶点表，将没有前驱(即入度为 0)的顶点入栈

3	当栈 S 非空时执行循环体:
	3.1　j=栈顶元素出栈，输出顶点 j，count 加 1
	3.2　对顶点 j 的每一个邻接点 k 执行下述操作:
	3.2.1　将顶点 k 的入度减 1
	3.2.2　如果顶点 k 的入度为 0，则将顶点 k 入栈
4	if(count<n) 输出有回路信息

3.　拓扑排序的程序

下面讨论拓扑排序算法的具体实现。可以采用邻接矩阵表示有向图，但是此时拓扑排序的效率并不高，下面只讨论用邻接表存储有向图的拓扑排序算法。为了便于考察每个顶点的入度，可以在排序算法中增加一个局部向量 indegree[n]保存各顶点当前的入度；同时为避免每次选择入度为 0 的顶点时扫描整个 indegree 向量，可设置一个栈 S 暂存当前所有入度为 0 的顶点。因此，在进行拓扑排序之前，先扫描 indegree 向量，并将入度为 0 的顶点下标(顶点在顶点表中对应的数组下标)均入栈。在拓扑排序过程中，每次选入度为 0 的顶点时，只需要做出栈操作即可。算法中删除入度为 0 的顶点及其所有出边的操作只需检查出栈的顶点 i 的出边表，把每条弧〈i，j〉的终点 j 所对应的入度 indegree[j]减 1(相当于删除此出边)；若 indegree[j]变为 0，则将 j 入栈。

拓扑排序的算法如算法 7.11 所示。

算法 7.11　拓扑排序算法(邻接表)。

```
void    TopoSort(vexnode g[ ])        //AOV 网的邻接表 g
{
    int indegree[n];                  //入度向量
    Stack *S;                         //入度为 0 的栈
    int i, j, count=0;                // count 为输出顶点个数计数器
    edgenode *p;                      //指向边表结点的指针
    for(i=0; i<n; i++)
        indegree[i]=0;                //向量清零
    for (i=0; i<n; i++)               //计算每个顶点的入度
        for(p=g [i].link; p!=NULL; p=p->next)    //扫描顶点 i 的出边表
            indegree[p->adjvex]++;    //设 p->adjvex 为 j，将〈i，j〉的终点 j 的入度加 1
    InitStack(S);
    for(i=0; i<n; i++)                //入度为 0 的顶点序号入栈
        if(indegree[i]==0)
            Push(S, i);
            //以下开始拓扑排序
        while(!EmptyS(S))             //栈非空，表示图中仍有入度为 0 的顶点
        {
            i=Pop(S);                 //栈顶度为 0 的顶点出栈
            printf("%c\t",ga[i].vextex);    //输出顶点 i
```

```
        count++;                    //计数器加 1
        for(p=g [i].link; p!=NULL; p=p->next)      //扫描顶点 i 的出边表
        {
            j=p->adjvex;            // j 是 i 的出边〈i，j〉的终点
            indegree[j]--;          // j 的入度减 1，相当于删除出边〈i，j〉
            if(indegree[j]==0)      //若 j 成为无前驱的顶点，则入栈
                Push(S,j);
        }                           // endfor
    }                               // endwhile
    if(count<n)                     //若 count 小于 n，表示图中有环，拓扑排序失败
        printf("\n The Graph is not a DAG.\n");
}  //TopoSort
```

　　假设 AOV 网中有 n 个顶点和 e 条边，算法 7.11 中计算各顶点入度的时间复杂度是 $O(e)$，建立入度为 0 的顶点栈的时间复杂度为 $O(n)$。在拓扑排序过程中，若 AOV 网无回路，则每个顶点入栈和出栈各一次，入度减 1 的操作在 while 循环中总共执行了 e 次，所以算法 7.11 总的时间复杂度为 $O(n+e)$。上述拓扑排序的算法亦是 7.7 节求关键路径算法的基础。

　　当有向图中无环时，也可以利用深度优先遍历进行拓扑排序。由某点出发进行深度优先搜索遍历时，最先退出 DFS 函数的顶点应当是出度为 0 的顶点，是拓扑有序序列中的最后一个顶点。按照退出 DFS 函数的先后记录下来的顶点序列就是逆向的拓扑有序序列。

7.7　关　键　路　径

7.7.1　AOE 网概述

　　本节介绍与 AOV 网相对应的另一种网络——AOE 网(Activity On Edge network)。AOE 网络中的边表示活动网络，其中每条弧表示一个活动(或称为子工程)，弧上的权值表示活动持续的时间；顶点表示事件(Event)，用以说明入边所表示的活动均已完成，而出边所表示的活动可以开始。正常情况下，AOE 网络应该不存在回路。

　　AOE 网可以用于研究关键路径问题。例如，一个实际的大工程中有许多较小的子工程，我们不仅要得到子工程执行的顺序，而且也要估算整项工程的完成时间，以及如何提高整个工程的完成速度。由于一项工程只有一个开始点和一个结束点，因此 AOE 网络中只有一个入度为 0 的顶点(称作源点，表示开始)和一个出度为 0 的顶点(称为汇点，表示结束)。由于 AOE 网中的某些活动可以并行地进行，因此完成整个工程的最短时间是从源点到汇点的最长路径长度(这里的路径长度是指沿着该路径的各个活动所需持续时间之和)。从源点到汇点的路径长度中最长的称为关键路径(Critical Path)。

　　图 7.18 所示为一个 AOE 网络的示例，其中包括 7 个事件 v_1，v_2，…，v_7，分别表示其之前的活动已经结束而之后的活动可以开始；9 个活动，分别用 a_1，a_2，…，a_9 来表示。

AOE 网的有向边可以反映活动之间的时间制约关系。有时为了约束某些活动的先后顺予，可增加时间花费为 0 的有向边，称为虚活动。例如想使活动 a_4 和 a_5 在活动 a_1 之后才开始，可在顶点 v_2 和顶点 v_3 之间增加一个虚线的有向边，表示虚活动 $\langle v_2, v_3 \rangle$。在图 7.18 中可以很容易地找到两条关键路径，一条是 v_1、v_3、v_4、v_5、v_7，另一条是 v_1、v_3、v_4、v_6、v_7。这两条关键路径的长度都是 20。

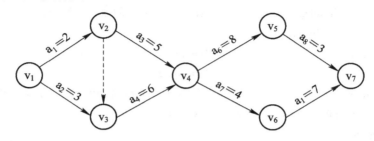

图 7.18　一个 AOE 网

为了求解关键路径问题，需要引入下面几个术语：

(1) $v_e(j)$：表示事件 v_j 可能的最早发生时间，即为从源点 v_1 到 v_j 的最长路径长度。

(2) $e(i)$：表示活动 a_i 的最早开始时间。若活动 a_i 以 v_j 为起点，则

$$v_e(j) = e(i) \qquad\qquad (7\text{-}5)$$

例如在图 7.17 中，v_3 的最早发生时间为 $v_e(3) = 3$，这也是以 v_3 为起点的两条出边所表示的活动 a_4 和 a_5 的最早开始时间，故有 $v_e(3) = e(4) = e(5) = 3$。

(3) $v_1(k)$：表示在不推迟整个工程完成的前提下，一个事件 v_k 允许的最迟发生时间，等于汇点 v_n 的最早发生时间 $v_e(n)$ 减去 v_k 到 v_n 的最长路径长度。

(4) $l(i)$：表示活动 a_i 的最迟开始时间。若活动 a_i 以 v_k 为终点的入边，则 $l(i)$ 等三减去 a_i 的持续时间，即

$$l(i) = v_1(k) - dur(\langle j,k \rangle) \qquad\qquad (7\text{-}6)$$

(5) 关键活动：通常定义为 $l(i) = e(i)$ 的活动。

分析可知，活动 a_i 的最迟开始时间 $l(i)$ 减去 a_i 的最早开始时间 $e(i)$ 等于完成活动 a_i 的时间余量，也即在不延误整个工程工期的情况下，活动 a_i 可以延迟的时间。但是如果 $l(i) = e(i)$，则说明活动 a_i 完全不能延迟，否则会影响整个工程的进度。关键活动实际上就是关键路径上的各个活动。由于关键路径的长度决定了完成整个工程所需的时间，因此关键活动是缩短整个工期的关键。提前完成关键活动才有可能加快工程进度，而且只有提前完成了包含在所有关键路径上的那些关键活动才能加快工程的进度。以图 7.17 为例，仅提前完成关键活动 a_6 是不能加快工程进度的，而提前完成活动 a_4 则一定能够加快工程的进度。

7.7.2　关键路径的确定方法

下面介绍关键活动的辨别方法。假设活动 a_i 由边 $\langle v_j, v_k \rangle$ 表示，其持续时间用 $dur(\langle j,k \rangle)$ 来表示，确定它是否为关键活动就需要判断 $e(i)$ 是否等于 $l(i)$。为了求得 $e(i)$ 和 $l(i)$，首先要求出 $v_e(j)$ 和 $v_1(j)$。

$v_e(j)$ 从源点 j=1 开始向前递推，递推公式为

$$
\begin{cases}
v_e(1) = 0 \\
v_e(j) = \max_{1 \le i \le n, i \ne j} \{v_e(i) + dur(\langle i, j \rangle)\} & \langle v_i, v_j \rangle \in E_1, \quad 2 \le j \le n
\end{cases}
\tag{7-7}
$$

其中 E_1 是网络中以 v_j 为终点的入边集合； $dur(\langle i, j \rangle)$ 表示有向边 $\langle v_i, v_j \rangle$ 上的权值。

$v_l(j)$ 则从汇点 j=n 开始逆推，递推公式为

$$
\begin{cases}
v_l(n) = v_e(n) \\
v_l(j) = \min_{1 \le k \le n-1, k \ne j} \{v_l(k) - dur(\langle j, k \rangle)\} & \langle v_j, v_k \rangle \in E_2, \quad 1 \le j \le n-1
\end{cases}
\tag{7-8}
$$

其中 E_2 是网络中以 v_j 为起点的出边集合。

下面给出图 7.18 中 AOE 网络中各个事件的最早发生时间和最迟发生时间：

$v_e(1)=0$

$v_e(2)=\max\{v_e(1)+dur(\langle 1,2 \rangle)\}=\max\{0+2\}=2$

$v_e(3)=\max\{v_e(1)+dur(\langle 1,3 \rangle)\}=\max\{0+3\}=3$

$v_e(4)=\max\{v_e(2)+dur(\langle 2,4 \rangle), v_e(3)+dur(\langle 3,4 \rangle)\}=\max\{2+5, 3+6\}=9$

$v_e(5)=\max\{v_e(4)+dur(\langle 4,5 \rangle)\}=\max\{9+8\}=17$

$v_e(6)=\max\{v_e(3)+dur(\langle 3,6 \rangle), v_e(4)+dur(\langle 4,6 \rangle)\}=\max\{3+9, 9+4\}=13$

$v_e(7)=\max\{v_e(5)+dur(\langle 5,7 \rangle), v_e(6)+dur(\langle 6,7 \rangle)\}=\max\{17+3, 13+7\}=20$

$v_l(7)=v_e(7)=20$

$v_l(6)=\min\{v_l(7)-dur(\langle 6,7 \rangle)\}=\min\{20-7\}=13$

$v_l(5)=\min\{v_l(7)-dur(\langle 5,7 \rangle)\}=\min\{20-3\}=17$

$v_l(4)=\min\{v_l(5)-dur(\langle 4,5 \rangle), v_l(6)-dur(\langle 4,6 \rangle)\}=\min\{17-8, 13-4\}=9$

$v_l(3)=\min\{v_l(4)-dur(\langle 3,4 \rangle), v_l(6)-dur(\langle 3,6 \rangle)\}=\min\{9-6, 13-9\}=3$

$v_l(2)=\min\{v_l(4)-dur(\langle 2,4 \rangle)\}=\min\{9-5\}=4$

$v_l(1)=\min\{v_l(2)-dur(\langle 1,2 \rangle), v_l(3)-dur(\langle 1,3 \rangle)\}=\min\{4-2, 3-3\}=0$

利用式(7-1)和(7-2)计算 e(i) 和 l(i)，结果如表 7.4 所示。由表 7.4 可以看出关键活动是 a_2、a_4、a_6、a_7、a_8、a_9，如图 7.19 所示。

表 7.4 图 7.18 所示 AOE 网中事件的发生时间和活动的开始时间

i		1	2	3	4	5	6	7	8	9
事件	$v_e(i)$	0	2	3	9	17	13	20		
	$v_l(i)$	0	4	3	9	17	13	20		
活动	e(i)	0	0	2	3	3	9	9	17	13
	l(i)	2	0	4	3	4	9	9	17	13
e(i)−l(i)		2	0	2	0	1	0	0	0	0

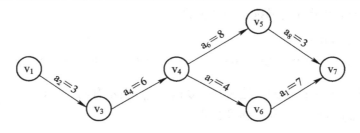

图 7.19　图 7.18 AOE 网的关键路径

式(7-3)和式(7-4)两个递推公式的计算必须分别在 AOE 网拓扑有序和逆拓扑有序的前提下进行，可在拓扑排序的基础上完成以上的计算过程。

采用邻接表作为 AOE 网的存储结构，需要在 7.2 节邻接表存储结构中链表结点的结构体类型里增设 dur 域来保存有向边的权值。因此，AOE 网的存储结构分列如下：

```
typedef  char  vextype;          //定义顶点的数据信息类型
typedef  float  edgetype;        //定义有向边的数据信息类型
typedef  struct  node            //邻接链表结点的结构体类型
{
    int  adjvex;                 //邻接点域
    edgetype dur;                //权值
    struct  node  *next;         //链域
} edgenode;
typedef  struct                  //顶点表结点的结构体类型
{
    vextype  vertex;             //顶点域
    edgenode  *link;             //边表头指针域
} vexnode;
vexnode ga[n];                   //顶点表
```

在输入了 e 条弧 〈j,k〉，建立 AOE 网的存储结构之后，关键路径求解算法的主要步骤如下：① 从源点 v_0 出发，令 $v_e[0]=0$，按 AOE 网拓扑排序的顺序求出各顶点事件的最早发生时间 $v_e[i](1 \leqslant i \leqslant n-1)$。若得到的拓扑有序序列中顶点的个数小于网中顶点数 n，则说明网中有回路，不能求关键路径，算法终止，否则执行步骤②。② 从汇点 v_n 出发，令 $v_l[n-1] = v_e[n-1]$，按 AOE 网拓扑序列的逆序求出各顶点事件的最迟发生时间 $v_l[i](n-2 \geqslant i \geqslant 1)$。③ 根据 v_e 和 v_l 的值求出每条弧所表示的活动 a_i 的最早开始时间 e(i) 和最迟开始时间 l(i)。若 l(i)=e(i)，则 a_i 为关键活动。

由于计算各顶点的 v_e 值是在拓扑排序的过程中进行的，因此可在拓扑排序算法的基础上作出下列三处修改，来具体实现求关键路径的算法：① 在拓扑排序前设初值，令 $v_e[i]=0$ $(0 \leqslant i \leqslant n-1)$。② 在算法中增加一个计算 v_j 的直接后继 v_k 的最早发生时间的操作。若 $v_e[j]+dur(\langle j, k \rangle) > v_e[k]$，则 $v_e[k] = v_e[j] + dur(\langle j, k \rangle)$；③ 为了能按逆拓扑有序序列的顺序计算各顶点的 v_l 值，需记下在拓扑排序的过程中求得的拓扑有序序列，为此在拓扑排序算法中增设一个栈，用于记录拓扑有序序列。在计算出各顶点的 v_e 值之后，从栈顶到栈底便是逆拓扑有序序列。

设 AOE 网具有 n 个顶点 e 条弧，求关键路径的算法用伪代码描述为：

1	从源点 v_0 出发，令 ve[0]=0，按拓扑序列求其余各顶点的最早发生时间 ve[i]($0 \leqslant i \leqslant n-1$)
2	如果得到的拓扑序列中顶点个数小于 AOE 网中顶点数，则说明网中存在环，不能求关键路径，算法终止；否则执行步骤 3
3	从终点 v_{n-1} 出发，令 $v_{l[n-1]}=v_{e[n-1]}$，按逆拓扑有序求其余各顶点的最迟发生时间 $v_{l[i]}$ ($0 \leqslant i \leqslant n-1$)
4	根据各顶点的 ve 和 v_l 值，求每条有向边的最早开始时间 e[i] 和最迟开始时间 l[i] ($0 \leqslant i \leqslant e-1$)
5	若某条有向边 a_i 满足条件 e[i]=l[i]，则 a_i 为关键活动

为具体实现求关键路径算法，可先将算法 7.11 改写成算法 7.12。算法 7.13 是求关键路径的算法，其中调用了算法 7.12。

算法 7.12 拓扑排序算法的修改。

```
int TopoSort(vexnode g[ ], Stack *&T)
// AOE 网采用邻接表 g 存储，求各结点时间的最早发生时间 ve(全局向量)
// T 为拓扑序列顶点栈
//若 AOE 网无回路，则由 T 带回 AOE 网的一个拓扑序列，函数返回值为 1；否则返回 0
{
    int indegree[n];              //入度向量
    Stack *S;                     //入度为 0 的顶点栈
    int i, j, count=0;            // count 为输出顶点个数计数器
    edgenode *p;                  //指向边表结点的指针
    //以下是初始化
    for(i=0; i<n; i++)
        indegree[i]=0;            //向量清零
    for (i=0; i<n; i++)           //计算每个顶点的入度
        for(p=ga[i].link; p!=NULL; p=p->next)    //扫描顶点 i 的出边表
            indegree[p->adjvex]++;    //设 p->adjvex 为 j，将 〈i,j〉 的终点 j 的入度加 1
    InitStack(S);
    for(i=0; i<n; i++)            //全局向量 ve 清零
        ve[i]=0;
    for(i=0; i<n; i++)           //入度为 0 的顶点序号入 S 栈
        if(indegree[i]==0)
            Push(S, i);
    //以下开始拓扑排序
    while(!EmptyS(S))             //栈非空，表示图中仍有入度为 0 的顶点
    {
        j=Pop(S);                //栈顶度为 0 的顶点出 S 栈
        Push(T,j);               //顶点 i 入 T 栈
        count++;                 //计数器计数
```

```
        for(p=g[j].link; p!=NULL; p=p->next)        //扫描顶点 i 的出边表
        {
            k=p->adjvex;                            //j 是 i 的出边〈i,j〉的终点
            indegree[k]--;                          //j 的入度减 1, 相当于删除出边〈i,j〉
            if(indegree[k]==0)                      //若 j 成为无前驱的顶点, 则入栈
                Push(S,k);
            if(ve[j]+(p->dur)>ve[k])                //计算 $v_j$ 的直接后继 $v_k$ 的最早发生时间
                ve[k]=ve[j]+(p->dur);               // dur 为有向边的权值
        }                        // endfor
    }                            //endwhile
    if (count<n)
        return   0;                    //若 count 小于 n, 表示 AOE 网中有回路, 拓扑排序失败
    else
        return   1;
}    // TopoSort
```

算法 7.13   求关键路径算法。

```
    void CriticalPath(vexnode g[ ])
    // g 为有向网络的邻接表, 输出 g 的各项关键活动
    {
        Stack   *T;                  //拓扑序列顶点栈
        int i, j, k;
        edgenode *p;                 //指向边表结点的指针
        if(!TopoSort(g,T))
            printf("The AOE network has a cycle.");
        else
        {
            for(i=0; i<n; i++)       //初始化各顶点事件的最迟发生时间
                vl[i]=ve[n-1];
            while(!EmptyS(T))        //按拓扑逆序求各顶点的 $v_l$ 值
                for(j=Pop(T), p=g[j].link; p!=NULL; p=p->next)
                {
                    k=p->adjvex;     //k 为弧〈j, k〉的终点 $v_k$ 的下标
                    if((vl[k]-p->dur)<vl[j])
                        vl[j]=vl[k]-p->dur;    //修改 vl[j]
                }    // endfor
            i=0;                     //边计数器置初值
            for(j=0; j<n; j++)       //计算弧的活动最早开始时间和最迟开始时间
                for(p=g[j].link; p!=NULL; p=p->next)
                {
```

```
                k=p->adjvex;
                e[++i]=ve[j];
                l[i]=vl[k]-p->dur;
                printf("%d\t%d\t%d\t%d\t%d\t", j, k, e[i], l[i], l[i]-e[i]);
                if(e[i]==l[i])          //活动最早开始时间等于最迟开始时间，表明是关键活动
                    printf("Cretical Activity\n");
            }                           // endfor
        }
    }                                   // CriticalPath
```

　　上述算法的初始化时间为 O(n)，而后三个循环执行时间均为 O(e)，所以总的执行时间为 O(n+e)。实践证明，关键路径算法在估算工程的完成时间方面是很有用的。但是要注意，影响关键活动的因素是多方面的，各项活动亦是相互关联的。对任何一项活动的更改可能会导致关键路径发生变化(例如路径长度和个数)，甚至变成非关键路径。

7.8　图的应用举例

7.8.1　七桥问题

　　人们使用图模型来解决问题可追溯到 1736 年，当时欧拉(Leonhard Euler)使用图模型解决了经典的哥尼斯堡桥问题。如图 7.20(a)所示，在哥尼斯堡镇，有一条普雷格尔河流经奈佛夫岛，然后分成两条支流。这样，整个镇分隔成四块区域，由七座桥将这四块区域连接起来。哥尼斯堡桥问题就是确定从一块区域出发，是否通过所有的桥恰好一次并返回到出发的区域。

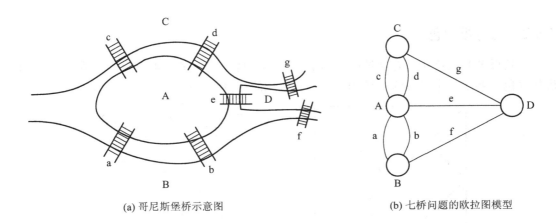

(a) 哥尼斯堡桥示意图　　　　　　　　　　　　　　　(b) 七桥问题的欧拉图模型

图 7.20　哥尼斯堡七桥问题求解

　　为求解这个问题，可把区域抽象为顶点，用 A、B、C 和 D 表示四块区域；将桥抽象为边，用 a、b、c、d、e、f 和 g 表示七座桥，将七桥问题抽象为图模型，如图 7.20(b)所示。

进而我们来解答这么一个数学问题：寻找经过图中每条边一次且仅一次的回路，也就是后来人们所说的欧拉回路。

欧拉回路的判定规则是：① 若多于两个区域通奇数个桥，则不存在欧拉回路；② 若只有两个区域通奇数个桥，则可以从这两个区域中的任一个出发找到欧拉回路；③ 若没有一个区域通奇数个桥，则无论从哪里出发都能找到欧拉回路。

哥尼斯堡七桥问题没有欧拉路径，因为它抽象出的图模型的所有顶点的度均为奇数(所有区域通奇数个桥)。根据欧拉回路的判定规则，我们可以得到由计算机求解七桥问题的基本思路如下：

(1) 依次计算图中每个顶点的度；

(2) 根据图中度为奇数的顶点数目判定是否存在欧拉回路。

若用邻接矩阵 arc[n][n]存储图，count 变量存储通奇数个桥的顶点数目，则七桥问题求解算法用伪代码描述如下：

```
int SevenBridge(graph g)
{
    int count=0; // 初始化
    for(int i=0; i<n; i++)
    {
        计算矩阵 arc[n][n]第 i 行元素之和 degree，即第 i 个顶点的度；
        若 degree 为奇数，则 count++;
    }
    if(count==0|| count==2)
        存在欧拉回路；
    else
        不存在欧拉回路；
}
```

7.8.2　七巧板涂色

七巧板及其邻接矩阵存储结构如图 7.21 所示。现使用不多于 4 种的不同颜色对七巧板进行涂色，要求每个区域涂一种颜色，相邻区域的颜色互不相同。

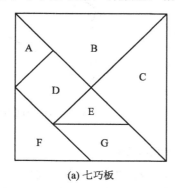

(a) 七巧板

(b) 邻接矩阵存储结构

图 7.21　七巧板及其邻接矩阵存储结构

为区分不同区域的相邻关系，可将七巧板的每个区域看成一个顶点，若两个区域相邻，也就是说这两个顶点之间有边相连，则将七巧板抽象为图模型，并用邻接矩阵进行存储。算法实现思路方面，可依次对每个顶点进行试探涂色，如果当前顶点 v_i 涂色后不发生冲突，则对下一个顶点进行涂色；如果顶点 v_i 涂所有颜色都与前面已涂色顶点发生冲突，则进行回溯，返回上一层顶点试探下一种颜色。

设区域的相邻信息用邻接矩阵 arcs[7][7]存储，数组 color [7]存储每个顶点的涂色情况，用 1、2、3、4 代表 4 种颜色(如 color [6] = 2 表示顶点 7 涂第 2 种颜色)，则七巧板涂色问题的算法用伪代码描述如下：

1　将区域间的邻接关系表示为邻接矩阵 arcs[7][7]

2　数组 color[7]初始化为 0

3　下标从 0 到 6，重复执行下述操作

   3.1　color[i]++;

   3.2　若 color[i]>4，则取消对顶点 i 的涂色；i=i-1；转步骤 3 回溯；

   3.3　若 color[i]和前一个顶点发生冲突，则转步骤 3.1；

   3.4　i++，转步骤 3 为下一个顶点涂色。

七巧板涂色问题的算法描述如算法 7.14 所示。

算法 7.14 七巧板涂色问题算法。

```
int TangramPainting(graph g)
{
    int color [7]={0};              //初始化
    for(int i=0; i<7; )             //为顶点 i(i 为某顶点在顶点表的数组下标，简称顶点 i)涂色，
                                    //注意这里没有"i++;"语句，要视情况而改变循环变量 i 的值。
    {   color [i]++;                //为顶点 i 涂下一种颜色
        if(color [i]>4)
        {
            color [i]=0;            //取消顶点 i 的涂色
            i=i-1;                  //回溯到前一个顶点
            continue;
        }
    }
    for(int j=0; j<i; j++)
    {
        if ((g.arcs[i][j]==1)&&(( color [i]== color [j]))
        break;                      //顶点 i 的涂色冲突
    }
    if(j==i)    i=i+1;
    for(i=0; i<7; i++)              //打印七块区域的各自涂色
```

```
        printf("%c 块涂%d 号色\n", g.vexs[i],color[i]);
    }                                          // TangramPainting
```

7.8.3　确定图的中心顶点问题

　　假设某公司在一个地区有 n 个产品销售点，现根据业务需要，打算在其中某个销售点上建一个中心仓库，负责向其他销售点供货。由于运输线路不同，运输成本不一，假定每天需向每个销售点运输一次产品，那么将中心仓库建在哪个销售点，才能使运输成本达到最低？

　　这是一个确定图的中心顶点问题，也就是在一个有 n 个顶点的网络 G 中，求出这样一个顶点 v，使得 v 到其余顶点的最短路径长度之和最小。为解决该问题，可考虑如下思路：首先用 Floyd 算法求出各个顶点之间的最短路径长度，然后求出每个顶点到其余顶点的最短路径长度之和，最后选取一个最短路径长度之和最小的顶点。

　　算法 7.15　确定图的中心顶点算法。

```
int CenterVex(graph g)
{
    int k;
    float D [n] [n];                  //路径长度矩阵
    float min=10000.0, len;
    Floyd(D,g.arcs);                  //调用算法 7.10
    for(int i=0; i<n; i++)            //选取最短路径长度之和最小的顶点下标 k
    {   len=0.0;
        for(int j=0; j<n; j++)        //求顶点 i 到其他顶点最短路径之和
            len=len+D[i][j];
        if(len<min)
        {
            k=i;
            min=len;
        }
    }
    return k;
}   // CenterVex
```

习　题　7

一、名词解释

　　图，无向完全图，有向完全图，子图，连通分量，图的遍历，图的最小生成树，最短路径，拓扑排序，关键活动，关键路径

二、填空题

1. 一个具有 n 个顶点的完全无向图的边数为_____。一个具有 n 个顶点的完全有向图的弧数为_____。

2. n 个顶点的连通图至少有_____条边。

3. 连通分量是无向图中的_____连通子图。

4. 若连通图 G 的顶点个数为 n，则 G 的生成树的边数为_____。如果 G 的一个子图 G' 的边数_____，则 G' 中一定有环。相反，如果 G' 的边数_____，则 G' 一定不连通。

5. 对于无向图的邻接矩阵，顶点 v_i 的度是_____。对于有向图的邻接矩阵，顶点 v_i 的出度 $OD(v_i)$ 为_____，顶点 v_i 的入度 $ID(v_i)$ 是_____。

6. 图的深度优先搜索遍历类似于树的_____遍历，它所用到的数据结构是_____；图的广度优先搜索遍历类似于树的_____遍历，它所用到的数据结构是_____。

7. 顶点编号确定的图的_____的表示法是唯一的，而_____表示法是不唯一的。

8. 在有向图的邻接矩阵上，由第 i 行可得到第_____个结点的出度，而由第 j 列可得到第_____个结点的入度。

9. 在无向图中，所有顶点的度数之和是所有边数的_____倍，在有向图中，所有顶点的入度之和是所有顶点出度之和的_____倍。

10. 有向图 G 中的_____称为 G 的强连通分量。

三、选择题

1. 设有无向图 G = (V, E) 和 G'=(V', E')，如 G' 为 G 的生成树，则下面不正确的说法是(　　)。

A. G' 为 G 的子图　　　　　　　　B. G' 为 G 的连通分量

C. G' 为 G 的极小连通子图且 V' = V　　D. G' 是 G 的无环子图

2. 任何一个带权的无向连通图的最小生成树(　　)。

A. 只有一棵　　　　　　　　　　B. 有一棵或多棵

C. 一定有多棵　　　　　　　　　D. 可能不存在

3. 在无向图中，所有顶点的度数之和是所有边数的(　　)倍。

A. 0.5　　　　　B. 1　　　　　C. 2　　　　　D. 4

4. G 是一个非连通无向图，共有 28 条边，则该图至少有(　　)个顶点。

A. 6　　　　　B. 7　　　　　C. 8　　　　　D. 9

5. n 个顶点的强连通图至少应有(　　)条边。

A. n−1　　　　B. n　　　　　C. n+1　　　　D. n(n−1)

6. n 个顶点的强连通图的形状是(　　)。

A. 无回路　　　　　　　　　　　B. 环状

C. 有回路　　　　　　　　　　　D. 树状

7. 判定一个有向图是否存在回路，除了可利用拓扑排序方法外，还可以用(　　)。

A. 求关键路径的方法　　　　　　B. 求最短路径的方法

C. 广度优先遍历算法　　　　　　D. 深度优先遍历算法

8. 无向图 G 是有 16 条边，度为 4 的顶点有 3 个，度为 3 的顶点有 4 个，其余顶点的都均小于 3，则该图至少有(　　)个顶点。

A. 11 B. 13 C. 10 D. 12

9. 用深度优先遍历方法遍历一个有向无环图，并在深度优先遍历算法中按出栈次序打印相应的顶点，则输出的顶点序列是( )。

A. 逆拓扑排序   B. 拓扑排序

C. 无序   D. 顶点编号次序

10. 一个有 n 个顶点的无向连通图，它所包含的连通分量个数为( )。

A. 0   B. 1   C. n   D. n+1

11. 对于一个无向图，若一个顶点的度为 K，则对应邻接表中与该顶点相关的单链表中的结点数为( )。

A. K   B. 2K   C. 3K   D. K/2

12. 已知一个图的边数为 m，则该图的所有顶点的度数之和为( )。

A. 2m   B. m   C. 2m+1   D. m/2

13. 已知一个图的所有顶点的度数之和为 m，则该图的边数为( )。

A. 2m   B. m   C. 2m+1   D. m/2

14. 以下说法正确的是( )。

A. 连通图 G 的生成树中不一定包含 G 的所有顶点

B. 连通图 G 的生成树中一定要包含 G 的所有边

C. 连通图 G 的生成树一定是唯一的

D. 连通图 G 一定存在生成树

15. 如图 7.22 所示，若从顶点 a 出发，按广度优先搜索法进行遍历，则可能得到的一种顶点序列为( )。

A. a, b, c, e, d, f   B. a, e, b, c, f, d

C. a, b, c, e, f, d   D. a, c, f, d, e, b

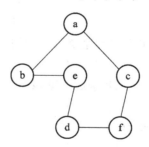

图 7.22 题 15 图

16. 在一个无向图中，若两个顶点之间的路径长度为 k，则该路径上的顶点数为( )。

A. k   B. k+1   C. k+2   D. 2k

17. 在一个具有 n 个顶点的有向图中，若所有顶点的出度之和为 s，则所有顶点的入度之和为( )。

A. s   B. s−1

C. s+1   D. n

18. 对于一个有向图，若一个顶点的入度为 k1，出度为 k2，则对应邻接表中该顶点单链表中的边结点数为(　　)。

  A. k1   B. k2   C. k1−k2   D. k1+k2

  19. 对于一个有向图，若一个顶点的度为 k1，出度为 k2，则对应逆邻接表中该顶点单链表中的边结点数为(　　)。

  A. k1   B. k2   C. k1−k2   D. k1+k2

  20. 如图 7.23 所示，给出由 7 个顶点组成的无向图，从顶点 A 出发，对它进行深度优先搜索得到的顶点序列是(　　)。

  A. A, E, C, D, B, F, G   B. A, G, B, F, D, E, C

  C. A, C, E, D, B, G, F   D. A, B, D, G, F, E, C

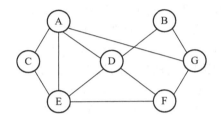

图 7.23　题 20 图

  21. 已知一有向图的邻接表存储结构如图 7.24 如示，根据有向图的深度优先遍历算法，从顶点 v_1 出发，所得到的顶点序列是(　　)。

  A. v_1, v_2, v_3, v_5, v_4 B. v_1, v_2, v_3, v_4, v_5

  C. v_1, v_3, v_4, v_5, v_2 D. v_1, v_4, v_3, v_5, v_2

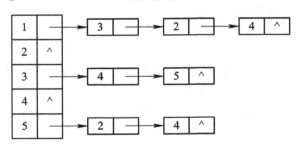

图 7.24　题 21 图

  22. 在一个无权图的邻接表表示中，每个边结点至少包含(　　)个域。

  A. 1   B. 2   C. 3   D. 4

  23. 对于一个有向图，下面(　　)种说法是正确的。

  A. 每个顶点的入度等于出度   B. 每个顶点的度等于其入度与出度之和

  C. 每个顶点的入度为 0   D. 每个顶点的出度为 0

  24. 在一个有向图的邻接表中，每个顶点单链表中结点的个数等于该顶点的(　　)。

  A. 出边数   B. 入边数   C. 度数   D. 度数减1

  25. 若一个图的边集为 {(A, B), (A, C), (B, D), (C, F), (D, E), (D, F)}，则从顶点 A 开始对该图进行深度优先搜索，得到的顶点序列可能为(　　)。

  A. A, B, C, F, D, E   B. A, B, D, E, F, C

C. A, B, D, C, F, E   D. A, B, D, F, E, C

26. 已知一个有向图的边集为 $\{\langle a, b\rangle, \langle a, c\rangle, \langle a, d\rangle, \langle b, d\rangle, \langle b, e\rangle, \langle d, e\rangle\}$，则由亥图产生的一种可能的拓扑序列为(　　)。

A. a, b, c, d, e   B. a, b, d, e, b

C. a, c, b, e, d   D. a, c, d, b, e

27. 若一个图的边集为 $\{(A, B), (A, C), (B, D), (C, F), (D, E), (D, F)\}$，则从顶点 A 开始对该图进行广度优先搜索，得到的顶点序列可能为(　　)。

A. A, B, C, D, F, E   B. A, B, C, F, D, E

C. A, B, D, C, E, F   D. A, C, B, F, D, E

28. 若一个图的边集为 $\{\langle 1, 2\rangle, \langle 1, 4\rangle, \langle 2, 5\rangle, \langle 3, 1\rangle, \langle 3, 5\rangle, \langle 4, 3\rangle\}$，则从顶点 1 开始对该图进行广度优先搜索，得到的顶点序列可能为(　　)。

A. 1, 2, 3, 4, 5   B. 1, 2, 4, 3, 5   C. 1, 2, 4, 5, 3   D. 1, 4, 2, 5, 3

29. 由一个具有 n 个顶点的连通图生成的最小生成树中，具有(　　)条边。

A. n   B. n − 1   C. n + 1   D. 2 × n

30. 若一个图的边集为 $\{\langle 1, 2\rangle, \langle 1, 4\rangle, \langle 2, 5\rangle, \langle 3, 1\rangle, \langle 3, 5\rangle, \langle 4, 3\rangle\}$，则从顶点 1 开始对该图进行深度优先搜索，得到的顶点序列可能为(　　)。

A. 1, 2, 5, 4, 3   B. 1, 2, 3, 4, 5   C. 1, 2, 5, 3, 4   D. 1, 4, 3, 2, 5

四、简答及算法设计

1. 写出将一个无向图的邻接矩阵转换成邻接表的算法。

2. 写出将一个无向图的邻接表转换成邻接矩阵的算法。

3. 写出建立一个有向图的逆邻接表的算法。

4. 分别基于 DFS 和 BFS 算法，判断以邻接表存储的有向图中是否存在由顶点 v_i 到顶点 v_j 的路径($i \neq j$)。

5. 设 G 为一个有 n 个顶点的有向图，分别以邻接矩阵和邻接表作为存储结构，设计计算有向图 G 出度为 0 的顶点个数的算法。

6. 给定无向图如图 7.25(a)所示，写出其邻接表，并以顶点 A 为出发点，写出其深度优先搜索和广度优先搜索所经过的顶点和边序列。

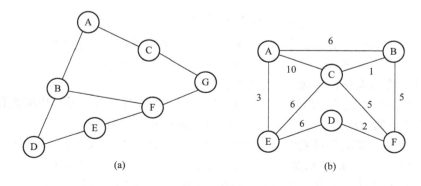

(a)   (b)

图 7.25   题 6、7 图

7. 对于图 7.25(b)所示的网络，分别用 Prim 算法和 Kruskal 算法构造其最小生成树。

8. 在图 7.26 所示的邻接表中，以顶点 D 为出发点，写出 DFS 序列和 BFS 序列。

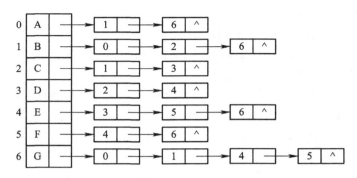

图 7.26 题 8 图

9. 已知有向图如图 7.27 所示，利用迪杰特拉算法(Dijkstra)求 A 到其余各顶点的最短路径，并写出算法执行时每次循环的状态。

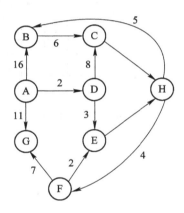

图 7.27 题 9、10 图

10. 利用 Floyd 算法求出图 7.27 所示有向图的最短路径，并写出算法执行时路径长度矩阵和路径矩阵的状态变化过程。

11. 写出图 7.28 的所有拓扑排序序列，给出执行算法 7.11 时顶点入度域的变化过程。

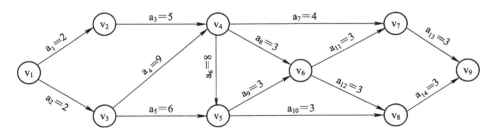

图 7.28 题 11、12 图

12. 对于图 7.28 所示 AOE 网，试求出：

(1) 各活动的最早开始时间和最迟开始时间；

(2) 所有的关键路径；

(3) 完成该网络所代表的工程工期；

(4) 提高哪些关键活动的速度可缩短工期。

13. 编写一个算法 int degree1(graph *G, int numb)，求出邻接矩阵表示的无向图中字号为 numb 的顶点的度数(序号从 0 开始)。

14. 已知一个无向图的邻接矩阵如图 7.29(a)所示，试写出从顶点 0 出发分别进行深度优先和广度优先搜索遍历得到的顶点序列。

15. 已知一个无向图的邻接表如图 7.29(b)所示，试写出从顶点 0 出发分别进行深度优先和广度优先搜索遍历得到的顶点序列。

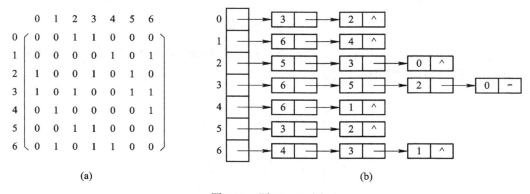

图 7.29　题 14、15 图

第二部分

第8章　查　　找

　　查找是人们在日常生活中几乎每天都要进行的工作。例如，查询电话号码、查询旅游攻略及交通信息、搜索附近的餐厅等，都是在查找我们所需的信息。同样，在数据处理领域，查找也是使用最为频繁的基本操作之一。例如，计算机从通电开机就开始各种查找操作，操作系统中的文件读写、编辑软件中的查找、搜索引擎的搜索、数据库系统的信息维护等都涉及大量的查找运算。因此可以说，查找运算是计算机中最常用的操作之一，计算机中大约有40%的运算操作都与查找有关。

　　查找的同时也可能包括插入和删除等其他操作。本章主要讨论基本的查找技术，包括对线性表、树表和散列表的查找。

◇ 【学习重点】
(1) 顺序查找、折半查找的过程及性能分析；
(2) 二叉排序树中结点的查找、插入和删除操作；
(3) 平衡二叉树的调整方法；
(4) 散列表的构造和查找方法；
(5) 各种查找技术的时间性能分析。

◇ 【学习难点】
(1) 二叉排序树的删除操作；
(2) 平衡二叉树的调整方法；
(3) 闭散列表的删除操作。

8.1　查 找 概 述

8.1.1　查找的基本概念

　　查找在计算机科学中可定义为：在一些(有序的/无序的)数据元素中，通过一定的方法找出与给定关键字相同的数据元素的过程叫做查找。若查找到，称为查找成功，返回该记录的信息或者位置；否则，称为查找失败，返回相应的提示信息。

　　被查找的对象称为查找表，它是由同一类型的记录(数据元素)构成的一种数据结构。每个记录结点由若干个数据项组成，其中用以唯一标识该记录的关键字称为主关键字，而用以识别若干个记录的关键字称为次关键字。查找表可分为静态查找表和动态查找表两种。对于静态查找表，一般仅执行查找和检索功能；而对于动态查找表，往往还要进行插入和删除等操作。

（1）静态查找：仅以查询为目的，不涉及插入和删除操作的查找称为静态查找。静态查找不改变查找表的各个记录的状态。

（2）动态查找：在查找过程中伴随着插入不存在的记录或者删除某个已存在的记录等会变更查找表操作的查找称为动态查找。可见，动态查找往往会改变查找表前后的状态。

事实上，前面所学习的线性表、树和图等数据结构都已经涉及了查找操作，只是当时的介绍里查找没有作为主要操作考虑。查找结构除了前面学习过的线性表外，也可以是树型结构的表，如本章即将介绍的二叉排序树表、平衡二叉树。在这些数据结构中，查找的效率取决于查找过程中给定关键字的值与表中关键字的比较次数。在某些应用场合，查找操作可能是最主要的操作。为了更进一步提高查找效率，可能还需要设计专门的、面向查找的、可以省去大量关键字比较操作的数据结构，即哈希表(Hash)。哈希表结构又称散列存储结构，可在记录的存储位置与该记录的关键字之间建立一个确定的关系，因此无需过多的关键字比较就可以直接查找到记录。查找不到的情况过程处理略微复杂，后面详述。

本章所讨论的查找是指根据某个主关键字查找对应记录的过程。

8.1.2　查找算法的性能

查找算法的主要基本操作是将记录的关键字与给定值进行比较，因此通常以"其关键字与给定值进行比较次数的平均值"作为衡量查找算法优劣的标准，又称为平均查找长度(Average Search Length)，通常用 ASL 来表示。对于一个含有 n 个记录的表，平均查找长度 ASL 定义为

$$ASL_{seq} = \sum_{i=1}^{n} p_i c_i$$

其中，n 表示问题规模，即查找集合中的记录个数；p_i 表示查找第 i 个记录的概率；c_i 表示查找第 i 个记录所需的比较次数。

在非特别声明的情况下，各个记录的查找概率均等，即 $p_i = 1/n$。

8.2　线性表的查找

在线性表中进行的查找通常属于静态查找，查找算法简单，主要用于对小型查找表的查找。本节将介绍三种针对线性表的查找方法：顺序查找、折半查找和分块查找。选择线性表的查找方法，除了需要考虑查找效率之外，还应当考虑线性表是顺序还是链式存储结构，记录的关键字是否有序等因素。

8.2.1　顺序查找

顺序查找(Sequential Search)是一种最简单的查找方法，即从表头开始查找，直到找到为止。这种方法适用于较小的顺序表或链表，记录的关键字有序或者无序均可。顺序查找的过程为：从表的一端开始，逐个将记录的关键字与给定值进行比较，若某个记录的关键字与给定值相等，则查找成功；反之，若直至最后一个记录都没有找到与给定值相等的关

键字，则表明表中没有所查的记录，查找失败。

顺序表的顺序查找算法在线性表中已经讨论过，这里介绍一种改进的算法。如图 8.1 所示，在长度为 n 的顺序表中查找给定值为 k 的记录，将监视哨设在数组的低端。也可以很容易地将算法 8.1 修改为基于链表结构的顺序查找算法。

图 8.1　顺序查找示意图

算法 8.1　顺序表的顺序查找算法。

```
typedef    struct
{
    keytype    key;                    //关键字项
    datatype   other;            //其他域
}Table;
Table R[n+1];                    //记录表表长，R[0]作为监视哨单元
int SeqSearch(Table R[ ], keytype k)
//在 R 中顺序查找关键字为 k 的记录；若查找成功，函数返回记录下标，否则返回 0
{
    int i;
    R[0].key=k;                    //设置监视哨
    for(i=n; R[i].key!=k; i--   );    //从表尾开始向前扫描
    return i;                      //查找成功时 i>0；查找失败时 i=0
}                        // SeqSearch
```

给定关键字序列(21, 9, 33, 64, 15, 59, 75, 47)，若要查找的关键字为 9，根据算法 8.1，经过 7 次比较可查找成功，返回值为 2；如果待查找的关键字为 3，那么查找失败　返回值为 0。

在算法 8.1 中，监视哨 R[0]的作用是为了在 for 循环中省去下标 i 的判断条件 i > 0。这一改进可以减少约一半的比较次数，从而节省时间。同理监视哨也可设在数组高端。

下面分析顺序查找的性能。查找算法的平均查找长度定义为查找给定值所需进行的关键字比较次数的期望值。

在等概率情况下，顺序查找成功时的平均查找长度为

$$\text{ASL}_{seq} = \sum_{i=1}^{n} p_i c_i = \frac{1}{n} \sum_{i=1}^{n} (n-i+1) = \frac{n+1}{2} \tag{8-1}$$

若待查找的关键字 k 不在表中，则必须进行 n+1 次比较才能确定查找失败。顺序查找的平均查找长度应当综合考虑查找成功时的平均查找长度和查找失败时的查找长度。

通常情况下，表中各记录被查找的可能性并不相等，例如汉字中常用字、词的使用频率就比较高，而有一些偏僻字使用极少。那么，为了减少平均查找长度，在事先知道查找概率或它们的分布情况下，可将表中记录按查找概率的大小顺序存放。若无法确定各记录的查找概率，则可对算法做如下修改：每当查找成功，就将找到的记录位置提前一位或若干位。这样查找概率大的记录在查找过程中能不断向前移，在以后的查找过程中就能减少比较次数。常用的汉字输入法就是基于这个原理。

顺序查找的优点非常明显，其算法简单，并且对线性表的存储结构和关键字的有序性无任何要求；但是当 n 很大时，这种方法的查找效率较低。因此，顺序查找只适用长度较小的线性表。

8.2.2 折半查找

折半查找(Binary Search)又称为二分查找，它是一种效率较高的查找方法。查找的对象必须是顺序存储结构的有序表，即表中记录按关键字有序。假设有序的记录序列为 $\{R_1, R_2, \cdots, R_n\}$，其关键字值分别是 $k_1, k_2, \cdots, k_n$，利用折半查找算法查找关键字值 k 的过程是：每次将 k 先与表的中间记录相比较，如果未找到则判断 k 是在表的左半部还是右半部，以缩小查找范围；逐步缩小查找区间直至查找成功或查找区间不存在时结束。

折半查找可以采用非递归或递归的方法，分别由算法 8.2 和 8.3 所示。

算法 8.2 折半查找非递归算法。

```
int BinSearch1(table R[ ], keytype k)
//对有序表 R 进行折半查找，成功时返回结点的位置，失败时返回 0
{
    int low, mid, high;
    low=1;   high=n;                    //设置查找区间的上、下界初值
    while (low<=high)                   //当前查找区间非空
    {
        mid= (low+high)/2;
        if (k==R[mid].key)   return mid;    //查找成功
        else if (k<R[mid].key) high=mid-1;  //查找区间缩小为左子表
        else low=mid+1;                     //查找区间缩小为右子表
    }
    return(0)                           //查找失败
}  // BinSearch1
```

算法 8.3 折半查找递归算法。

```
int BinSearch2(table R[ ], int low, int high, keytype k)
//对有序表 R 进行折半查找，low 和 high 分别为查找区间的下界和上界，查找成功时返回结点
的位置，失败时返回 0
{
    if(low>high)   return 0;            //查找失败
    else {
```

```
        mid=(low+high)/2;
        if (k<R[mid].key)
            return BinSearch2(R, low, mid-1, k);      //在左子表继续查找
        else if(k>R[mid].key)
            return BinSearch2(R, mid+1, high, k);      //在右子表继续查找
        else    return mid;                            //查找成功
    }
}    // BinSearch2
```

在折半查找算法中，low 和 high 分别表示当前查找区间的下界和上界，当前查找区间的中值设为 mid = $\lfloor$(low+high)/2$\rfloor$。如果关键字 k 与中值不相等，则将查找区间缩小为上一次的一半。那么在第 i 次比较时，最多只剩下 $\lceil n/2^i \rceil$ 个记录，因此折半查找又称二分查找。

下面举例说明。已知有序表中关键字序列为：9, 15, 21, 33, 47, 59, 64, 77, 84, 91，现要查找关键字为 15 及 80 的记录，其查找过程如下：

1）查找 k=15 的记录

初始查找区间为 R[1]～R[10]。

下标：	1	2	3	4	5	6	7	8	9	10
	9	15	21	33	47	59	64	77	84	91
	↑				↑					↑
	low				mid					high

首先取 mid = $\lfloor$(low+high)/2$\rfloor$ = 5，由于 k=15 < R[5].key，因此查找区间缩小为 R[1]～R[4]。

下标：	1	2	3	4	5	6	7	8	9	10
	9	15	21	33	47	59	64	77	84	91
	↑	↑	↑							
	low	mid	high							

取 mid = $\lfloor$(low+high)/2$\rfloor$ = 2，由于 k=15== R[2].key，因此查找成功。

2）查找 k = 80 的记录

初始查找区间为 R[1]～R[10]。

下标：	1	2	3	4	5	6	7	8	9	10
	9	15	21	33	47	59	64	77	84	91
	↑				↑					↑
	low				mid					high

首先取 mid = $\lfloor$(low+high)/2$\rfloor$ = 5，由于 k=80>R[5].key，因此查找区间缩小为 R[6]～R[10]。

下标：	1	2	3	4	5	6	7	8	9	10
	9	15	21	33	47	59	64	77	84	91
						↑		↑		↑
						low		mid		high

取 $mid = \lfloor (low+high)/2 \rfloor = 8$ ，由于 k=80>R[8].key，因此查找区间缩小为 R[9]~R[10]。

下标：　1　　2　　3　　4　　5　　6　　7　　8　　9　　10

　　　　9　 15　 21　 33　 47　 59　 64　 77　 84　 91

　　　　　　　　　　　　　　　　　　　low　mid　high

再取 $mid = \lfloor (low+high)/2 \rfloor = 9$ ，由于 k = 80<R[9].key，因此取 high = mid − 1 = 8；由于 low > high，因此查找区间不存在，查找失败。

折半查找的性能分析可通过折半查找判定树来描述。

折半查找判定树定义如下：利用当前查找区间的中值记录作为根，将有序表的左子表和右子表的记录分别作为根的左子树和右子树，由此得到的二叉树称为折半查找判定树。上例有序表的折半查找判定树如图 8.2 所示。树中圆形结点称为内部结点，结点内的数字表示该结点在有序表中的位置；所有内部结点的空指针域相当于指向一个方形结点，称为外部结点，可用于表示两个内部结点之间的有效关键字区间。

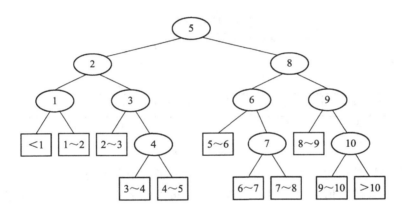

图 8.2　具有 10 个结点折半查找判定树

利用图 8.2 很容易看出，查找关键字为 15 的记录，也即第二个记录，只需比较 2 次；关键字值 80 处于第 8、9 个记录的关键字之间，其关键字的比较次数为 3，查找最后落到外部结点 8~9 ，此时该区间不存在，即查找失败。由此可见，成功的查找过程恰好走了一条由根结点到被查结点的路径，与关键字进行比较的次数即为被查结点在树中的层数；而查找失败的过程是一条从根结点到外部结点的路径，所需的关键字比较次数是该路径上内部结点的总数。因此最好情况下，折半查找成功仅需 1 次关键字的比较；最坏情况下，折半查找进行的关键字比较次数最多不超过树的深度，即 $\lfloor lbn \rfloor + 1$ 。

那么，折半查找的平均查找长度是多少呢？为讨论方便，不妨设结点总数 $n = 2^h - 1$ ，则判定树是满二叉树，其深度为 h = lb(n+1)。在等概率条件下，折半查找的平均查找长度为

$$ASL_{bin} = \sum_{i=1}^{n} p_i c_i = \frac{1}{n} \sum_{j=1}^{h} j \cdot 2^{j-1} = \frac{n+1}{n}(lb(n+1) - 1) \tag{8-2}$$

当 n 较大时，可以用近似公式

$$ASL_{bin} \approx lb(n+1)-1 \qquad (8\text{-}3)$$

所以,折半查找的时间复杂度为 O(lb n)。对于有序表,折半查找的效率显然高于顺序查找。但是为得到有序表必须进行排序,而排序本身是一种很费时的运算,其时间复杂度至少是 O(n lb n)。因此,折半查找只适用于顺序存储结构,且表不易变动而又经常查找的情况。对那些查找少、经常进行插入或删除操作的线性表,宜采用链式存储结构。

8.2.3　分块查找

分块查找(Blocking Search)又称索引顺序查找,是顺序查找的一种改进方法。分块查找的对象是分块有序表及其索引表,如图 8.3 所示。其中线性表含有 18 个记录,被分为三个子表(R_1, R_2, …, R_6)、(R_7, R_8, …, R_{12})、(R_{13}, R_{14}, …, R_{18})。对每个子表(或称块)建立一个索引项,其中关键字值项(为该子表内的最大关键字值)和指针项(指示该子表的第一个记录在表中的位置)包含两项内容。

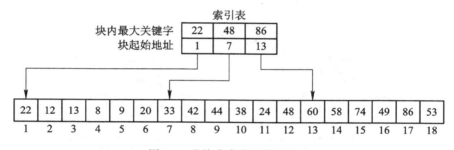

图 8.3　分块有序表及其索引表

"分块有序"是指对任意两个相邻子表,后面子表中所有记录的关键字值均大于前一个子表中的最大关键字值。由此得到的索引表是按关键字值有序的,而子表内的关键字不一定有序。

因此,分块查找需分两步进行,首先可用顺序查找或折半查找索引表,确定待查记录所在的块,然后在块中顺序查找所需的记录。例如在图 8.2 所示的存储结构中查找关键字值为 k = 44 的结点,由于索引表小,可用顺序查找方法查找索引表,直至找到第一个关键字大于等于 k 的结点,即关键字为 48 的结点。由于 22 < k < 48,关键字为 44 的结点若存在的话,必定在第二个子表中,因此根据同一索引项中的指针指示,从第二个子表中第一个记录,也即分块有序表中的第 7 个记录起进行顺序查找,直到 R[9].key = k 为止。若此子表中没有关键字值等于 k 的记录,即在第 7～12 个记录这段区间没有关键字和 k 相等,则查找不成功。

当索引表较长时,亦可用折半查找来确定关键字所在的块。块中记录可以是任意排列的,因此在块中只能是顺序查找。由此,分块查找的算法即为这两种算法的简单合成。

例 8.1　在记录表中分块查找关键字为 k 的记录。设索引表 Idx 的长度为 m 且有序,对索引表采用折半查找,记录表 R 的块内采用顺序查找。

算法如下:

```
typedef struct
```

```
{
    KeyType key;            //块内最大关键字
    int link;               //指向的起始位置
}IdxType;                   //索引表结点结构类型


int IdxSearch(IdxType Idx[ ],int m,SeqList R[ ],int k)
{   //索引表 Idx 的长度为 m，R 为记录表，查找关键字为 k 的记录
    //在索引表中折半查找
    int low=0, high=m-1, mid, i, j;
    while(low<=high)
    {
        mid=(low+high)/2;
        if(Idx[mid].kek>=k)   high=mid-1;       //修改查找区间的上界
        else low=mid+1;                         //修改查找区间的下界
    }
    if(low<m)
    {   //在索引表中找到所要找的块，接下来在记录表的块内顺序查找
        i=Idx[low+1].link-1;                    //i 为该块最后一个数组元素下标
        j=Idx[low].link;                        //j 为该块第一个数组元素下标
        while(R[i].key!=k&&i>=j)                 //块内从后向前顺序查找
            i--;
        if(i>=j) return i;                       //查找成功，返回记录在记录表中的位置信息
    }
    return -1;                                   //查找失败，返回−1
}
```

分块查找的平均查找长度为

$$ASL_{bs} = L_b + L_s \tag{8-4}$$

其中 L_b 为查找索引表确定所在块的平均查找长度；L_s 为在块中查找元素的平均查找长度。

一般情况下，为进行分块查找，可将长度为 n 的表均匀地分成 b 块，每块含有 s 个记录，即 b=n/s；又假定表中每个记录的查找概率相等，则每块查找的概率为 1/b，块中每个记录的查找概率为 1/s。

若用顺序查找确定所在块，则分块查找的平均查找长度为

$$ASL_{bs} = L_b + L_s = \frac{1}{b}\sum_{j=1}^{b} j + \frac{1}{s}\sum_{i=1}^{s} i = \frac{b+1}{2} + \frac{s+1}{2} = \frac{1}{2}\left(\frac{n}{s}+s\right)+1 \tag{8-5}$$

可见，此时的 ASL 不仅和表长 n 有关，而且和每一块中的记录个数 s 有关。容易证明，当 s 取 $\sqrt{n}$ 时，ASL_{bs} 取最小值 $\sqrt{n}$ +1。这个值比顺序查找有了很大改进，但远不及折半查找。

若用折半查找确定所在块，则分块查找的平均查找长度为

$$ASL'_{bs}=lb\left(\frac{n}{s}+1\right)-1+\frac{s+1}{2}\approx lb\left(\frac{n}{s}+1\right)+\frac{s}{2} \tag{8-6}$$

在实际应用中，线性表不一定要均匀分块，而应该根据表的实际特征进行分块。例如学校的学生登记表，不同院系、班级人数可不一样。另外，所有子块的结点可以存放在一个向量中，也可单独存放，例如每一块用不同的向量或单链表来存放。

8.3 树表的查找

在前面讨论的几种查找方法中，折半查找效率最高，但其要求表中记录按照关键字有序排列，且只能在顺序表上实现，因此不适用于需要经常进行插入和删除操作的规模较大的数据集合。如果不希望要求表中记录按关键字有序排列，且又希望做到较高的插入和删除效率，可以考虑使用几种特殊的二叉树或树作为表的组织形式。树形结构无疑是非常适用于动态查找的数据结构，因为它结合了链表插入的灵活性和有序表查找的高效性。其中，二叉排序树和平衡二叉树是两类常用的树表结构。

8.3.1 二叉排序树

树形结构的目录称为树目录。利用二叉排序树组织目录，既具有顺序表检索的高效性，同时又具有链表插入、删除运算的灵活特性。一般情况下，构造二叉排序树的目的并非为了排序，而是用它来加速查找。因此，人们又常常将二叉排序树称为二叉查找树。二叉排序树的优点是：实现简单，能够进行有序性相关操作。缺点是：查找效率完全依赖于二叉树的形态，没有性能上界保证；链接需要额外空间。

1. 二叉排序树的定义

二叉排序树的定义为：或者是空树，或者是满足如下性质的非空二叉树：

(1) 若它的左子树非空，则左子树上所有结点的值均小于根结点的值；

(2) 若它的右子树非空，则右子树上所有结点的值均大于根结点的值；

(3) 左、右子树本身又各是一棵二叉排序树。

上述性质称为二叉排序树性质(BST 性质)。图 8.4 所示为一棵二叉排序树的例子。由BST 性质可知二叉排序树中任一结点 x 的关键字必大(小)于其左(右)子树中任一结点 y(若存在)的关键字，同时各结点关键字是唯一的。在实际应用中，如果不能保证数据集中各结点元素的关键字互不相同，可以将二叉排序树定义中"小于"改为"小于等于"，或将"大于"改为"大于等于"。本章我们仍然只讨论二叉排序树中各结点关键字互不相同的情况。

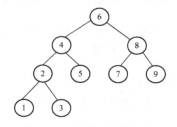

图 8.4 二叉排序树的示例

对二叉排序树进行中序遍历可得到一个关于关键字的有序序列。例如，由图 8.4 所示的二叉排序树可得到其 LDR 序列为递增序列：1, 2, 3, 4, 5, 6, 7, 8, 9；RDL 序列为递减序列：9, 8, 7, 6, 5, 4, 3, 2, 1。

二叉排序树的结点类型定义如下：

```
typedef    int    keytype;
typedef    struct    node
{
    keytype    key;                    //关键字项
    datatype    other;                 //其他数据项
    struct    node    *lchild, *rchild;  //左、右指针域
} bstnode;
```

2. 二叉排序树的插入和生成

生成一棵二叉排序树的过程，就是从空的二叉排序树开始，逐个把结点插入到二叉排序树中去的过程，其具体步骤如下：

(1) 若二叉排序树 T 为空，则令新插入的结点为根。

(2) 若二叉排序树 T 不为空，则将待插的结点值 s 和根结点的值 r 比较：

① 若 s = r，则说明树中已有此值，无须插入；

② 若 s < r，则将其插入根的左子树中；

③ 若 s > r，则将其插入根的右子树中。

以上步骤是一个递归的过程，即子树的插入过程与二叉排序树 T 的插入过程相同。在二叉排序树中插入新结点的递归算法如算法 8.4 所示。算法 8.5 是二叉排序树插入新结点的非递归算法。

注意，每次插入的新结点都是当前二叉树的叶子结点。输入的结点序列不同，二叉排序树的形态也会不同。利用算法 8.4 或 8.5，可以得到生成二叉排序树的算法 8.6。

算法 8.4　二叉排序树插入新结点的递归算法。

```
bstnode * InsertBST1(bstnode *t, bstnode *s )
//t 为二叉排序树的根结点指针，s 为待插入的结点指针
{
    if (t==NULL)   t=s; //原树为空，返回 s 作为根指针
    else
        if (s->key<t->key)
            t->lchild =InsertBST1( t->lchild, s );     //插入到左子树
        else if(s->key>t->key)
            t->rchild= InsertBST1( t->rchild, s );   //插入到右子树
    return t;
}   // InsertBST1
```

算法 8.5　二叉排序树插入新结点的非递归算法。

```
bstnode * InsertBST2 (bstnode *t, bstnode *s)
```

```
//t 为二叉排序树的根指针，s 为插入的结点指针
    {
        bstnode * f, *p;
        p=t;
        while ( p!=NULL )
        {
            f=p;                              // f 指向 *p 结点双亲
            if (s->key==p->key) return t;     //树中已有结点 *s；无须插入
            if (s->key< p->key )   p=p->lchild;  //在左子树中查找插入位置
            else     p=p->rchild;             //在右子树中查找插入位置
        }
        if (t == NULL)    return s;           //原树为空，返回 s 作为根指针
        if (s->key<f->key)   f->lchild=s;     //将 *s 插入，作为 *f 的左孩子
        else    f->rchild =s;                 //将 *s 插入，作为 *f 的右孩子
        return t;
    } //InsertBST2
```

算法 8.6　二叉排序树的生成算法。

```
bstnode *CreatBST( )                   //生成二叉排序树
{
    bstnode    *t, *s;
    keytype    key , endflag=0;        // endflag 为结点结束标志
    datatype   data;
    t=NULL;                            //设置二叉排序树的初态为空树
    scanf ("%d",&key);                 //读入一个结点的关键字
    while( key!=endflag)               //输入非结束标志，执行以下操作
    {
        s=(bstnode*)malloc( sizeof ( bstnode ) );   //申请新结点
        s->lchild = s->rchild = NULL;  //将新结点的指针域置为空
        s->key = key;
        scanf ("%d", &data );          //读入结点的其它数据项
        s->other = data;
        t=InsertBST1( t, s );          //将新结点插入 t 中，调用 InsertBST1 或 InsertBST2
        scanf ("%d" , &key )           //读入下一个结点的关键字
    }
    return    t;
}    // CreatBST
```

如图 8.5 所示，以(6, 2, 8, 4, 9, 7, 2)和(8, 4, 2, 9, 6, 7, 2)两个不同的序列给定一组关键字，分别生成两棵形状不同的二叉排序树。

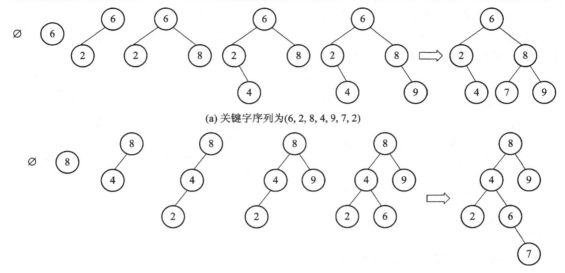

(a) 关键字序列为(6, 2, 8, 4, 9, 7, 2)

(b) 关键字序列为(8, 4, 2, 9, 6, 7, 2)

图 8.5 二叉排序树的生成过程

3. 二叉排序树的删除

从二叉排序树中删除一个结点比插入一个结点要复杂，因为必须保证删除结点之后仍然是一棵二叉排序树。假设通过查找得到要删除的结点为 p，其双亲结点为 q，且 p 是 q 的左孩子，则结点 p 可能是叶子结点，也可能是分支结点。当删除分支结点时，不能把以该结点为根的子树都删去。在二叉排序树中删除结点 p 的算法应当考虑以下四种情况：

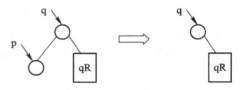

图 8.6 在二叉排序树中删除叶子结点 p

(1) 待删除的结点 p 为叶子结点：只需将其双亲结点 q 指向它的指针清空，即 q->lchild=NULL，然后删除结点 p 即可，如图 8.6 所示。

(2) 待删除的结点 p 只有左子树：将结点 p 的左子树全部挂接在 p 的双亲 q 上，且位置是 p 在其双亲中原来的位置，即 q->lchild=p->lchild，再删除结点 p，如图 8.7(a)所示。

(3) 待删除的结点 p 只有右子树：将结点 p 的右子树全部挂接在 p 的双亲上，且位置是 p 在其双亲中原来的位置，即 q->lchild=p->rchild，再删除结点 p，如图 8.7(b)所示。

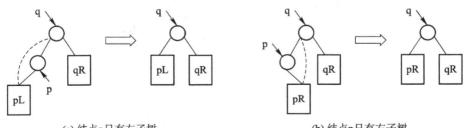

(a) 结点p只有左子树

(b) 结点p只有右子树

图 8.7 在二叉树中删除只有一个子树的结点 p

(4) 待删除的结点 p 既有左子树，又有右子树：有两种方法，第一种方法是按中序遍历在 p 的左子树中找出值最大的结点 s，然后用结点 s 的值替换结点 p 的值，再删除结点 s，如图 8.8(a)所示；第二种方法是在 p 的右子树中找出值最小的结点 s，然后用结点 s 的值替换结点 p 的值，再删除结点 s，如图 8.8(b)所示。

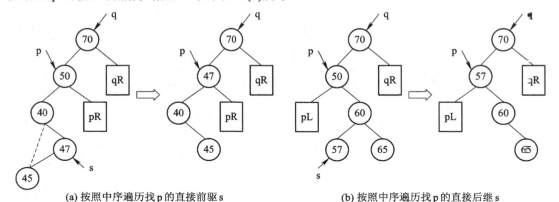

(a) 按照中序遍历找 p 的直接前驱 s　　　　　　(b) 按照中序遍历找 p 的直接后继 s

图 8.8　在二叉排序树中删除具有两个子树的结点

综上，如果第四种情况采用第二种方法，在二叉排序树中删除结点 p 的算法用伪代码描述如下：

1	若结点 p 是叶子，则直接删除结点 p
2	若结点 p 只有左子树，则重接 p 的左子树
3	若结点 p 只有右子树，则重接 p 的右子树
4	若结点 p 的左右子树均不为空，则：
	4.1　查找结点 p 的右子树上的最左下结点 s 以及 s 的双亲结点 par
	4.2　将结点 s 的数据域替换到被删除结点 p 的数据域
	4.3　若结点 p 的右孩子无左孩子，则将 s 的右孩子接到 par 的右子树上，如图 8.9(a)所示；否则，将 s 的右子树接到 par 的左子树上，如图 8.9(b)所示
	4.4　删除结点 s

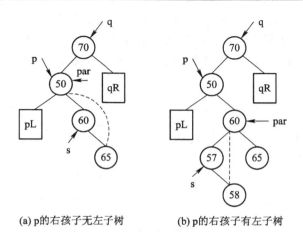

(a) p的右孩子无左子树　　　　　　(b) p的右孩子有左子树

图 8.9　待删除结点 p 的右孩子有无左孩子的两种情况

下面给出在二叉树排序树中删除结点的部分算法。

算法 8.7 二叉排序树删除结点 p(q 的左孩子)算法。

```
void DeleteBST(bstnode*p,bstnode*q)
//p 指向待删的结点，p 是 q 的左孩子
{
        if((p->lchild==NULL)&&(p->rchild==NULL))        // p 为叶子
            q->lchild=NULL;
        else if(p->rchild==NULL)                        // p 只有左子树
            q->lchild=p->lchild;
        else if(p->lchild==NULL)                        // p 只有右子树
            q->lchild=p->rchild;
        else{                                           // p 有左右子树
            par=p; s=p->rchild;                         //查找右子树中最左下结点
            while(s->lchild!=NULL)
            {
                par=s;
                s=s->lchild;
            }
            p->data=s->data;
            if(par==p)par->rchild=s->rchild;            // p 的右孩子无左孩子
            else par->lchild=s->rchild;                 // p 的右孩子有左孩子
        }
        free(p);
    }
```

4．二叉排序树的性能分析

二叉排序树上执行插入和删除操作时，首先需要执行查找操作。插入操作在找到插入位置后，修改相应指针即可完成。对于删除操作，在找到被删结点后，按照上述 4 种情况修改指针即可完成删除操作。可见，二叉排序树上的插入、删除操作和查找具有同样的时间性能。

在二叉排序上查找某个结点的过程，恰好是走了一条从根结点到被查找结点的路径，和给定值的比较次数就等于被查找结点在二叉排序树中所处的层次数，最少为 1(查找的是根结点)，最多不超过树的深度。因此，二叉排序树的查找(检索)效率取决于树的形态，而树的形态又取决于各结点插入的次序。当它是一棵完全二叉树或者与折半查找判定树相似时，性能最好，当蜕化为单支树时查找性能最差。由此可见，二叉排序树的查找性能在 $O(lb\ n)$ 和 $O(n)$ 之间。

8.3.2 平衡二叉树

1．平衡二叉树的定义

由前面分析可知，对于查找效率而言，最理想的情况是二叉排序树是一棵平衡树，也

叫平衡二叉树。平衡二叉树是一种数据结构，是基于二分法的策略提高数据查找速度的二叉树，它采用二分法思维把数据按规则组装成一个树形结构的数据，然后用这个树形结构的数据减少无关数据的检索，从而大大提升数据检索的速度。

例如，a[10] = {3, 2, 1, 4, 5, 6, 7, 10, 9, 8}需要构建二叉排序树。在没有学习平衡二叉树之前，通常会将它构建成如图8.10(a)所示的二叉排序树。虽然完全符合二叉排序树的定义，但是高度达到8层，对于查找是非常不利的。因此我们更期望构建成如图8.10(b)所示的高度为4的二叉排序树，查找效率较高。

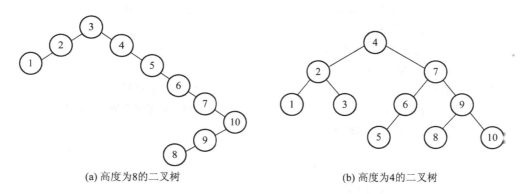

(a) 高度为8的二叉树　　　　　　　(b) 高度为4的二叉树

图 8.10　二叉排序树

2. 相关概念

1) 平衡二叉树(Balanced Binary Tree)

平衡二叉树是空的二叉排序树或者是具有以下性质的二叉排序树：

(1) 根结点左右两个子树高度差的绝对值不超过 1；

(2) 根结点左右两个子树也都是平衡二叉树。

由定义可以看出，平衡二叉树是一种二叉排序树，是一种高度平衡的二叉树。平衡二叉树是 G.M. Adelson-Velsky 和 E.M. Landis 在 1962 年提出的，所以它又叫 AVL 树。平衡二叉树要求每一个结点左右子树的高度之差不能超过 1。如果插入或者删除一个结点使得高度之差大于 1，就要进行结点之间的旋转，将二叉树重新调整维持在一个平衡状态。这样就可以很好地解决二叉查找树退化成链表的问题，从而把插入、查找、删除时间复杂度的最好情况和最坏情况都维持在 O(lb n)。当然，频繁旋转也会使插入和删除操作西牲掉 O(lbn)左右的时间，不过相比二叉排序树而言，查找效率上稳定了很多。

2) 平衡因子(Balance Factor，BF)

结点的平衡因子是指将该结点的左子树深度减去右子树深度的值。根据定义　平衡二叉树上所有结点的平衡因子只可能是 −1、0 和 1。只要二叉树上有一个结点平衡因子的绝对值大于 1，该二叉树就是不平衡的。平衡二叉树的主要优点是快速查找。

3) 最小不平衡子树

以距离插入结点最近且平衡因子(结点旁所注数字)的绝对值大于 1 的结点为根的子树，称为最小不平衡子树。如图 8.11 所示，当插入结点 39 时，距离它最近的平衡因子的绝对值超过 1 的结点是 55。

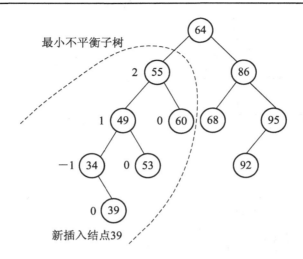

最小不平衡子树

2 55

49 1 0 60 68 95

34 −1 0 53 92

0 39

新插入结点39

图 8.11　最小不平衡二叉树

3. 构造平衡二叉树的基本思想

构造平衡二叉树的基本思想是：在构造二叉排序树的过程中，每当插入一个新结点时，先检查是否因插入而破坏了树的平衡性，若是，则找出最小不平衡子树。在保持二叉排序树特性的前提下，调整最小不平衡子树中各结点之间的链接关系，进行相应的旋转，使之成为新的平衡子树。

构造平衡二叉树需要根据新插入结点和最小不平衡子树根结点之间的关系进行相应调整。假设因为新插入结点导致失去平衡的最小不平衡子树的根结点指针为 p，则从不平衡状态到平衡状态的调整规则如下：

1) LL 型平衡旋转

由于在结点 *p 左孩子的左子树上插入新结点，使得结点 *p 的平衡因子由 1 变成 2 而失去平衡，因此需要进行如图 8.12(a)所示的旋转操作。新插入结点插在结点 A 的左孩子的左子树上，属于 LL 型，需要调整 1 次。调整过程为：BF=2 为正，只需顺时针旋转，把支撑点(根结点)由 A 改成 B，即可恢复平衡。旋转时，结点 A 和 BR 发生冲突。按照旋转优先原则，结点 A 变成 B 的右孩子，结点 B 原来的右子树 BR 成为结点 A 的左子树，结果见图 8.12(a)右图。

2) LR 型平衡旋转

由于在结点 *p 左孩子的右子树上插入新结点，使得结点 *p 的平衡因子由 1 变成 2 而失去平衡，因此需要进行如图 8.12(b)所示的旋转操作。新插入结点插在结点 A 的左孩子的右子树上，属于 LR 型，需要调整 2 次。第 1 次调整过程为：根结点 A 不动，先调整结点 A 的左子树；需要逆时针旋转，将支撑点从结点 B 调整到结点 C 处；旋转过程中，结点 B 和结点 C 的左子树 CL 发生冲突，仍然按照旋转优先的原则，结点 B 作为 C 的左孩子，而 CL 作为 B 的右子树，其余结点位置关系不变。第 2 次调整过程为：调整最小不平衡子树，BF=2 为正，顺时针旋转，将支撑点由结点 A 调整到结点 C；仍然按照旋转优先的原则，结点 A 作为结点 C 的右孩子，结点 C 的右子树 CR 作为结点 A 的左子树，恢复平衡后的结果见图 8.12(b)右图。

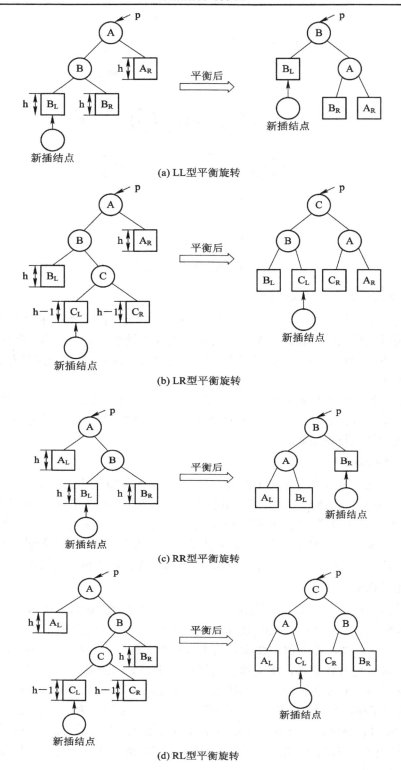

图 8.12　二叉排序的四种平衡旋转

3) RR 型平衡旋转

由于在结点*p 右孩子的右子树上插入新结点，使得结点 *p 的平衡因子由 −1 变成 −2 而失去平衡，因此需要进行如图 8.12(c)所示的旋转操作。新插入结点插在结点 A 的右孩子的右子树上，属于 RR 型，需要调整 1 次。调整过程为：BF = −2 为负，只需逆时针旋转，把支撑点(根结点)由 A 改成 B，即可恢复平衡。旋转时，结点 A 和 BL 发生了冲突。按照旋转优先原则，结点 A 变成 B 的左孩子，结点 B 原来的左子树 BL 成为结点 A 的右子树，结果见图 8.12(c)右图。

4) RL 型平衡旋转

由于在结点 *p 右孩子的左子树上插入新结点，使得结点 *p 的平衡因子由 −1 变成 −2 而失去平衡，因此需要进行如图 8.12(d)所示的旋转操作。新插入结点插在结点 A 的右孩子的左子树上，属于 RL 型，需要调整 2 次。第 1 次调整过程为：根结点 A 不动，先调整结点 A 的右子树；需要顺时针旋转，将支撑点从结点 B 调整到结点 C 处；旋转过程中，结点 B 和结点 C 的左子树 CR 发生冲突，仍然按照旋转优先的原则，结点 B 作为 C 的右孩子，而 CR 作为 B 的左子树，其余结点位置关系不变。第 2 次调整过程为：调整最小不平衡子树；BF = −2 为负，逆时针旋转，将支撑点由结点 A 调整到结点 C；仍然按照旋转优先的原则，结点 A 作为结点 C 的左孩子，结点 C 的左子树 CL 作为结点 A 的右子树，恢复平衡后的结果见图 8.12(d)右图。

4．平衡二叉树的构造示例

下面举例说明如何为集合{22, 36, 40, 16, 30, 27}构造一棵平衡二叉树。

构建过程：在空树上插入 22，以 22 为根结点建立一棵二叉排序树；然后插入 36，产生如图 8.13(a)所示的二叉排序树，是一棵平衡二叉树；继续插入 40，得到如图 8.13(b)所示的二叉排序树，但不再是一棵平衡二叉树，因为 40 是在 22 的右孩子的右子树上，属于 RR 型；按照规则需要调整 1 次，逆时针旋转，将支撑点 22 调整为 36，得到如图 8.13(c)的平衡二叉树；继续插入 16 和 30，二叉排序树依然平衡，如图 8.14(a)所示；再继续插入 27，二叉排序树失去平衡，见图 8.14(b)。由于新结点 27 插入在根结点 36 的左孩子的右子树上，属于 LR 型，因此需要调整 2 次。第 1 次调整过程为：先调整结点 36 的左子树，逆时针旋转，将支撑点 20 调整为 30，出现冲突；根据旋转优先原则，22 作为 30 的左孩子，而 30 的原本的左孩子 27 作为 22 的右孩子，见图 8.14(c)。第 2 次调整过程为：调整最小不平衡子树，顺时针旋转，将支撑点 36 调整为 30，无冲突，36 作为 30 的右孩子即可。调整后的平衡二叉树如图 8.14(d)所示。

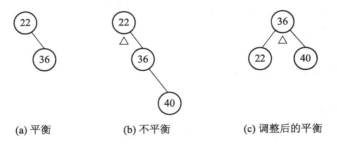

(a) 平衡　　　　　　(b) 不平衡　　　　　　(c) 调整后的平衡

图 8.13　RR 型调整举例

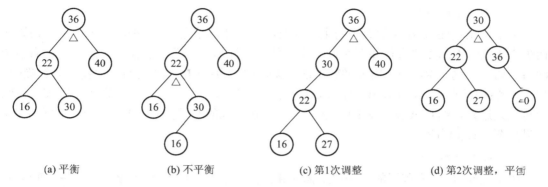

(a) 平衡　　　　　　(b) 不平衡　　　　　(c) 第1次调整　　　(d) 第2次调整，平衡

图 8.14　LR 型调整举例

8.4　散列表的查找

散列(Hash)是一种重要的存储方法。与前面讨论的各种结构相比，散列结构最大的特点是记录在表中的存储位置与其关键字是相关的。换句话说，我们可以根据关键字直接计算得到该记录的存储地址。因此，在散列结构中进行查找可以省去大量的关键字比较操作，从而提高查找效率。

8.4.1　散列表概述

散列表的理想情况是不经过任何比较，一次就能直接存取所查的记录。其基本思想是：在记录的关键字 k 和结点的存储地址 d 之间建立一个确定的函数映射关系 H，即 d=H(k)。那么查找时利用该函数 H，就可以根据要查的关键字直接计算记录所在的单元。因此，散列法又称关键字-地址转换法，这个函数 H 就称为散列函数，H(k)则称为散列地址。用散列法存储的线性表叫散列表或哈希表。

下面举一个简单的例子。假设要建立一张全国 30 个地区的各民族人口统计表，每个地区为一个记录，记录的各数据项为：

编号	地区	总人口	汉族	回族	…

如果以一维数组 R[30]作为散列表的存储空间，那么散列地址就是数组的下标。假设以地区编号作为该记录的关键字，i=0～29，很容易得到散列函数为 H(i)=i。由散列函数值可以唯一确定记录 R[i]，从而查找到编号为 i 的地区的人口情况。例如，要查看编号 3 的地区记录，利用散列函数可知其数组单元的下标为 3。

很多情况下，散列函数并不容易得到。上例中，如果选取总人口、汉族人口等其他数据项作为关键字，或者将地区编号改为该地区的汉语拼音，散列函数就会比较复杂。在 8.4.2 节中将介绍常用散列函数的构造方法。

从上面的例子可知：

(1) 对任意数据类型的关键字，总可以灵活地设计散列函数，将得到的散列地址控制在表长允许的范围内。设计散列函数时应使其尽可能简单。

(2) 若散列函数是一对一映射函数，则在查找时只需根据给定关键字计算散列地址，即可得到待查记录的存储位置，查找过程无需进行关键字比较。若该地址非空，则查找成功；否则该记录不存在。

(3) 大多数情况下，散列函数并非是一对一的映射函数。对于不相等的关键字 k_1 和 k_2，通过散列函数的计算，所得到的函数值(散列地址)是相同的，即 $k_1 \neq k_2$，但 $H(k_1)=H(k_2)$。这种现象称为"冲突"(Collision)，发生冲突的这两个关键字称为该散列函数的同义词(Synonym)。例如对于关键字序列{at, as, be, can, cat, for, face, force}，如果取散列函数为 H(key)=key[0]-'a'，其中 key[0]存放关键字的第一个字母。可见关键字 at、as 互为同义词，它们的散列地址都是 0，产生冲突。

对于上例我们应重新构造一个散列函数。但在实际应用中，关键字的取值集合远远大于表空间的地址集，因此理想化的、不产生冲突的散列函数极少存在。例如，我们要为 1000 个人设置个人标识符，要求标识符为长度为 8、以字母打头(区分大小写)的字母数字串，则关键字(即标识符)取值的集合大小为

$$C_{52}^1 * C_{62}^7 * 7! = 1.093\,88 \times 10^{12}$$

可见，设表长为 1000 即可满足需要，但是要将 $1.093\,88 \times 10^{12}$ 个可能的标识符映射到这 1000 个地址上，难免产生冲突。因此通常的散列函数是一个多对一的映射函数，散列法查找时的冲突现象也是不可避免的。一旦发生冲突，就必须采取相应措施及时予以解决。

发生冲突的频繁程度除了与散列函数 H 相关外，还与表的填满程度相关。为了减少冲突，散列表的空间一般大于所有记录所需的容量，此时虽然浪费了一定空间，但换取的是查找效率。设散列表空间大小为 m，表中存储的记录个数是 n，则称 $\alpha = n/m$ 为散列表的装填因子(Load Factor)，α 的取值区间一般设为[0.65, 0.9]。

下面主要讨论散列法查找时的两个主要问题：① 设计一个计算简单且冲突尽量少的"均匀"的散列函数；② 寻求解决冲突的方法，即如何存储产生冲突的同义词。

8.4.2　散列函数的构造方法

如何设计一个计算简单且冲突尽量少的"均匀"的散列函数呢？

前面已经介绍，散列函数的运算应尽可能简单，且任何关键字的散列函数值都在表长允许的范围内。这里要重点理解"均匀"的概念。所谓均匀，是指任意给定一个关键字，散列函数将其映射到任何一个存储地址的概率是相等的。换句话说，经散列函数映射得到的存储地址越随机越好。这样，一组不同的关键字就能够均匀地存储到表中，从而减少相互之间的冲突。

为此有下面 7 种常用的构造散列函数的方法：

1．直接定址法

直接定址法是指直接选取某个关键字或关键字的某个函数值作为散列地址，即

$$H(k) = a \cdot k + b$$

其中 a 和 b 为常数。当 a=1, b=0 时，散列函数值为关键字本身。

表 8.1 给出了直接定址法的示例，取学号作为关键字 k，散列函数 H(k)=k+(−206 000)。

表 8.1　直接定址法示例

地址	001	002	003	…	074	…
学号	206001	206002	206003	…	206074	…
姓名	…	…	…	…	…	…
⋮	…	…	…	…	…	…

若要查找学号是 206056 的记录，只要查第(206056 − 206000) = 56 项即可。

直接定址法比较简单，而且所得到的地址集合与关键字集合的大小相同，所以不会发生冲突，但是实际场合中适用的情况较少。

2．数字选择法

所谓数字选择法，是指若关键字为数字且已知散列表中可能出现的关键字集合，则可选取其中数字分布比较均匀的若干位作为散列地址。

例如，有一组由 7 位数字组成的关键字，如表 8.2 第一列所示。

表 8.2　数字选择法示例

关键字	散列地址 A(0~99)	散列地址 B(0~999)
0 2 0 1 1 2 1	3 2	1 2 1
0 2 0 0 0 3 3	3 3	0 3 3
0 2 0 2 2 3 5	5 7	2 3 5
0 2 0 1 3 5 4	6 7	3 5 4
0 2 0 3 5 1 5	5 0	5 1 5
0 2 0 2 0 7 6	9 6	0 7 6
0 2 0 3 1 1 8	4 9	1 1 8
0 2 0 6 0 6 9	2 9	0 6 9
①②③④⑤⑥⑦	④⑤ + ⑥⑦	⑤⑥⑦

分析这 8 个关键字会发现：第①②③位都是 020，显然不均匀；第④⑤⑥⑦位的取值范围较大，有一定的均匀性。因此，可根据散列表的长度取其中几位或它们的组合作为散列地址。例如，若表长为 100(即地址为 0~99)，则可取④⑤⑥⑦中的任意两位数字作为散列地址；若表长为 1000(即地址为 0~999)，则可取④⑤⑥⑦中的任意三位作为散列地址。为了增加随机性，还可以取散列地址中的若干位分成多组，取其和并舍去进位作为散列地址。表 8.2 给出了一种选取方式，散列函数的实现如下：

```
int Hash(long key)
{
    int d1, d2;
    d1=key/100%100;        //取 key 中的第 4 和第 5 位
    d2=key%100;            //取 key 中的第 6 和第 7 位
    return (d1+d2)%100;    //叠加舍去进位作为散列地址返回
}
```

可见看出，这种方法必须对关键字每一位上的数字分布情况进行较好的估计。

3. 平方取中法

通常情况下，关键字的数字分布未知或很难准确估计，因此要找到若干位均匀分布的数字并不容易。平方取中法的思路是通过关键字的平方来扩大差别。因为一个数的平方值与关键字的每一位都相关，使产生的散列地址随机性增加，所以较为均匀。然后，可以用数字选择法来选取散列地址。

例如，给定一组关键字如表8.3所示。

表8.3 平方取中法示例

关键字	0100	0110	3100	0106	0200
(关键字)^2	00<u>10</u>000	00<u>12</u>100	96<u>10</u>000	00<u>11</u>236	00<u>40</u>000
散列地址(0~999)	010	012	610	011	040

由表8.3可知这些关键字差别较小，无法直接选取三位数字作为散列地址。取平方后，关键字的差别扩大。当表长为1000时，可取其中间三位作为散列地址。相应的散列函数如下：

```
int Hash(long key)
{   key*=key;   key/=1000;        //先求平方，后去掉末尾的3位数
    return   key%1000;            //取中间的3位数作为散列地址返回
}
```

4. 折叠法

折叠法是指将关键字分割成位数相同的几段(最后一段的位数可以不同)，将各段的叠加和(舍去进位)作为散列地址。其中段的长度取决于散列表的地址位数。当关键字位数较多且数字分布较均匀时，可采用此方法。

折叠法又分移位叠加和边界叠加两种。移位叠加是指将各段的最低位对齐，然后相加；边界叠加则是指将相邻的段沿边界来回折叠，然后对齐相加。例如关键字为 key = 35726，散列表长度为100，则可将关键字每两位分成一段，两种叠加结果如图8.15所示。

```
        35                    35
        72                    27
    +)   6                +)   6
    ─────────            ─────────
      (1)13                 (1)22
  H(key)=  13          H(key)=  22

  (a) 移位叠加          (b) 边界叠加
```

图8.15 折叠法示例

5. 除留余数法

假设散列表长为 m，选取适当的正整数 p 去除关键字，将所得余数作为散列地址，即

$$H(key)=key \% p \qquad p \leqslant m$$

这是一种最简单、最常用的散列函数构造方法。它可以直接对关键字取模，也可以对折叠、平方取中等运算的结果进行操作。该方法的关键是取适当的 p。

举几个简单的例子。例如取 p 为偶数，则它奇数的关键字经转换后的地址仍为奇数，而偶数的关键字也只能转换到偶数地址，这当然不好；又例如取 p 为关键字的基数的幂

次，若关键字是十进制整数，其基数为 10，取 p=100，则关键字 159, 259, 359, …，均互为同义词。

一般情况下，p 应该选取小于或等于散列表长度 m 的某个最大素数。下面给出一些常用取值：

$$m=8, 16, 32, 64, 128, 256, 512, 1024$$
$$p= 7, 13, 31, 61, 127, 251, 503, 1019$$

因为除留余数法简单，所以无需将它定义为一个 C 的函数，可以将它直接写到相应的程序里。除留余数法也可以与其他散列方法组合在一起使用，例如设关键字是字符串，散列函数通过将字符串的首尾两个字符相加之和转换为整数，然后用除留余数法求散列地址。该散列函数的定义如下：

```
int Hash(char *key)
{
    int   len=strlen(key), k;
    k=(len==1)?key[0]:key[0]+key[len-1];
    return   k%p;          //不妨设 p 已定义
}
```

6. 基数转换法

该方法的思路是，把某一进制的关键字看成是另一个进制上的数后，再把它转换成原来进制上的数，取其中的若干位作为散列地址。一般要求两个基数互素，其所取的基数大于原基数。进制转换后关键字的随机性一般会增大，从而减少冲突。

例如，把一个十进制数的关键字$(360495)_{10}$看作 16 进制数$(360495)_{16}$，再把它转换为十进制，即$(360495)_{16} = (3540117)_{10}$。此时可根据散列表的长度选取若干位数字作为散列地址，也可应用其他方法。

7. 随机数法

随机数法取决于随机函数 random 的构造，即

$$H(key) = random(key)$$

其中 random 为伪随机函数。

若产生的是一个随机整数，为保证函数值在 0 到 m−1 之间，可使用公式

$$H(key) = random(key)\%m$$

实际上，上述各种方法都具有一定的随机性。随机性的强弱直接决定散列函数的均匀性与否。通常，当关键字长度不等时采用随机数法构造散列函数较合适。

8.4.3 解决冲突的方法

构造合适的散列函数只能够减少冲突，不可能避免冲突，因此如何处理冲突问题是构造散列表的另一个重要方面。处理冲突的方法不同，所构造的散列表的组织形式也就不同。按散列表的组织形式可以将散列表划分为闭散列表和开散列表两类。前者是将所有记录均匀地存放在散列表 HT[m]中；后者是将互为同义词的记录链接成一个单链表，而把单链表的头指针存放在散列表 HT[m]中。

闭散列表和开散列表还涉及装填因子的概念。设散列表的容量为 m，记录的个数为 n，则装填因子 α 为

$$\alpha = \frac{n}{m} \tag{8-7}$$

装填因子 α<1，即 m>n。装填因子的大小会影响到对散列表进行查找、插入、删除等操作时的比较次数。

下面介绍几种常用的处理冲突方法。

1. 开放定址法

用开放定址法(Open Addressing)处理冲突得到的散列表称为闭散列表。

开放定址法又称为开放地址法，其基本思路是：根据某种方法在散列表中定义一个探测序列，当发生冲突时，沿此序列逐个单元地查找空散列地址(开放地址)，一旦找到则将新记录放入。只要散列表足够大，空散列地址总能够找到。而好的探测序列能够保证为所有冲突的记录迅速地找到空散列地址，并减少比较次数。

开放定址法探测空散列地址的一般公式为

$$h_i = [H(key) + d_i]\% \ m \tag{8-8}$$

其中 H(key)为散列函数；m 为散列表空间(即一维数组)的长度；d_i 为探测增量序列。

构建探测序列的方法有以下三种：

1) 线性探测法

线性探测法的基本思想是：将散列表看成是一个环形表，若由散列函数 H(key)计算的散列地址发生冲突，探测公式为

$$h_i = (H(key) + i)\%m \tag{8-9}$$

其中 i = 1, 2, …, m-1。即依次探测 H(key)+1, H(key)+2, …, m-1, 0, 1, …, H(key)-1，直至找到一个开放地址为止。

例 8.2 已知一组关键字集{21, 32, 11, 43, 35, 5, 51, 12, 7}，用线性探测法解决冲突，试构造这组关键字的闭散列表。

通常令装填因子 α<1，这里取 α=0.75。由于关键字个数为 n=9，可以确定散列表长 m=⌈n/α⌉=12，因此可以设置一维数组 HT[12]存放散列表。我们采用除留余数法构造散列函数，并选 p=11，则开放地址为

$$h_i = [H(key) + d_i] \% \ m = (key\%11+i) \% \ 12$$

其中 i = 1～m-1。

由此可以计算关键字的散列地址及开放地址。如果散列地址为空，则散列地址即为开放地址，记录可直接存入；否则根据 d_i 查找下一个开放地址。结果如表 8.4 所示。

表 8.4　用线性探测法构造闭散列表示例

散列地址	0	1	2	3	4	5	6	7	8	9	10	11
关键字 key	11	43	35	12		5		51	7		21	32
H(key)	0	10	2	1		5		7	7		10	10
比较次数	1	4	1	3		1		1	2		1	2

插入第二个关键字 32 时，散列地址 10 已被关键字 21 占用(即发生冲突)，因此利用探测序列得到 $h_1=(10+1)\%12=11$ 为开放地址，可将 32 插入 HT[11] 中。与此类似，关键字 43 的散列地址也为 10。经过三次探测后，找到开放地址 $h_3=(10+3)\%12=1$。依次类推可以插入所有关键字。表 8.4 中最末一行的数字表示查找记录存储位置时所进行的比较次数。

　　可见，只要散列表仍有空单元，线性探测法就总能找到一个不发生冲突的地址。表 8.4 中还出现了一种现象。虽然关键字 12 和 43 并非同义词，但是散列地址 H(12)=1 却被关键字 43 占用，也即发生了冲突。一般地，用线性探测法解决冲突时，当表中 i, i+1, … i+k 位置上非空时，一个散列地址为 i, i+1, …, i+k+1 的记录都将插入在位置 i+k+1 上，我们把这种散列地址不同，但在处理冲突的过程中争夺同一个后继散列地址的现象称为"堆积"。显然，由于装填因子过大，或者散列函数选择不当，都有可能使堆积的机会增加，从而降低了查找效率。下面的两种方法可解决这一问题。

　　2) 二次探测法

　　二次探测法的探测序列依次是：$1^2, -1^2, 2^2, -2^2, \cdots$。发生冲突时，求下一个开放地址的公式为

$$h_{2i-1} = [H(key) + i^2]\%m$$
$$h_{2i} = [H(key) - i^2]\%m \qquad (8\text{-}10)$$

其中 $1 \leqslant i \leqslant (m-1)/2$。

　　分析公式(8-10)可知，发生冲突时，同义词将来回在其散列地址 H(key) 的两端寻找开放地址。

　　二次探测法可以减少堆积现象，但是不容易探测到整个散列表空间。仅当表长 m 为 4j+3(j 为正整数)的素数时，才能探测到整个表空间。

　　3) 随机探测法

　　使用随机探测法构造探测序列时，探测序列将随机产生，求下一个空散列地址的公式可以表示为

$$h_i = [H(key)+R_i]\%m \qquad (8\text{-}11)$$

其中 $1 \leqslant i \leqslant m-1$；$R_1, R_2, \cdots, R_{m-1}$ 是 1, 2, $\cdots$, m-1 的一个随机排列。

　　随机排列的产生有很多种方法，实际中常用移位寄存器序列代替随机数序列。

　　2. 拉链法

　　拉链法(Chaining)又称为链地址法。用拉链法构造的散列表又称为开散列表。拉链法的基本思想是：将所有散列地址相同的记录，即所有关键字为同义词的记录存储在一个称为同义词子表的单链表中，在散列表中存储的是所有同义词子表的头指针。设 n 个记录存储在长度为 m 的开散列表中，则同义词子表的平均长度为 n/m。

　　例 8.3　用拉链法处理例 8.2 中的关键字集{21, 32, 11, 43, 35, 5, 51, 12, 7}产生的冲突，构造这组关键字的开散列表。

　　关键字集有 9 个关键字，即 n=9。散列表长度 m 取 11，以指针数组 HTP[11] 作为开散列表。设置散列函数为 H(key)=key % 11，对于所有散列地址为 H(key)=i 的关键字，都要链接到第 i 个单链表中。我们采用尾插法建立单链表，所得到的开散列表如图 8.16 所示。

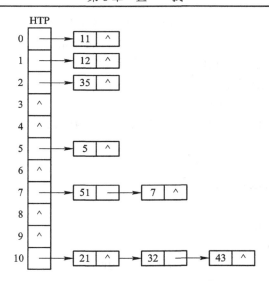

图 8.16　拉链法处理冲突构造的开散列表

关键字 11、12、35、5、51 和 21 都是比较 1 次即可查找到，关键字 7 和 32 需要比较 2 次，43 需要比较 3 次，平均查找长度 ASL=(6*1+2*2+1*3)/9=13/9。

拉链法不存在堆积现象，其平均查找长度也较短。不难想象，当装填因子 α 较大时，同义词表的平均长度会较长，增加比较的次数。同义词表中的结点为动态申请，所以拉链法适合无法确定表长的情况。

另一方面，在用拉链法构造的散列表中，简单地在链表上删除结点即可实现散列表记录的删除操作。而在开放定址法构造的散列表中，不能简单地将被删结点的空间置空来删除结点，因为空散列地址(即开放地址)是查找失败的条件，这样做会截断在它之后填入散列表的同义词结点的查找路径。正确的做法是在闭散列表中的被删除结点上做删除标记。

8.4.4　散列表的插入、查找和删除操作

散列表的查找过程与构造散列表的过程基本一致，即根据给定的查找关键字，按照构造散列表时设定的散列函数计算得到散列地址。若散列表中此地址中没有记录，则查找失败；否则进行关键字值的比较，若相等则查找成功；否则根据构造散列表时处理冲突的方法查找下一个地址，直至某个地址空间为空(查找失败)或者关键字比较相等(查找成功)为止。

假定构造和查找散列表所采用的散列函数为 Hash(key)，查找或插入的关键字 k 为 int 类型。

1. 在闭散列表上的插入、查找和删除算法

我们约定采用 int 类型的数组 ht[m]存放记录。ht[i]的值为 0，表示该元素未存放记录；值为 −1，表示存放的记录已被删除，在查找到该项时不应当终止查找。采用线性探测法处理冲突，初始化时将数组 ht 的全部元素置为 0。

闭散列表的存储结构定义如下：

```
#define   nil   0              // nil 为空结点标记
```

```
#define    del_flag   -1           // del_flag 为已被删除标记
int   ht[m];                        //闭散列表空间长度为 m
```

下面分别给出闭散列表的查找、插入和删除算法。

算法 8.8　闭散列表的查找算法。

```
int Hash_Search(int ht[ ], int x, int*add)
{   //在散列表 ht 中查找关键字值为 x 的记录，记录的地址通过指针 add 带回
    i=0;
    d=Hash(x);
    while(ht[d]!=nil&&i<m)
    {
        if(ht[d]==x){
            *add=d;
            return (1);              //查找成功，返回 1
        }
        else d=(d+1)%m;             //线性探测
        i++;
    }
    return (0);                      //查找失败，返回 0
}
```

算法 8.9　闭散列表的插入算法。

```
int Hash_Insert(int ht[ ], int x)
{   //在散列表 ht 中插入关键字值为 x 的记录
    i=0;
    d=Hash(x);
    while(i<m)
    {
        if(ht[d]==nil||ht[d]==del_flag)
        {
            ht[d]=x;
            return (1);              //插入成功，返回 1
        }
        else
            d=(d+1)%m;             //线性探测
        i++;
    }
    return (0);                      //散列表已满，插入失败，返回 0
}
```

算法 8.10　闭散列表的删除算法。

```
int Hash_Delete(int ht[ ], int x)
```

```
    {   //在散列表 ht 中删除关键字值为 x 的记录
        i=0;
        d=Hash(x);
        while(ht[d]!=nil&&i<m)
        {
            if(ht[d]==x)
            {
                ht[d]=del_flag;          //删除记录只是做标记
                return (1);              //删除成功，返回 1
            }
            else    d=(d+1)%m;          //线性探测
            i++;
        }
        if(i==m)
            return (0);                 //没有要删除的记录
    }
```

2. 在开散列表上的查找算法

开散列表采用拉链法解决冲突。单链表的结点类型定义如下：

```
    typedef   struct   node
    {   int   key;                     //关键字项
        datatype   data;               //数据项
        struct node   *next;           //指针项
    } HashChain;
    HashChain   *ht[m];                //开散列表为指针数组，数组元素是同义词单链表的头指针
```

由于开散列表的插入和删除算法较为简单，我们这里只给出查找算法。

算法 8.11 开散列表的查找算法。

```
    HashChain *Hash_Search(HashChain *ht[ ],   int x)
    {   // 在散列表 HTC[m]中查找关键字为 k 的结点
        HashChain   *p;
        p=ht[Hash(x)];                 //取 x 所在链表的头指针
        while (p!=NULL&& (p->key ! =x))
            p=p->next;                 //沿同义词单链表顺序查找
        return p;                      //查找成功，返回结点指针，否则返回空指针
    }
```

8.4.5　散列表的性能分析

在散列技术中，处理冲突的方法不同，得到的散列表不同。对散列表的操作实质上都

要进行查找，各种操作所花费的时间主要是查找的时间，因此有必要对散列表的查找性能进行分析。

1．影响平均查找长度的因素

在查找过程中，有些关键字可以通过散列函数计算出的散列地址直接找到；有些关键字在散列函数计算出的散列地址上产生了冲突，需要按照处理冲突的方法进行查找。产生冲突的概率与以下三个因素有关：

1) 散列函数值是否分布均匀

一般情况下，我们所选取的散列函数应当认为是尽可能均匀的，因此可以不考虑散列函数对平均查找长度的影响。

2) 处理冲突的方法

就线性探测法和拉链法对冲突的处理来说，线性探测法处理冲突时还可能会产生堆积，增加平均查找长度；而拉链法处理冲突时不会产生堆积。

3) 散列表的装填因子

由于散列表的长度是定值，因此装填因子 α 与填入表中的记录个数成正比，α 越大，产生冲突的可能性就越大。

综上可知，即使同一个散列函数，处理冲突的方法不同，平均查找长度也是不相同的。假设散列函数是均匀的，可以证明在一般情况下这一结论是成立的。表 8.5 给出了几种不同的冲突处理方法，在等概率情况下对散列表查找成功和不成功时的平均查找长度。

表 8.5　用几种不同方法处理冲突的平均查找长度

解决冲突的方法	平均查找长度	
	成功的查找	不成功的查找
线性探测法	$(1+1/(1-\alpha))/2$	$(1+1/(1-\alpha)^2)/2$
二次探测，随机探测或 再散列函数探测法	$-\ln(1-\alpha)/\alpha$	$1/(1-\alpha)$
拉链法	$1+\alpha/2$	$\alpha+\exp(-\alpha)$

注：再散列函数探测法的思想是在发生冲突时用不同的散列函数再求得新的散列地址，直到不发生冲突为止。

由表 8.5 可见，散列表的平均查找长度是装填因子 α 的函数，与记录个数 n 无关。因此，选择合适的 α 可以将散列表的查找长度限定于某个范围。显然，α 越小产生冲突的机会就越小，但过小的 α 会造成较大的空间浪费。例如，当 $\alpha=0.9$ 时，对于成功的查找，线性探测法的平均查找长度是 5.5，二次探测、随机探测及再散列函数探测法的平均查找长度是 2.56，拉链法的平均查找长度为 1.45。

2．线性探测法和拉链法平均查找长度的比较

在上面介绍的冲突处理方法中，产生冲突以至于堆积后的查找仍然是给定的查找值与关键字进行比较的过程，所以仍然采用平均查找长度对散列表的查找效率进行度量。散列表的平均查找长度比顺序查找要小，比折半查找也要小。在例 8.2 的闭散列表和例 8 3 的开散列表中均有 9 个记录，我们来分析散列表的平均查找长度，同时再与顺序查找和折半查找加以比较。

(1) 当 n=9 时，等概率情况下查找成功时的平均查找长度分别为

闭散列表(线性探测法) $ASL=\dfrac{1+4+1+3+1+1+2+1+2}{9}=\dfrac{16}{9}\approx1.78$

开散列表(拉链法) $ASL=\dfrac{1*6+2*2+3*1}{9}=\dfrac{13}{9}\approx1.44$

顺序查找 $ASL_{sq}(9)=\dfrac{9+1}{2}=5$

折半查找 $ASL_{bn}(9)=\dfrac{1\times1+2\times2+3\times4+4\times2}{9}=\dfrac{26}{9}\approx2.78$

(2) 等概率情况下查找不成功时的平均查找长度。

顺序查找和折半查找所需进行的关键字比较次数仅取决于表长，而散列查找所需进行的关键字比较次数和待查结点有关，因此可将散列表在等概率情况下查找不成功时的平均查找长度定义为查找不成功时对关键字需要执行的平均比较次数。

① 线性探测法。

假设待查关键字 k 不在表 8.4 中，若 H(k)=0，则必须依次将 HT[0]~HT[4]中的关键字与 k 进行比较，经过 5 次比较后发现 HT[4]为空，才能确定查找不成功；若 H(k)=1，则需比较 4 次才能确定查找不成功。依次类推，由于散列函数 H(key)%11 的值域为 0~10，可得查找不成功时的平均查找长度为

$$ASL_{unsucc}=\dfrac{5+4+3+2+1+2+1+3+2+1+7}{11}=\dfrac{31}{11}\approx2.82$$

② 拉链法。

设待查关键字 k 的散列地址为 d=H(k)。在图 8.16 所示的链地址法中，若第 d 个链表上具有 t 个结点，则需经过 t 次关键字比较(不包括空指针判定)才能确定查找不成功。因此，查找不成功时的平均查找长度为

$$ASL_{unsucc}=\dfrac{1+1+1+0+0+1+0+2+0+0+3}{11}=\dfrac{9}{11}\approx0.82$$

8.4.6 闭散列表与开散列表的比较

散列技术的原始动机是无需经过关键字的比较而实现查找，但在实际应用中，关键字集合常常存在同义词，因此这一动机并未完全实现。采用链式存储结构的散列表事先无需确定表长，表长可动态变化，因此称为开散列表。显然，开散列表由于运用单链表存储方式，不会产生堆积现象，使得动态查找的查找、插入、删除等操作易于实现，平均查找时间较短，但因为附加了指针域而增加了空间开销。相应地，闭散列表运用顺序表存储，存储效率较高，但容易产生堆积，查找不易实现，需要用到二次再查找；而且由于空闲位置是查找不成功的条件，因此实现删除操作时不能简单地将待删记录所在单元置空，否则将截断该记录后继散列地址序列的查找路径，因此会增加算法实现的复杂性。开散列表适合

于事先难以估计表长的场合。

习 题 8

一、名词解释

查找表，查找长度，有序表，散列表，散列函数，同义词，冲突，拉链法，堆积

二、填空题

1. 查找表中主关键字指的是_____，次关键字指的是_____。

2. 二分查找在查找成功时的查找长度不超过_____，其平均查找长度为_____，当 n 较大时约等于_____。

3. 在散列存储中，装填因子α的值越大，则_____。

4. 二分查找方法仅适用于这样的表：表中的记录必须_____，其存储结构必须是_____。

5. 静态查找表的三种不同实现各有优缺点。其中，_____查找效率最低但限制最少；_____查找效率最高但限制最强；而_____查找则介于上述二者之间。

6. 设有一个已按各元素的值排好序的线性表，长度为 125，对给定的 k 值，用二分法查找与 k 相等的元素，若查找成功，则至少需要比较_____次，至多需比较_____次。

7. 在采用开放地址法解决冲突的散列表中删除一个记录，对该元素所在存储单元的操作是_____。

8. 以下算法在散列表 HP 中查找键值等于 k 的结点，成功时返回指向该结点的指针，不成功时返回空指针。请分析算法，并在_____上填充合适的语句。

```
pointer research_openhash(keytype K,openhash HP)
{   i=H(k);                          //计算 k 的散列地址
    p=HP[i];                         //i 的同义词子表表头指针传给 p
      while(_____)p=p->next;    //未达表尾且未找到时，继续扫描
        _____;
}
```

9. 以下算法假定以线性探测法解决冲突，在散列表 HL 中查找键值为 k 的结点，成功时回送该位置；不成功时回送标志 -1。请分析程序，并在_____上填充合适的语句。

```
int search_cloxehash(keytype K,closehash HL)
{   d=H(k);                              //计算散列地址
    i=d;
    while(HL[i].key!=K&&i!=m-1) i=_____;    //未成功且未查遍整个 HL 时继续扫描
      if(_____)return(i);                 //查找成功
      else return(-1);                       //查找失败
}
```

10. 假定一个顺序表的长度为 40，并假定查找每个元素的概率都相同，则在查找成功

情况下的平均查找长度为_____，在查找不成功情况下的平均查找长度为_____。

11. 从有序表(12, 18, 30, 43, 56, 78, 82, 95)中分别折半查找元素 43 和 56 时，其比较次数分别为_____和_____。

12. 以折半查找方法在一个查找表上进行查找时，该查找表必须组织成_____存储的_____表。

13. 假定对长度 n=50 的有序表进行折半查找，则对应的判定树高度为_____，最后一层的结点数为_____。

14. 在一棵二叉排序树中，每个分支结点的左子树上所有结点的值一定_____该结点的值，右子树上所有结点的值一定_____该结点的值。

15. 对一棵二叉排序树进行中序遍历时，得到的结点序列是一个_____。

16. 从一棵二叉排序树中查找一个元素时，若元素的值等于根结点的值，则表明_____；若元素的值小于根结点的值，则继续向_____查找；若元素的值大于根结点的值，则继续向_____查找。

17. 在一棵平衡二叉排序树中，每个结点的左子树高度与右子树高度之差的绝对值不超过_____。

18. 对线性表(18, 25, 63, 50, 42, 32, 90)进行哈希存储时，若选用 $H(k) = k\% 9$ 作为哈希函数，则哈希地址为 0 的元素有_____个，哈希地址为 5 的元素有_____个。

19. 假定对线性表(38, 25, 74, 52, 48)进行哈希存储，采用 $H(k) = k \%7$ 作为哈希函数，采用线性探测法处理冲突，则平均查找长度为_____。

20. 在索引查找中，假定查找表(即主表)的长度为 96，被等分为 8 个子表，则进行索引查找的平均查找长度为_____。

21. 在线性表的哈希存储中，装填因子α又称为装填系数。若用 m 表示哈希表的长度，n 表示线性表中的元素的个数，则α等于_____。

三、选择题

1. 顺序查找法适合于(   )存储结构的查找表。
   A. 压缩　　　　　B. 散列　　　　　　　C. 索引　　　　　　　D. 顺序或链式

2. 对采用折半查找法进行查找运算的查找表，要求按(   )方式进行存储。
   A. 顺序存储　　　　　　　　　　　B. 链式存储
   C. 顺序存储且结点按关键字有序　　D. 链式存储且结点按关键字有序

3. 设顺序表的长为 n，则每个元素的平均查找长度是(   )。
   A. n　　　　　　　B. (n−1)/2　　　　　C. n/2　　　　　　　D. (n+1)/2

4. 分块查找的时间性能(   )。
   A. 低于二分查找　　　　　　　B. 高于顺序查找而低于二分查找
   C. 高于顺序查找　　　　　　　D. 低于顺序查找而高二分查找

5. 设有序表的关键字序列为{1, 4, 6, 10, 18, 35, 42, 53, 67, 71, 78, 84, 92, 99}，当用折半查找法查找健值为 84 的结点时，经(   )次比较后查找成功。
   A. 2　　　　　　　B. 3　　　　　　　　C. 4　　　　　　　　D. 12

6. 用顺序查找法对具有 n 个结点的线性表查找的时间复杂为(   )。

A. $O(n^2)$　　　　　　B. $O(n \text{ lb } n)$　　　　　C. $O(n)$　　　　　D. $O(\text{lb } n)$

7. 对具有 n 个元素的有序表采用折半查找，则算法的时间复杂度为(　　)。

A. $O(n)$　　　　　　B. $O(n^2)$　　　　　C. $O(1)$　　　　　D. $O(\text{lb } n)$

8. 在索引查找中，若用于保存数据元素的主表的长度为 n，它被均分为 k 个子表．每个子表的长度均为 n/k，则索引查找的平均查找长度为(　　)。

A. n+k　　　　　　B. k+n/k　　　　　C. (k+n/k)/2　　　　　D. (k+n/k)/2+1

9. 对二叉排序树进行(　　)遍历，遍历所得到的序列是有序序列。

A. 按层次　　　　　B. 前序　　　　　C. 中序　　　　　D. 后序

10. 从具有 n 个结点的二叉排序树中查找一个元素时，在最坏情况下的时间复杂度为(　　)。

A. $O(n)$　　　　　　B. $O(1)$　　　　　C. $O(\text{lb } n)$　　　　　D. $O(n^2)$

11. 与其他查找方法相比，散列查找法的特点是(　　)。

A. 通过关键字比较进行查找

B. 通过关键字计算记录存储地址进行查找

C. 通过关键字比较或者通过关键字计算记录存储地址进行查找

D. 通过关键字计算记录存储地址，并进行一定的比较进行查找

12. 在采用线性探测法处理冲突所构成的闭散列表上进行查找，可能要探测多个位置。在查找成功的情况下，所探测的这些位置上的键值(　　)。

A. 一定都是同义词　　　　　　　　　　B. 一定都不是同义词

C. 都相同　　　　　　　　　　　　　　D. 键值不一定都是同义词，

13. 以下说法错误的是(　　)。

A. 散列法存储的基本思想是由关键码的值决定数据的存储地址

B. 散列表的结点中只包含数据元素自身的信息，不包含任何指针

C. 装填因子是散列法的一个重要参数，它反映散列表的装填程度

D. 散列表的查找效率主要取决于散列表造表时选取的散列函数和处理冲突的方法

14. 若根据查找表(23, 44, 36, 48, 52, 73, 64, 58)建立哈希表，采用 h(k) = k%13 计算哈希地址，则元素 64 的哈希地址为(　　)。

A. 4　　　　　　B. 8　　　　　　C. 12　　　　　　D. 13

四、简答及算法设计

1. 假设线性表中结点是按键值递增的顺序存放的。试写一顺序查找法，将监视哨设在高下标端，然后分别求出等概率情况下查找成功和不成功时的平均查找长度。

2. 若线性表中各结点的查找概率不等，则可用如下策略提高顺序查找的效率：若找到指定的结点，则将该结点和其前趋(若存在)结点交换，使得经常被查找的结点尽量位于表的前端。试对线性表的顺序存储结构和链式存储结构写出实现上述策略的顺序查找算法。(注意：查找时必须从表头开始向后扫描。)

3. 试写出折半查找的递归算法。

4. 给定有序表：D={006, 087, 155, 188, 220, 465, 505, 508, 511, 586, 656, 670, 700, 766, 897, 908}，用折半查找法在 D 中查找 586，并用图示法表示出查找过程。

5. 已知散列函数为 H(k)=k mod 13，关键字序列为{25, 37, 52, 43, 84, 99, 120, 15, 26, 11, 70, 82}，试分别画出采用线性探测法和拉链法处理冲突时的散列表，并计算查找成功的平均查找长度。设散列表的长度 m 取 13。

6. 顺序查找时间为 O(n)，二分查找时间为 O(lb n)，散列查找时间为 O(1)，为什么有高效率的查找方法而不放弃低效率的方法？

7. 已知记录关键字集合为(53, 17, 19, 61, 98, 75, 79, 63, 46, 49)，要求散列到地址区间(100, 101, 102, 103, 104, 105, 106, 107, 108, 109)内，若产生冲突用开放地址法的线性探测法解决。要求：(1) 写出选用的散列函数；(2) 形成的散列表；(3) 计算出查找成功时平均查找长度与查找不成功的平均查找长度。(设等概率情况)。

8. 设有一个有序文件，其中各记录的关键字为(1, 2, 3, 4, 5, 6, 7, 8, 9, 10, 11, 12, 13, 14, 15)，当用折半查找算法查找关键字 3、8、19 时，其比较次数分别为多少？

9. 试写一个判别给定二叉树是否为二叉排序树的算法，设此二叉树以二叉链表作存储结构。

第9章　排　　序

排序(Sorting)是软件技术中常用的一种操作。高效率的排序是计算机程序设计中的一项重要课题。本章按照排序算法的基本思路，主要介绍几种常用的内部排序算法，包括插入排序、交换排序、选择排序和归并排序等，并对它们进行分析和比较。

◇ 【学习重点】

(1) 各种排序算法的基本思想和排序过程；

(2) 各种排序算法的设计；

(3) 各种排序算法时间复杂度的分析；

(4) 各种排序算法的比较。

◇ 【学习难点】

(1) 希尔排序、堆排序、归并排序、基数排序等算法；

(2) 快速排序算法时间复杂度的分析。

9.1　排序的基本概念

排序可以定义如下：

假设序列包含 n 个记录 $\{R_1, R_2, \cdots, R_n\}$，其对应的关键字值序列为 $\{k_1, k_2, \cdots, k_n\}$，根据 1, 2, $\cdots$, n 的一种排列 p1, p2, $\cdots$, pn 将这 n 个记录重排为有序序列 $\{R_{p1}, R_{p2}, \cdots, R_{pn}\}$，使其满足 $k_{p1} \leqslant k_{p2} \leqslant \cdots \leqslant k_{pn}$(或 $k_{p1} \geqslant k_{p2} \geqslant \cdots \geqslant k_{pn}$)。

上述定义中，如果 k_i 是主关键字，则排序结果是唯一的；如果 k_i 是次关键字，则两个关键字值可能相等，此时排序结果就不是唯一的。假设记录 R_i 和 R_j 的关键字 $k_i=k_j$。如果在原始序列中，R_i 排在 R_j 之前，而排序后的序列中 R_i 仍然排在 R_j 之前，就称此排序是稳定的；反之，如果排序后变成 R_i 排在 R_j 之后，就称此排序是不稳定的。

根据排序过程涉及存储器的不同，可将排序分为内部排序和外部排序。内部排序是指整个排序过程都在内存中进行的排序；外部排序是指待排序记录的数量很大，在排序过程中，除使用内存外，还需对外存进行访问。显然，内部排序适用于记录个数较少的序列；外部排序则适用于记录个数太多，需同时使用内存和外存的长序列。

本章只介绍内部排序。根据不同算法所用的策略，内部排序可分为插入排序、选择排序、交换排序、归并排序及基数排序等几大类。每一种算法各有优缺点，适合于不同的应用场合，因此要想简单地评价哪种算法最好且能够普遍适用是很困难的。判断排序算法好坏的标准主要有两条：① 算法执行所需要的时间；② 算法执行所需要的附加空间。另外要考虑的一个因素是算法本身的复杂程度。排序算法所需的附加空间量一般都不大，所以时间复杂度是衡量算法好坏最重要的标志。排序所需的时间主要是指算法执行中关键字的比较次数和记录的移动次数，后面的章节将会对此进行详细讨论。

待排序的记录有下列三种存储结构：

(1) 以一组连续的地址单元(如一维数组)作为存储结构，待排序记录的次序由其物理位置决定。排序过程必须移动记录，进行物理位置上的重排，即通过比较和判定，把记录移到合适的位置。

(2) 以链表作为存储结构，记录之间的次序由指针决定。因此，排序过程仅需修改指针。

(3) 待排序记录存储在一组连续的地址单元内，此时若要避免排序过程中记录的移动，可以为该序列建立一个辅助表(如索引表)，在排序过程中只需对这个辅助的表目进行物理重排，而不移动记录本身。

为方便起见，本章假设记录序列的存储结构为一维数组，关键字为整数。待排序记录的数据类型说明如下：

```
typedef struct              //定义记录为结构类型
{
    int    key;             //关键字域
    datatype other;         //其他数据域
} rectype;
rectype R[n+1];             // n 为记录总数，R[0]闲置或作为哨兵单元
```

9.2　插　入　排　序

插入排序的基本策略是，将待排序记录分为有序区和无序区，每次将无序区中的第一个记录插入到有序区中的适当位置，使有序区保持有序；重复操作直至排序完成。本节介绍直接插入排序和希尔排序。

9.2.1　直接插入排序

直接插入排序(Straight Insertion Sort)是一种最简单的排序方法，其基本思路是把关键字 k_i 依次与有序区的关键字 k_{i-1}, k_{i-2}, …, k_1 进行比较，找到应该插入的位置，然后将 k_i 插入。给定待排序的记录序列为 R[1]～R[n]，则初始有序区为{R[1]}，直接插入排序可以从 i＝2 开始，如算法 9.1 所示。

算法 9.1 中的基本操作是关键字比较和记录移动。记录 R[1]作为最初的有序区，从 i＝2 开始不断将待插入记录 R[i]的关键字依次与有序区中记录 R[j](j=i-1, i-2, …, 1)的关键

字进行比较。若 R[j]的关键字大于 R[i]的关键字，则将 R[j]后移一个位置；若 R[j]的关键字小于或等于 R[i]的关键字，则查找过程结束，j+1 即为 R[i]的插入位置。数组单元 R[0]预先对记录 R[i]进行备份，使得在后移关键字比 R[i]大的记录时不致丢失 R[i]中的内容。R[0]在 while 循环中还可以作为"监视哨"，防止下标变量 j 越界。由于避免了每次 while 循环都要检测 j 是否越界，测试循环条件的时间可以减少约一半。

算法 9.1　直接插入排序。

```
void InsertSort(rectype R[ ])           //对数组 R 按升序进行插入排序，R[0]是监视哨
{
    int i, j;
    for (i=2; i<=n; i++)                //依次插入 R[2], …, R[n]
    {
        if(R[i].key<R[i-1].key)         //若 R[i]不小于有序区最后一个记录的键值，直接扩大有予区
        {
            R[0]=R[i];                  // R[0]作为监视哨，并且是 R[i]的副本
            j=i-1;
            while (R[0].key<R[j].key)    //查找 R[i]的插入位置
                R[j+1]=R[j--];          //将关键字大于 R[i].key 的记录后移
            R[j+1]=R[0];                //插入 R[i]
        } // endif
    } //endfor
} // InsertSort
```

根据算法 9.1 对待排序的一组记录进行排序，记录的关键字分别为 49、31、63、85、75、15、26、49′，直接插入排序过程如图 9.1 所示。

```
初始关键字      [49]    31    63    85    75    15    26    49'

i=2  (31)      [31    49]    63    85    75    15    26    49'

i=3  (63)      [31    49    63]    85    75    15    26    49'

i=4  (85)      [31    49    63    85]    75    15    26    49'

i=5  (75)      [31    49    63    75    85]    15    26    49'

i=6  (15)      [15    31    49    63    75    85]    26    49'

i=7  (26)      [15    26    31    49    63    75    85]    49'

i=8  (49')     [15    26    31    49    49'   63    75    85]
```

图 9.1　直接插入排序示例

直接插入排序的算法 9.1 非常简洁，容易实现，下面来分析它的效率。

从时间上看，整个排序过程只有比较关键字和移动记录两种运算。算法中的外循环表示要进行 n−1 趟插入排序，内循环的次数则取决于待排序关键字与有序区中 i 个关键字的关系。

可以按两种情况来考虑。当一组记录为正序时(这里按递增有序)，每趟排序的关键字比较次数为 1，记录移动次数是 2 次，即总的比较次数 $C_{min}=n-1$，总的移动次数 $M_{min}=2(n-1)$；当文件逆序时，要插入的第 i 个记录均要与前 i−1 个记录及"监视哨"的关键字进行比较，即每趟要进行 i 次比较；从记录移动的次数来说，每趟排序中除了上面提到的两次移动外，还需将关键字大于 R[i]的记录后移一个位置。这时关键字的比较次数和记录的移动次数均取最大值，总的比较次数和记录的移动次数分别为

$$C_{max}=\sum_{i=2}^{n}i=\frac{(2+n)(n-1)}{2}=O(n^2)$$

$$M_{max}=\sum_{i=2}^{n}(i-1+2)=\frac{(4+n)(n-1)}{2}=O(n^2)$$

综上可知，记录关键字的分布对算法执行过程中的时间消耗是有影响的。若在随机情况下，即关键字各种排列出现的概率相同，则可取上述两种情况的平均值作为比较和记录移动的平均次数，约为 $n^2/4$。由此，直接插入排序的时间复杂度为 $O(n^2)$。

从空间上看，直接插入排序只需要一个记录的辅助空间 R[0]，空间复杂度为 $O(1)$。

直接插入排序是稳定的排序方法。

9.2.2　希尔排序

希尔排序(Shell's Sort)又称为缩小增量排序(Diminishing Increment Sort)，是一种改进的插入排序方法。该方法是 D. L. Shell 于 1959 年提出的，故用他的名字命名。我们知道直接插入排序算法的平均时间复杂度为 $O(n^2)$，但是由于其算法简单，因此当 n 较小时效率较高。另外，当一组记录有序时其算法复杂度可以达到最优，即 $O(n)$。希尔排序正是基于这两点对直接插入排序进行改进的。

希尔排序的基本思想是：设置 t 个整数增量$(d_1 > d_2 > \cdots > d_{t-1} > d_t)$，其中 $d_1 < n$，$d_t=1$；首先以 d_1 为增量，将所有距离为 d_1 倍数的记录放在同一组中，可以得到 d_1 个组，在各组内进行直接插入排序；然后取第二个增量 d_2，重复上述的分组和排序，直至增量 $d_t=1$。

设置增量序列时，要使得增量值没有除 1 之外的公因子，而且最后一个增量值必须为 1。下面先看一个具体例子。设待排序文件共有 10 个记录，其关键字分别为 49、31、63、85、75、15、26、49′、53、03，增量序列取值依次为 5、3、1，排序过程如图 9.2 所示。由图 9.2 可见，希尔排序的每一趟就是直接插入排序。增量越大，则得到的子序列越短，此时直接插入排序效率很高；而当增量逐渐减小时，序列已逐渐有序，因此直接插入排序仍然很有效。当增量为 1 时，所有的记录已经基本有序，并放在同一组中进行直接插入排序。由此，希尔排序的速度较直接插入排序有较大的提高。

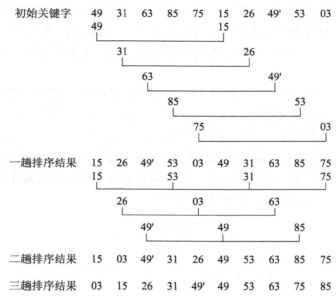

图 9.2　希尔排序过程示意图

要注意的是，希尔排序中的子序列不是逐段选取的，而是根据增量值跳跃性地抽取。这样可以实现排序记录在较大范围内进行移动，从而提高了排序速度。但是由此导致了希尔排序是不稳定的。

希尔排序的具体算法如算法 9.2 所示。

算法 9.2　希尔排序。

```
void ShellSort(rectype R[ ], int d[ ], int t)          //对数组 R 进行排序, d 为增量序列, t 为增量个数
{
    int i, j, k;
    for (k=0; k<t; k++)                                //依次取增量 d[k]
      for (i=d[k]+1; i<=n; i++)                        //以 d[k]为增量进行直接插入排序
        if(R[i].key<R[i-d[k]].key)
        {   R[0]=R[i];                                 // R[0]仅为暂存单元, 不是监视哨
            j=i-d[k];
            while (j>0&&R[0].key<R[j].key)             //查找 R[i]的插入位置
            {   R[j+d[k]]=R[j];                        //将关键字大于 R[i].key 的记录后移
                j=j-d[k];                              //查找前一个记录
            }  // endwhile
            R[j+d[k]]=R[0];                            //插入 R[i] 到正确的位置
        }  //endif
}  // ShellSort
```

算法 9.2 中没有设置"监视哨"，单元 R[0]仅作为暂存单元，所以在内循环(while 循环)中增加了一个循环判定条件"j>0"，以防下标越界。当搜索位置 j≤0 或者 R[0].key≥R[j].key

时，表示插入位置已找到。

为了便于对希尔排序算法的理解，我们用伪代码来描述算法。

---

for (k=0; k<t; k++)循环：以 d[k]为增量，对顺序表 R 进行 t 趟希尔排序

　　for (i=d[k]+1; i<=n; i++)循环：一趟希尔排序，对各子序列进行直接插入排序

　　if(R[i].key 小于前一增量 d 的 R[i-d[k]].key)，则先在"跳跃性"的子序列内查找插入 R[i]的位置，然后插入 R[i]

　　　　{　待插入的记录 R[i]暂存放在 R[0]中

　　　　　while 循环：在"跳跃性"的子序列内查找插入位置

　　　　　将 R[i]插入到正确的位置

　　　　}

若要设置监视哨，需要将数组 R 的前 t 个单元作为监视哨，待排序记录则要从第 t 个单元开始存储。读者可以自行完成。

希尔排序的时间复杂度取决于增量序列的选取，增量序列可以有多种取法，但应当使增量序列的值没有除 1 之外的公因子，否则会出现多余的重复排序。此外，最后一个增量必须是 1，以保证所有记录都参与排序，没有遗漏。

一般来说，希尔排序的速度比直接插入排序快，但希尔排序算法的时间性能分析是一个复杂的问题，因为它取决于增量的选取。大量实验表明，希尔排序的时间复杂度在 $O(n^2)$ 和 $O(n \text{ lb } n)$ 之间。当 n 在某个特定范围时，时间复杂度可以达到 $O(n^{1.3})$。

9.3　交　换　排　序

本节讨论两种利用"交换"进行排序的方法：起泡排序和快速排序。交换排序的基本思想是：通过关键字的两两比较和交换，最终使全部记录排列有序。

9.3.1　起泡排序

起泡排序(Bubble Sort)是最为人们所熟知的交换排序方法。它的过程非常简单，将关键字序列看作是从上到下纵向排列的，按照自下而上的扫描方向对两两相邻的关键字进行比较，若为逆序(即 $k_{j-1} > k_j$)，则将两个记录交换位置；重复上述扫描排序过程，直至没有记录需要交换为止。

第一趟扫描后，关键字最小的记录将上升到第一个记录的位置上；第二趟对后面的 n-1 个记录进行同样操作，把次小关键字的记录安排在第二个记录的位置上；重复上述过程，分析可知在第 n-1 趟后，全部记录都按关键字由小到大的顺序排列完毕。在每一趟排序过程中，关键字最小的记录通过比较和交换，会像气泡一样上浮至顶；而关键字较大的记录则逐渐下沉，"起泡排序"的名称由此而得。起泡排序的过程如图 9.3 所示。

对任一组记录进行起泡排序时，至多需要进行 n-1 趟排序。但是，如果在排序过程中的某一趟扫描后，例如图 9.3 中的第四趟排序后，待排序记录已按关键字有序排列，则起泡排序便在此趟排序后终止。为了实现这一点，我们可以在起泡排序算法(算法 9.3)中引入

一个布尔量 swap，在每趟排序开始前，先将其置为 0，若排序过程中发生了交换，则将其置为 1。在一趟排序之后，如果 swap 仍为 0，则表示本趟未曾交换过记录，此时可以终止算法。

初始关键字	第一趟结果	第二趟结果	第三趟结果	第四趟结果	第五趟结果	第六趟结果	第七趟结果
49	15	15	15	15	15	15	15
31	49	26	26	26	26	26	26
63	31	49	31	31	31	31	31
85	63	31	49	49	49	49	49
75	85	63	49'	49'	49'	49'	49'
15	75	85	63	63	63	63	63
26	26	75	85	75	75	75	75
49'	49'	49'	75	85	85	85	85

图 9.3　从下向上扫描的起泡排序示例(实际只扫描了 5 趟)

算法 9.3　起泡排序。

```
void BubbleSort (rectype R[ ])          //扫描方向为从下向上
{
    int i, j, swap;
    for (i=1; i<n; i++);                //最多进行 n-1 趟排序
    {
        swap=0;                         // 交换标志置为假
        for (j=n; j>i; j--)             //从下向上扫描，i+1 为扫描下界
            if (R[j-1].key>R[j].key)     //交换记录
            {
                R[0]=R[j-1];            // R[0]作为交换记录的暂存单元
                R[j-1]=R[j];
                R[j]=R[0];
                swap=1;
            } //endif
        if (!swap)  break;             //本趟排序中未发生交换，则终止算法
    } //endfor
} // BubbleSort
```

下面分析起泡排序的性能。若记录已按关键字有序排列，则只需进行一趟扫描，而且比较次数和记录移动次数均为最小值：比较次数为 n-1，记录移动次数为 0；若记录逆序排列，即按关键字递减排列，则一共需进行 n-1 趟扫描，比较次数和记录移动次数均达到最大值，分别为

$$C_{max} = \sum_{i=1}^{n-1}(n-i) = \frac{n(n-1)}{2} = O(n^2)$$

$$M_{max} = \sum_{i=1}^{n-1}3(n-i) = \frac{3n(n-1)}{2} = O(n^2)$$

由此可知，起泡排序的时间复杂度为 $O(n^2)$。

为提高起泡排序算法的效率，必须减少算法 9.3 中的比较和交换次数。除了设置交换标志外，我们还可做如下两种改进：

(1) 在算法 9.3 中，一次扫描可以把最轻的气泡上升至顶，而最重的气泡仅能“下沉”一个位置。由此分析可知，对于关键字序列{2, 3, 7, 8, 9, 1}，仅需一趟扫描就可以完成排序；但是对于关键字序列{9, 1, 2, 3, 7, 8}，却需要从下向上扫描五趟才能完成排序。这两个序列都是仅有一个元素需要重排，但是产生了完全不同的结果。究其原因，正是扫描的方向导致了两种情况下的不对称性。如果改变扫描方向为从上向下，则序列{9, 1, 2, 3, 7, 8}也仅需一趟扫描。基于上述分析，我们可在排序过程中交替改变扫描方向，形成双向起泡算法。算法的实现留作习题。

(2) 在每趟扫描中，记住最后一次交换发生的位置 k，因为该位置之前的记录都已有序，即 R[1, …, k-1]是有序区，R[k, …, n]是无序区，那么下一趟沿该方向扫描时可提前终止于位置 k+1，而不必进行到预定的下界 i+1，从而减少排序的趟数。例如对于关键字序列{1, 2, 9, 8, 7, 3}，第一趟排序后的序列为{1, 2, 3, 9, 8, 7}，最后一次交换的位置为 k=4，那么下一趟扫描的下界可设为 k，实际上排序只进行了 3 趟。改进的算法见本章习题第四大题的第 14 小题。

9.3.2　快速排序

快速排序(Quick Sort)是对起泡排序的一种改进，其基本思想是：通过一趟排序将记录序列分成两个子序列，然后分别对这两个子序列进行排序，以达到整个序列有序。

假设待排序记录为 R[s]～R[t]，任取其中一个记录 R[p]作为比较的“基准”(pivot)，一般取 p=s(s 为子序列的下界)。用此基准将当前序列划分为左右两个子序列：R[s]～R[i-1]和 R[i+1]～R[t]，使左边子序列的关键字均小于或等于基准的关键字，右边子序列的关键字均大于或等于基准的关键字，即

$$R[s]～R[i-1].key ≤ R[i].key ≤ R[i+1]～R[t].key \ (s ≤ i ≤ t)$$

此时基准所处的位置为 R[i]，也即该记录的最终排序位置。这是一趟快速排序的过程。

可以看出，快速排序中的比较都是与基准进行的，发生交换时记录移动的距离较大；而在起泡排序中，比较和交换是在相邻两记录之间进行的，每次交换记录只能前移或后移一个位置，因此快速排序的效率得到提高。

快速排序是一种缩小规模算法。当 R[s]～R[i-1]和 R[i+1]～R[t]均非空时，还应分别对它们进行上述的划分过程，直至所有记录均已排好序为止。

对序列 R[s]～R[t]进行划分的具体做法为：基准设置为序列中的第一个记录 R[s]，并将它保存在 pivot 中；设置两个指针 low 和 high，它们的初值分别取为 low=s 和 high=t；先令

high 自 t 起从右向左扫描，当找到第一个关键字小于 pivot.key 的记录 R[high]时，将记录 R[high]移至 R[low](即空出数组单元 R[high])；然后令 low=low+1 并从左向右扫描，当找到第一个关键字大于 pivot.key 的记录 R[low]时，将记录 R[low]移至 R[high] (即空出数组单元 R[low])；接着令 high=high−1 并从右向左扫描，如此交替改变扫描方向，从两端各自主中间靠拢，直至 low=high，此时 low 便是基准的最终位置；最后将 pivot 放在此位置上就完成了一次划分。

算法 9.4 和算法 9.5 分别给出了一次划分算法及快速排序递归算法。

算法 9.4 一次划分算法。

```
int Partition(rectype R[ ], int low, high)          //返回划分后被定位的基准记录的位置
// 对序列 R[s]～R[t]进行划分
{
    rectype pivot=R[low];                           //子表的第一个记录作为基准，用 pivot 存放
    while (low<high)
    {
        while (low<high && R[high].key>= pivot.key)
            high--;                                 //从右向左扫描，查找第一个关键字小于 pivot.key 的记录
        if (low<high)    R[low++]=R[high];          //移动 R[high]至 R[low]
        while (low<high && R[low].key<= pivot.key)
            low++;                                  //从左向右扫描，查找第一个关键字大于 R[0].key 的记录
        if (low<high)    R[high--]=R[low];          //移动 R[low]至 R[high]
    }    //endwhile
    R[low]= pivot;                                  //基准记录已被最后定位
    return low;
}    // Partition
```

算法 9.5 快速排序递归算法。

```
void   QuickSort(rectype R[ ], int s, int t);       //对 R[s]～R[t]作快速排序
{
    int i;
    if (s<t)                                        //只有一个记录或无记录时无须排序
    {
        i=Partition(R, s, t);                       //对 R[s]～R[t]作划分
        QuickSort(R, s, i–1);                       //递归处理左序列
        QuickSort (R, i+1, t);                      //递归处理右序列
    }
}    // QuickSort
```

算法 9.5 中数组 R 的下界 s 和上界 t 确定待排序记录的范围。对整个序列进行排序时，则调用 QuickSort (R, 1, n)。

图 9.4 给出了一次划分的过程及整个快速排序的过程。

```
初始关键字        (49)   31   63   85   75   15   26   49'
                  ↑                                    ↑
                 low                                  high

high向左扫描      (49)   31   63   85   75   15   26   49'
                  ↑                                ↑
                 low                              high

第 1 次移动后      26    31   63   85   75   15  (26)  49'
                        ↑                        ↑
                       low                      high

low向右扫描       26    31   63   85   75   15  (26)  49'
                              ↑                  ↑
                             low                high

第 2 次移动后      26    31  (63)  85   75   15   63   49'
                              ↑              ↑
                             low            high

high 向左扫描     26    31   15   85   75  (15)  26   49'
第 3 次移动后                      ↑         ↑
                                 low       high

low 向右扫描      26    31   15  (85)  75   85   26   49'
第 4 次移动后                      ↑    ↑
                                 low  high

high 向左扫描     26    31   15  (85)  75   85   26   49'
                                  ↑↑
                               low high
```

(a) 一次划分过程

```
初始关键字        [49   31   63   85   75   15   26   49']
第一趟排序后      [26   31   15]  49  [75   85   63   49']
第二趟排序后      [15]  26  [31]  49  [49'  63]  75  [85]
第三趟排序后       15   26   31   49   49'  63   75   85
```

(b) 每一趟的排序结果

图 9.4　快速排序示例

下面分析快速排序算法的性能。可以证明，对 n 个记录进行快速排序的平均时间复杂度为 $O(n\ lb\ n)$。在时间复杂度量级相同的算法中，快速排序也被公认是最好的。假设对长度为 n 的序列进行快速排序所需的比较次数为 $C(n)$，则

$$C(n) = C_p(n) + C(m) + C(n-m-1)$$

其中，$C_p(n)$是进行一次划分所需的比较次数；m 为一个子序列的长度。显然，$C_p(n)$与序列长度 n 有关。设 $C_p(n) = cn$，c 为常数，$C(m)$和$C(n-m-1)$分别是左、右两个子序列进行排序所需的比较次数，根据算法 9.5，递归地对左、右两个子序列进行排序即可得到总的比较次数。

在最好情况下，快速排序每次划分后基准左、右两个子序列的长度大致相等，也即所取的基准正好是待划分序列的"中值"。这样总的划分结果类似于一棵左右子树结点个数基本相等的二叉树。假设序列长度 $n = 2^k$，那么总的比较次数为

$$C(n) \leqslant C_p(n) + C\left(\frac{n}{2}\right) + C\left(\frac{n}{2}\right) = cn + 2C\left(\frac{n}{2}\right)$$

$$\leqslant cn + 2[cn/2 + 2C(n/2^2)] = 2cn + 4C\left(\frac{n}{2^2}\right)$$

$$\leqslant 2cn + 4\left[\frac{cn}{4} + 2C\left(\frac{n}{2^3}\right)\right] = 3cn + 8C\left(\frac{n}{2^3}\right)$$

$$\leqslant \cdots\cdots$$

$$\leqslant ckn + 2^k C\left(\frac{n}{2^k}\right) = c(\text{lb } n) O(n) + nC(1)$$

$$= O(n \text{ lb } n)$$

式中，C(1)是一常数。

　　当待排序记录已按关键字有序或基本有序时，快速排序的效率反而降低。在最坏情况下，每次划分后基准左、右两个子序列中有一个长度为 0，这样总的划分结果则类似于一棵单支的二叉树。以有序序列为例，在第一趟快速排序中，经过 n-1 次比较之后，第一个记录仍定位在它原来的位置上，并得到一个包括 n-1 个记录的子序列；第二次递归调用中需经过 n-2 次比较，第二个记录仍定位在它原来的位置上，得到的子序列长度为 n-2；依次类推，最后，得到总比较次数为

$$C_{max} = \sum_{i=1}^{n-1}(n - i) = \frac{n(n-1)}{2} = O(n^2)$$

这种情况下，快速排序的时间复杂度为 $O(n^2)$，蜕化为起泡排序。要改善此时的性能，通常采用"三者取中"的方法。也就是在进行一趟快速排序之前，对 R[s].key、R[t].key 和 R[⌊(s+t)/2⌋].key 进行比较，将三者中的"中值"记录与 R[s]交换。实验证明，这种方法可以大大改善快速排序在最坏情况下的性能。

　　综上所述，快速排序的最坏时间复杂度应为 $O(n^2)$，最好时间复杂度为 $O(n \text{ lb } n)$。

　　注意：快速排序的记录移动次数不大于比较的次数。可以证明：平均情况下快速排序的时间复杂度也是 $O(n \text{ lb } n)$。从时间上看，它是目前基于比较的内部排序方法中平均性能最好的，因而称为快速排序。

　　从空间上看，快速排序算法虽然只需要一个临时单元存放基准记录，但是其递归特性需要一个栈空间来实现。栈空间的大小取决于每次划分后序列的长度。最好情况下栈的最大深度为⌊lb n⌋+ 1，所需栈空间为 $O(\text{lb } n)$；最坏情况下栈的最大深度为 n，所需栈空间为 $O(n)$。

　　快速排序是不稳定的。

9.4　选 择 排 序

　　选择排序是一种简单直观的排序算法。它的基本思想是：每一趟从待排序记录中选出

关键字最小(或最大)的记录，并顺序存放在已排好序的记录序列的最后(或前面)，直至全部记录排序完成为止。选择排序的特点是记录移动的次数较少。

9.4.1 直接选择排序

直接选择排序(Straight Select Sort)又称为简单选择排序，其基本思想是：每一趟从待排序记录中选出关键字最小的记录，依次放在已排序记录的最后，直至全部记录有序。直接选择排序是其中最为简单的一种方法。

直接选择排序的具体做法是：第一趟排序将待排序记录 R[1]~R[n]作为无序区，从中选出关键字最小的记录并与无序区中第 1 个记录 R[1]交换，此时得到的有序区为 R[1]，无序区缩小为 R[2]~R[n]；第二趟排序则从无序区 R[2]~R[n]中选出关键字最小的记录，将它与 R[2]交换；第 i 趟排序时，从当前的无序区 R[i]~R[n]中选出关键字最小的记录 R[k]，并与无序区中第 1 个记录 R[i]交换，得到新的有序区 R[1]~R[i]。

注意：每趟排序从无序区中选择的记录，其关键字是有序区中的最大值。根据上述过程类推，进行 n-1 趟排序后，无序区中只剩一个记录，此时整个序列就是递增有序的。排序过程如图 9.5 所示，相应过程的 C 语言描述详见算法 9.6。

初始关键字	[49	31	63	85	75	15	26	49']
第一趟排序后	15	[31	63	85	75	49	26	49']
第二趟排序后	15	26	[63	85	75	49	31	49']
第三趟排序后	15	26	31	[85	75	49	63	49']
第四趟排序后	15	26	31	49	[75	85	63	49']
第五趟排序后	15	26	31	49	49'	[85	63	75]
第六趟排序后	15	26	31	49	49'	63	[85	75]
第七趟排序后	15	26	31	49	49'	63	75	[85]
最后排序结果	15	26	31	49	49'	63	75	85

图 9.5 直接选择排序示例

算法 9.6 直接选择排序。

```c
void   SelectSort(rectype R[ ],   int n)          //对 R[1]~R[n]进行直接选择排序
{
    int i, j, k;
    rectype temp;
```

```
        for (i=1; i<n; i++)                          //进行 n-1 趟选择排序
        {   k=i;
            for (j=i+1; j<=n; j++)                    //选择关键字最小的记录 R[k]
                if (R[j].key<R[k].key)    k=j;
            if (k!=i)                                 //交换 R[i]和 R[k]
            {
                temp=R[i];    R[i]=R[k];    R[k]=temp; }
        }
    }      // SelectSort
```

分析算法 9.6 可知，直接选择排序需 n-1 趟排序，每一趟的比较次数与关键字的排列状态无关。第一趟找出最小关键字需要进行 n-1 次比较，第二趟找出次小关键字需要进行 n-2 次比较，由此类推，总的比较次数为

$$\sum_{i=1}^{n-1}(n-i)=\frac{n(n-1)}{2}=O(n^2)$$

每趟比较后要判断是否要进行两个记录的交换，交换则要进行三次记录的移动。因此，直接选择排序在最好情况下，记录移动次数的最小值为 0，最坏情况下最大值为 3(n-1)。

综上所述，直接选择排序的时间复杂度为 $O(n^2)$。这种排序方法是不稳定的。

9.4.2　堆排序

堆排序(Heap Sort)是直接选择排序的一种改进。在前面介绍的直接选择排序中，为了从 R[1, …,n]中选出关键字最小的记录，必须进行 n-1 次比较；然后在剩余的无序区 R[2, …,n]中找到关键字最小的记录，又需要做 n-2 次比较。事实上，后面这 n-2 次比较中有许多比较可能前面的 n-1 次比较中已经做过，但由于前一趟 n-1 次比较未保留这些比较结果，因此后一趟排序又重复了这些比较操作。堆排序正是以如何减少记录的比较次数为出发点的一种改进算法。

堆排序是在排序过程中，将按照向量存储的记录看成一棵完全二叉树，利用完全二叉树中双亲结点和孩子结点之间的序号关系来选择关键字最小(最大)的记录。因此，堆排序的记录仍然按照数组顺序存储，而非采用树的存储结构，仅仅是借助完全二叉树的顺序结构特征进行分析而已，也就是该记录数组从逻辑上可看作是一个堆结构。那么到底什么是堆呢？

1. 堆的定义

堆是具有以下性质的完全二叉树：所有非终端结点(非叶子结点)的关键字都大于或等于其左、右孩子结点的关键字，即满足条件 R[i].key≥R[2i].key 并且 R[i].key≥R[2i+1].key，这样的完全二叉树称为大根堆；所有非终端结点(非叶子结点)的关键字都小于或等于其左、右孩子结点的关键字，即满足条件 R[i].key≤R[2i].key 并且 R[i].key≤R[2i+1].key，这样的完全二叉树称为小根堆。

从堆的定义我们可以看出，一个完全二叉树如果是堆，则每棵子树都是堆，且根结点(称

为堆顶)一定是当前所有结点中的最大者(大根堆)或最小者(小根堆)。

例如序列{49, 33, 42, 20, 26, 30, 35, 10, 15}是一个大根堆, 序列{10, 20, 15, 33, 26, 30, 35, 49, 42}是一个小根堆。这两个堆的完全二叉树表示及一维数组存储表示如图9.6所示。

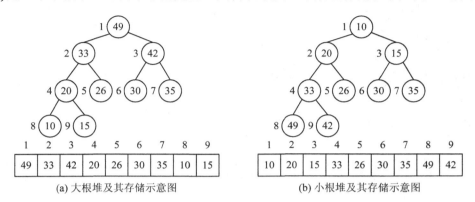

(a) 大根堆及其存储示意图   (b) 小根堆及其存储示意图

图9.6　堆及其存储示意图

以下讨论中以大根堆为例。

2. 堆排序

1) 堆排序的基本思想

堆排序的基本思想是: 首先将 n 个待排序记录序列构建成一个大根堆, 此时, 整个序列的最大值就是堆顶的根结点(一个记录对应一个结点); 接着将其与末尾结点(记录)交换, 此时末尾结点就为最大值; 然后再将剩余 n-1 个结点重新调整成一个堆, 这样会得到 n 个记录序列中次大的记录。如此反复执行 n-1 趟堆排序, 便能得到一个有序(正序)序列。

2) 堆排序需要解决的关键问题

在堆排序中, 需要解决的关键问题是:

(1) 如何按堆的定义构建一个堆, 即建立初始堆。

(2) 如何处理堆顶结点。

(3) 如何调整剩余结点, 成为一个新的堆, 即重建堆。

下面通过示例详细介绍堆排序的实现过程。如待排序记录序列为{47, 33, 25, 82, 72, 11}, 一般情况下, 升序采用大根堆, 降序采用小根堆。

关键问题(1)：构建初始堆。

用给定无序序列{47, 33, 25, 82, 72, 11}构建成一个大根堆, 下面介绍初始堆的构建过程。显然, 无序序列{47, 33, 25, 82, 72, 11}对应的图9.7(a)是一棵完全二叉树, 但不是一个堆。由二叉树的性质可知, 所有序号大于 $\lfloor n/2 \rfloor$ 的树叶结点已经是堆(无子结点)。因此, 初始建堆从序号为 $\lfloor n/2 \rfloor$ 的最后一个非叶子结点开始, 通过调整使所有序号小于等于 $\lfloor n/2 \rfloor$ 的结点为根结点的子树都满足堆的定义。在对根结点为 i (如图9.7(b)中结点33)的子树建堆过程中, 可能要对结点的位置进行调整(交换 33 和 82), 以满足堆的定义。但这种调整可能会导致原先是堆的下一层子树不再满足堆的定义的情况(如图9.7(c)所示), 这就需要再对下一层进行调整, 如此一层层进行下去, 直到叶子结点。这种建堆方法就像过筛子一样, 把最大结点向上逐层筛选到根结点位置，把小的结点筛选到下层，该过程称为筛选(sift)。建初始堆的过程如图 9.7 所示。

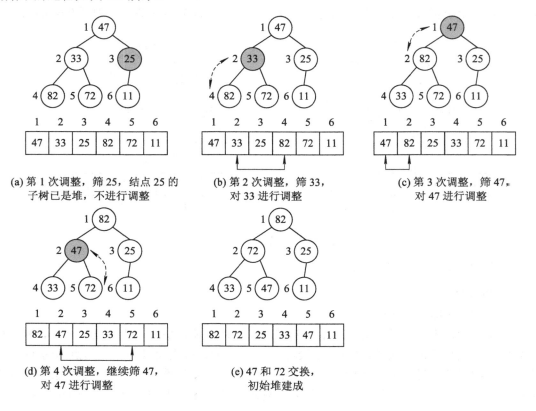

(a) 第 1 次调整，筛 25，结点 25 的子树已是堆，不进行调整

(b) 第 2 次调整，筛 33，对 33 进行调整

(c) 第 3 次调整，筛 47，对 47 进行调整

(d) 第 4 次调整，继续筛 47，对 47 进行调整

(e) 47 和 72 交换，初始堆建成

图 9.7　建初始堆的过程示例

关键问题(2)：分区。

在初始堆建好后，将待排序结点序列分成无序区和有序区两部分，无序区是一个堆，有序区为空。此时将堆顶与堆中最后一个结点交换，则堆中减少一个结点，有序区增加一个结点，完成第一趟排序。以图 9.7(e) 为例，则是交换结点 82 和结点 11，于是有序区不再为空，而是有一个记录 82，如图 9.8 所示。

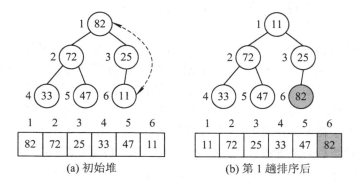

(a) 初始堆

(b) 第 1 趟排序后

图 9.8　初始堆建成后对堆顶结点的处理

一般情况下，第 i 趟堆排序对应的堆中有 n−i+1 个结点，即堆中最后一个记录是
R[n−i+1]。将 R[1] 和 R[n−i+1] 交换完成第 i 趟排序。

关键问题(3)：重新建堆。

重新建堆也就是如何将堆中剩余的 n−i+1 个结点调整为堆。由关键问题(2)的处理结果
(图 9.8)可知，这 n−i+1 个结点(即序列{11, 72, 25, 33, 47})序列相比之前的堆，只有堆顶结
点(已交换成 11)发生了改变，其余结点未发生改变，即根结点 11 的左、右子树都是堆，以
11 为根结点的子树不是堆。因此，此时要解决的问题是如何调整根结点 11，使得 n−i+1 个
结点构成的整棵二叉树成为一个堆。

注意：此后的调整过程都在无序区进行。

下面在图 9.8(b)的基础上介绍重新建堆过程。首先将结点 11 和其左、右孩子比较，根
据堆的定义，应将 11 和 72 交换，如图 9.9(a)所示。经过这一次交换，破坏了原来左子树的
堆结构，需要对左子树再进行调整，如图 9.9(b)所示。调整后的堆如图 9.9(c)所示。其余各
趟排序后的重新建堆操作过程都类似。

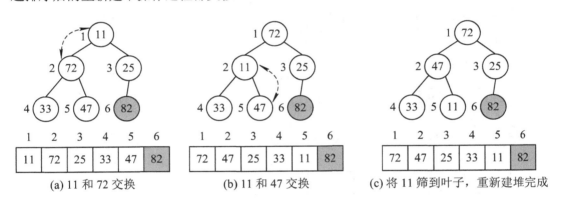

(a) 11 和 72 交换　　　　　　　　(b) 11 和 47 交换　　　　　(c) 将 11 筛到叶子，重新建堆完成

图 9.9　重新建堆过程示意图

3) 堆排序的操作过程

综上可知，堆排序的操作过程(大根堆)如下(小根堆类似)：

(1) 将初始待排序关键字序列(R_1, R_2, …, R_n)构建成大根堆，此堆为初始的无序区；
构建过程中每个非叶子结点都经过一次调整，调整顺序为从底层至顶层(调整过程中含有递
归)，这样调整下来这棵二叉树整体上就是一个大根堆了，见图 9.7。

(2) 将堆顶元素 R[1] 与最后一个元素 R[n] 交换，得到新的无序区(R_1, R_2, …, R_{n-1})和
新的有序区(R_n)，且满足 R[1,2,…,n−1]≤R[n]，见图 9.8。

(3) 将新的无序区调整为新的堆。由于交换后新的堆顶 R[1] 可能不满足堆的性质，
因此需要将当前的无序区(R_1, R_2, …, R_{n-1})调整为新堆，见图 9.9；然后再次将 R[1]
与无序区最后一个元素 R[n−1] 交换，得到新的无序区(R_1, R_2, …, R_{n-2})和新的有序区
(R_{n-1}, R_n)。不断重复此过程，直到有序区的元素个数为 n−1，则整个排序过程完成，
见图 9.10。

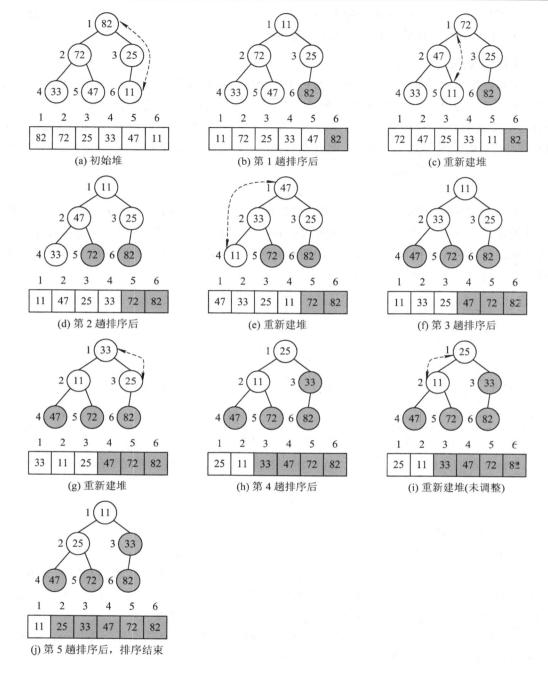

图 9.10 堆排序过程示意

因此对于堆排序，最重要的两个操作就是构建初始堆和调整堆。事实上，构造初始堆的过程也是调整堆的过程，只不过构造初始堆是对所有的非叶子结点都进行调整，而其余各趟重新调整建堆则是从整棵完全二叉树的树根开始调整。自堆顶至叶子的调整过程称为"筛选"。

3. 堆排序算法

下面先给出基于大根堆筛选调整堆的伪代码，然后给出筛选调整堆的算法。

筛选调整堆用伪代码描述为：

1	设置 i 和 j，分别指向当前要筛选的结点和要筛选结点的左孩子
2	若结点 i 已是叶子，则筛选完毕，算法结束；否则执行下述操作：
2.1	将 j 指向结点 i 的左、右孩子中的较大者
2.2	如果 R[i]大于 R[j]，则筛选完毕，算法结束
2.3	如果 R[i]小于 R[j]，则将 R[i]与 R[j]交换，并令 i=j，j=2*i，转步骤 2 继续筛选

假设当前要筛选结点的编号为 s，堆中最后一个结点的编号为 t，并且结点 s 的左、右子树均为堆，即 R[s+1]～R[t]满足堆的条件，堆调整算法如下：

算法 9.7　筛选调整堆的算法。

```
void HeapSift(rectype R[],int s,int t)              //堆调整算法
{ // R[s]~ R[t]除 R[s]外均满足堆的定义，即只对 R[s]进行调整，使得 R[s]为根的完全二叉树
  //成为一个堆
  int i, j;
  rectype temp;
  i=s; j=2*i;                                      //i 是被筛选结点，j 是结点 i 的左孩子
  while(j<=t){                                     //筛选还没有进行到叶子
    if(j<t &&R[j].key<R[j+1].key) j++;             //比较 i 的左、右孩子的关键字，j 指向较大者
    if(R[j].key< R[i].key) break;                  //根结点关键字大于左、右孩子中的较大者
    else{
      temp=R[i]; R[i]=R[j]; R[j]=temp;             //交换根结点和结点 j
      i=j; j=2*i;                                  //将筛结点位于原来结点 j 的位置
    }//endif
  }//endwhile
}
```

下面为堆排序算法。

算法 9.8　堆排序算法。

```
void HeapSort((rectype R[], int n )
{
  int i;
  for(i=n/2; i>=1; i--)                            //按 R[n/2], …, R[1]的顺序建立初始堆
    HeapSift(R, i, n);
  for(i=1; i<n; i++)
  {
    R[0]=R[1]; R[1]=R[n-i+1]; R[n-i+1]=R[0];       //交换 R[1]和 R[n-i+1]
    HeapSift(R, 1, n-i);                           //对 R[1]～R[n-i]重建堆
  }//endfor
}
```

堆排序是一种选择排序，它的运行时间主要消耗在初始建堆和重建堆时进行的反复筛选调整上。初始建堆需要 O(n lb n)时间，第 i 次取堆顶结点重建堆需要 O(n lb i)时间，并且 n−1 趟排序需要取 n−1 次堆顶结点，因此总的实际复杂度为 O(n lb n)。堆排序的最坏、最好、平均时间复杂度均为 O(n lb n)，它对原始记录序列的排列状态不敏感。相对于快速排序，这是堆排序最大的优点。

在堆排序算法中，只需要一个用于交换的暂存单元，所以算法的空间复杂度为 O(1)。

堆排序是一种不稳定的排序算法。

9.5 归 并 排 序

归并排序(Merge Sort)的方法与前面介绍过的排序方法都不一样。"归并"的含义是将两个或两个以上的有序表合并成一个新的有序表。归并排序的基本思想是：假设初始表含有 n 个记录，则可看成是 n 个有序的子表，每个子表的长度为 1；然后两两归并，得到⌈n/2⌉个长度为 2 或 1 的有序子表；再两两归并，如此重复，直至得到一个长度为 n 的有序子表为止。这种方法又称为"二路归并排序"。

1. 二路归并排序的实现过程

二路归并排序的具体实现分为三步：

1) 一次归并

一次归并算法是将相邻的两个有序子表归并为一个有序子表。假设 R[low]～R[mid]和 R[mid + 1]～R[high]表示同一数组中相邻的两个有序表，现在要将它们合并为一个有序表 R1[low]～R1[high]，需要设置三个指示器 i、j 和 k，其初值分别为这三个记录区的起始位置，具体实现如算法 9.9 所示。

算法 9.9 一次归并算法。

```
void Merge(rectype R[ ], rectype R1[ ], int low, int mid, int high)      //归并两个有序子表
{
    i=low; j=mid+1; k=low;
    while(i<=mid&&j<=high)
    {
        if(R[i]<=R[j])   R1[k++]=R[i++];
        else   R1[k++]=R[j++];             //取 R[i]和 R[j]中较小者放入 R1[k]
    }
    while (i<=mid)   R1[k++]=R[i++];        //复制 R[low]～R[mid]中的剩余记录到 R1
    while (j<=high)   R1[k++]=R[j++];       //复制 R[mid+1]～R[high]中的剩余记录到 R1
}     //Merge
```

在算法 9.9 中，从两个有序表 R[low]～R[mid]和 R[mid+1]～R[high]的左端开始，依次比较 R[i]和 R[j]的关键字，并将关键字较小的记录复制到 R1[k]中；然后指向被复制记录的指示器和指向复制位置的指示器 k 右移，重复这一过程，直至其中一个有序表中全部记录复制完毕；最后将另一个有序表的剩余记录直接复制到数组 R1[low]～R1[high]中。

2) 一趟归并

假设在待排序序列中，每个有序表的长度均为 length(最后一个有序表的长度可能小于 length)，那么在归并前 R[1]～R[n]中共有⌈n/length⌉个有序的子表：R[1]～R[length]，R[length+1]～R[2*length]，…，R[(⌈n/length⌉-1)*length+1]～R[n]。一趟归并算法多次调用一次归并算法将相邻的一对有序表进行归并，完成一趟排序，具体算法见算法 9.10。

算法 9.10 一趟归并算法。

```
void MergePass(rectype R[ ], rectype R1[ ], int length, int n)      //进行一趟归并
{
    i=1;
    while(i<=n-2*length+1)
    {
        Merge(R,R1,i,i+length-1,i+2*length-1);    //归并两个相邻的长度为 length 的有序子表
        i+=2*length;
    }
    if(i<n-length+1) Merge(R,R1,i,i+length-1,n);    //归并的两个有序子表中第二个表长度
                                                    //小于 length
    else
        for(k=i; k<=n; k++)
            R1[k]=R[k];                             //只剩下一个有序子表，直接放入 R1 中
}
```

算法 9.10 中要考虑到三种情况，即有序表的个数为偶数且长度均为 length、有序表的个数为偶数但是最后一个有序表长度小于 length 以及有序表的个数为奇数。

3) 归并排序

归并排序算法如算法 9.11 所示，实际上就是对"一趟归并"的重复调用过程。有序表的初始长度为 1，每趟归并后有序表长度增大一倍；若干趟归并后，当有序表的长度等于 n 时，排序结束。

算法 9.11 归并排序算法。

```
void   MergeSort(rectype R[ ], rectype R1[ ], int n)      //对 R 进行归并排序
{
    length=1;          //初始时，有序子表的长度为 1
    while(length<n)    //整个表未归并为一个有序表时(即子表长度 length 小于 n)，继续归并
    {
        MergePass(R,R1,length,n);        //进行一趟归并
        for(i=1; i<=n; i++)
            R[i]=R1[i];                  //将暂存在 R1 的一趟归并结果复制到 R 中
        length=2*length;                 //一趟归并之后有序子表的长度扩大 2 倍
    }
}    // MergeSort
```

2. 二路归并排序示例及算法性能分析

图 9.11 所示为归并排序的示例。对于一组待排序的记录，其关键字分别为 49, 31, 63, 85, 75, 15, 26, 49′。根据算法 9.9，首先将这 8 个记录看作是长度为 1 的 8 个有序表，然后两两归并，直至有序表的长度不小于 8。

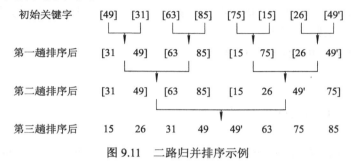

图 9.11　二路归并排序示例

分析算法 9.9、算法 9.10 以及图 9.11 可知，第 i 趟归并后，有序表长度为 2i。因此，对于长度为 n 的无序表，必须执行 $\lceil \mathrm{lb}\, n \rceil$ 趟归并。每趟归并的时间复杂度是 O(n)，二路归并排序算法的时间复杂度为 O(n lb n)。算法中的辅助空间即数组 R_1 的长度为 n，因此空间复杂度是 O(n)。

归并排序是一种稳定的排序算法。与快速排序算法相比，这是它的最大特点。

实际应用中并不提倡从长度为 1 的序列开始进行二路归并。可以先利用直接插入排序得到较长的有序表，然后再进行两两归并。二者的混合排序仍然是稳定的。

9.6　基　数　排　序

基数排序(Radix Sort)属于"分配式排序"(Distribution Sort)，是一种借助"多关键字排序"思想来实现"单关键字排序"的内部排序算法。基数排序也称为"桶子法"，它根据待排列记录的"关键字"，将元素分配至对应的"桶"中，藉以达到排序的目的。前面所讲的排序方法都是基于比较的排序方法，而基数排序是基于分配的排序方法。它不需要比较关键字的大小，而是根据关键字中各位的值，通过对排序的 n 个记录进行若干趟的"分配"与"收集"来实现排序的。

9.6.1　多关键字排序的概念

1. 多关键字的排序过程

多关键字排序的定义：给定一个含有 n 个记录的序列 $\{R_1, R_2, \cdots, R_n\}$，每个记录 R_i 含有 d 个关键字 $k_i^1, k_i^2, \cdots, k_i^d$。多关键字排序是指对 d 个关键字有序，即对于序列中任意两个记录 R_i 和 $R_j (1 \leqslant i < j \leqslant n)$ 都满足如下有序关系：

$$(k_i^1, k_i^2, \cdots, k_i^d) \leqslant (k_j^1, k_j^2, \cdots k_j^d)$$

其中 k^1 称为最主位关键字；k^d 称为最次位关键字。

下面以扑克牌排序为例来进一步说明多关键字排序的含义。每张扑克牌都有花色和面值两个关键码。如果根据这两种关键字进行排序，则可以假设花色和面值由小到大的顺序排列关系为：(1) 花色：梅花 < 黑桃 < 方块 < 红桃；(2) 面值：2 < 3 < 4 < 5 < 6 < 7 < 8 < 9 < 10 < J < Q < K < A。

假定花色是主关键字，面值是次关键字。 根据定义关键字的大小可以确定两张扑克牌的大小， 如黑桃 8<红桃 6，梅花 2<梅花 7 等；只有花色相同时比较面值才有意义。

可按如下步骤进行排序：

(1) 将扑克牌按面值的不同分别放进 13 个编号桶(2 号，3 号，…，A 号)，每个桶里都有 4 种不同花色相同面值的牌。这个过程称为分配。

(2) 按 2 号，…，A 号的次序依次将 13 个桶里的扑克牌收到一起。这个过程称为收集，收集的结果按照面值升序排列(花色可能是乱的)。

(3) 再按花色的不同把扑克牌按花色依次分配到 4 个编号桶(梅花、黑桃、方块、红桃)中。注意分配时每个桶里的顺序都按照面值次序摆放，面值最小的 2 在下面，最大的 A 在上面。这个过程称为分配。此时，每个桶里都是从 2 号，…，A 号 13 张牌。

(4) 最后按红桃、方块、黑桃、梅花的次序将这 4 个桶的牌拿出来叠放到一摞，就完成了对扑克牌的排序过程。这个过程称为收集。

因此经过分配(按面值)、收集(按面值)、再分配(按花色)、再收集(按花色)的几趟过程后就完成了排序。前面的分配、收集过程称为第一趟排序，后面的再分配、再收集过程称为第二趟排序。最终的升序排序结果是梅花 2，…，梅花 A，黑桃 2，…，黑桃 A，方块 2，…，方块 A，红桃 2，…，红桃 A。

2．多关键字的排序方法

多关键字排序按照从最主位关键字到最次位关键字或从最次位关键字到最主位关键字的顺序逐次排序，有两种基本的方法：

1) 最次位优先法

最次位优先法简称 LSD 法(Least Significant Digit First)，是指先从 k^d 开始分组和收集，同一组记录具有相同的关键字 k^d，再按 k^{d-1} 进行分组和收集，依次重复，直到按最主位关键字 k^1 进行分组和收集后得到一个有序序列为止。上面的扑克牌举例属于最次位优先法。

2) 最主位优先法

最主位优先法简称 MSD 法(Most Significant First)，是指先按最主位关键字 k^1 进行分组和收集，同一组子序列中的记录具有相同的关键字 k^1；再对各组子序列按 k^2 排序分割成若干更小的子序列，每个更小的子序列具有相同的 k^2；依此类推，直到按最次位关键字 k^d 对各子组分组和收集后得到一个有序序列为止。

如果排序结果要求以最主位关键字为主关键字，则采用最次位优先法；反之，则采用最主位优先法。

9.6.2　基数排序的过程及链式基数排序算法

1．基数排序的基本思想

基数排序是指将待排序记录的关键字看成由若干个子关键码(字)复合而成，每个子关键码作为一个"关键字"。比如关键字为 3 位整数，则可以把关键字拆分成 3 个关键字，每位看成一个关键字，然后对单关键字的排序就可以按上述介绍的多关键字排序方法进行。拆分后的每个关键字的取值范围相同，我们称这个取值范围为"基"，并记作 r。例如每位数字取值范围是 0～9，基为 10。

基于 LSD 的基数排序的基本思想是：根据基 r 的大小设立 r 个队列，队列编号为 0，1，2，…，r-1；首先从最低位关键字开始，将 n 个记录"分配"到这 r 个队列中；接着根据队列编号由小到大将各队列中的记录依次"收集"起来，这就完成了第一趟排序，排序结果按最低位关键字有序；按照次最低关键字把刚刚的结果再"分配"到 r 个队列中，然后再收集，完成第二趟排序；依次类推，直到最高位分配、收集完成为止，此时便完成了 n 个记录按关键字有序的排序过程。显然，基数排序基于分别排序，分别收集，所以是稳定的。

2. 基数排序的过程

基数排序的具体过程如下：

(1) 第一趟排序按最低位关键字 k^d，将具有相同关键字 k^d 的记录分配到一个队列，完成分组；然后再依次收集起来，得到一个按最次位关键字 k^d 有序的序列。

(2) 第 i 趟排序按最低位关键字 k^{d-i+1}，将具有相同关键字 k^{d-i+1} 的记录分配到一个队列，完成分组；然后再依次收集起来，得到一个按关键字 k^{d-i+1} 有序的序列。

(3) 对于含有 d 个关键字的序列需要进行 d 趟排序完成最终排序。

下面通过一个实例说明基数排序的过程。对记录序列 {51, 88, 12, 15, 20, 24, 21, 23, 55} 进行基数排序。由于每个记录都是两位的十进制数，因此基数排序一共需要进行两趟。首先按照个位将记录分配到相应队列中，然后将队列首尾相接收集起来，再按十位将记录分配到相应队列中，最后再将队列首尾相接并收集起来。

基数排序的具体过程如图 9.12 所示，因为关键字任何一个数位上的数值都位于 0～9 的区间内，需要给待排序记录准备 10 个桶，编号分别为 0, 1, 2, 3, 4, …, 9，对应待排序记

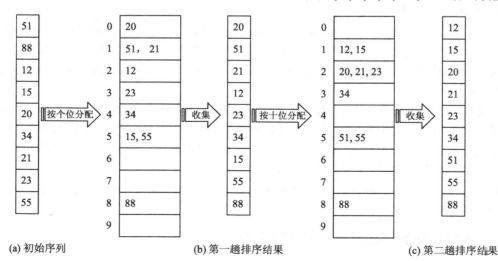

图 9.12　基数排序的过程示例

录中每个关键字相应位的数值；先根据待排序记录的每个关键字的个位来决定将其分配到哪个桶中，然后进行收集，依照桶的编号，将桶中的数据依次取出，形成新的数据记录{20, 51, 21, 12, 23, 34, 15, 55, 88}；再对这个数组按照十分位进行分配进桶并收集，得到最终的排序结果为{12, 15, 20, 21, 23, 34, 51, 55, 88}。

3. 链式基数排序算法

用静态链表(即一维数组)存放待排序的 n 个记录，记录的结构类型定义如下：

```
typedef   struct
{
    int key;                //单关键字
    int   keys[d];          //存放拆分后的各关键字项，最多可存放 d 个关键字项
    int   next;             //下一个键值在数组中的下标
    OtherType   data;
}RecordType;
```

算法 9.12 是基数排序的具体算法。

算法 9.12　基数排序算法。

```
void Radixsort(RecordType R[], int d, int w1, int w2)
{   //对 R[1] ～R[n]进行基数排序，d 为关键字项数，w1～w2 为基数(即权值)的范围；
    int i, j, k, m, p ,t ,f[Radix_Max], e[Radix_Max];       //Radix_Max 为基数的最大长度值
    p=1;
    for(i=0; i<d; i++)              //进行 d 趟排序
    {
        for(j=w1; j<=w2; j++)      //分配前清空队头指针
            f[j]=0;
        while (p!=0)               //最后一个记录 R[n].next 等于 0
        {
            k=R[p].keys[i];        // k 为 R[p]中第 i 项关键字值
            if(f[k]=0)             //第 k 个队列是否为空
                f[k]=p;            // R[p]作为第 k 个队列的队头结点插入
            else
                R[e[k]].next=p;    //将 R[p]链接到第 k 个队列的队尾结点
            e[k]=p;                //第 k 个队列的队尾指针 e[k]指向新的队尾结点
            p=R[p].next;           //取出排在 R[p]之后的记录继续分配
        }//endwhile
        j=w1;                      //收集 w1～w2 个队列上的记录
        while(f[j]==0)             // j 队列为空时继续找下一个非空队列
```

```
            j++;
            p=f[j];                    //找到第一个非空队列使 p 指向队头
            t=e[j];                    //找到第一个非空队列使 t 指向队尾
            while(j<w2)                //j 队列为空时继续查找下一个非空队列
            {   j++;                   //使 j 指向后一个队列
                if(f[j]!=0)            //后一个队列不为空时
                {
                    R[t].next=f[j];    //将后一个队列的队头链到前一个队列的队尾
                    t=e[j];            //t 更新为后一个队列的队尾继续进行对下一个队列的收集
                }//endif
                R[t].next=0;           //收集完毕后置最后一个记录 R[t]为收集队列的队尾标志
            }//endwhile
            m=p;
            printf("%5d", R[m].key);
            do
            {
                m=R[m].next;
                printf("%5d",R[m].key);
            }while(R[m].next!=0);
            printf("n");
    }//endfor
}//endRadixsort


void DistKeys(RecType R[], int n, int d, int w1,int w2)
{                                //先拆分单关键字，然后进行基数排序
    int i,j,k;
    for(i=1; i<=n; i++)
    {
        R[i].next=i+1;         //将记录 R[1]~R[n]先链接成一个链队列
        k=R[i].key;   //取出 R[i]的单关键字
        for(j=0; j<d; j++)
        {
            R[i].keys[j]=k%(w2+1);    //将 R[i]的单关键字 key 拆分为多关键字项存
                                      //R[i].keys[0]～R[i].keys[d-1]
            k=k/(w2+1);
```

```
        }
      }
      R[n].next=0;              //置最后一个记录 R[n]的队尾标志
      RadixSort(R,d,w1,w2);     //进行基数排序
    }
```

链式基数排序过程如图 9.13 所示。

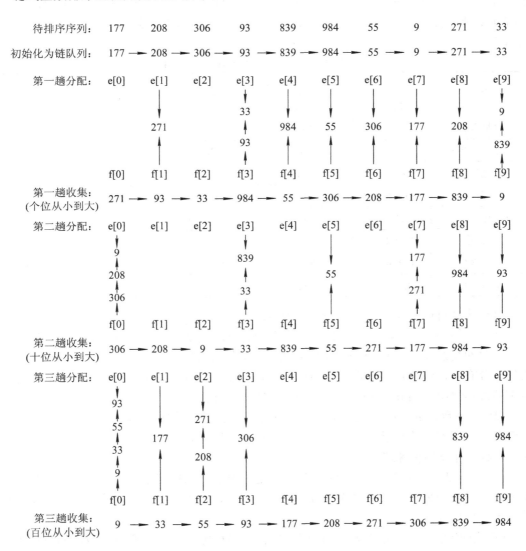

图 9.13　链式基数排序过程示意图

基数排序算法属于稳定的排序。在基数排序过程中，共进行了 d 趟的分配和收集，每一趟分配和收集的时间复杂度为 O(n+m)，因此基数排序的时间复杂度为 O[d*(n+m)]，其中 m 为所采取的基数范围的大小(m=w2-w1+1)。在某些时候，基数排序算法的效率高于其他稳定的排序算法。

9.7　各种内部排序算法的比较和选择

内部排序算法远远不止上面所讨论的这些算法，且各种排序算法没有哪一种是绝对最优的。不同排序算法各有其优缺点，因此在不同的场合如何根据需要选择适当的排序算法是十分重要的。结合本章所讨论的各种排序算法，表9.1给出了不同排序算法在时间复杂度(包括平均、最坏和最好的情况)、空间复杂度和算法稳定性方面的综合比较结果。

表 9.1　各种排序算法的综合比较

排序算法	时间复杂度			空间复杂度	稳定性
	平均情况	最坏情况	最好情况		
直接插入排序	$O(n^2)$	$O(n^2)$	$O(n)$	$O(1)$	稳定
希尔排序	$O(n^{1.3})$	$O(n^{4/3})$	$O(n^{7/6})$	$O(1)$	不稳定
起泡排序	$O(n^2)$	$O(n^2)$	$O(n)$	$O(1)$	稳定
快速排序	$O(n \text{ lb } n)$	$O(n^2)$	$O(n \text{ lb } n)$	$O(\text{lb } n)$	不稳定
直接选择排序	$O(n^2)$	$O(n^2)$	$O(n^2)$	$O(1)$	不稳定
堆排序	$O(n \text{ lb } n)$	$O(n \text{ lb } n)$	$O(n \text{ lb } n)$	$O(1)$	不稳定
归并排序	$O(n \text{ lb } n)$	$O(n \text{ lb } n)$	$O(n \text{ lb } n)$	$O(n)$	稳定
基数排序	$O(d(n+r))$	$O(d(n+r))$	$O(d(n+r))$	$O(r)$	稳定

具体选择排序算法时，应考虑以下因素：

(1) 平均时间。平均时间主要取决于算法的时间复杂度以及关键字的分布情况。一般应采用时间复杂度为 $O[n \text{ lb } n]$ 的排序算法，例如快速排序、归并排序。当待排序的关键字为随机分布时，快速排序所需运行时间最短，但是在最坏情况下性能较差。归并排序没有所谓的最坏情况，当 n 较大时可作为另一种较好的选择。

(2) 记录数目 n。若 n 比较小(如 n≤50)，可采用简单的排序算法，而直接插入排序最为简单。当序列中的记录基本有序时，直接插入排序或起泡排序是较好的选择。当 n 较大时，可根据平均时间来考虑。

(3) 记录大小。排序算法中的主要操作是关键字的比较和记录的移动。当记录本身数据量较大时，应采用记录移动次数较少的排序算法，例如直接插入排序所需的记录移动次数要多于直接选择排序。

(4) 稳定性。这一点取决于不同应用场合。当稳定性比较重要时，较快的算法可以选择归并排序或基数排序，简单排序中可以选择直接插入排序、起泡排序等。必须注意的是，稳定的排序算法与其具体的描述形式有关。改变描述形式，原本稳定的排序算法也会变得不稳定。

本章所讨论的内部排序算法都是在一维数组上实现的。当记录本身信息量较大时，采用链表结构可以节约因大量移动记录所耗费的时间。当记录很大时，可以采用静态链表作为存储结构，以指针的修改替代记录的移动。另外，对于链表结构，我们还可以提取结点的地址信息存储为地址向量，然后按照一维数组的方式对该地址向量进行排序。

习 题 9

一、名词解释

排序，稳定的排序，不稳定的排序，内部排序，外部排序

二、填空题

1．按照排序过程涉及的存储设备的不同，排序可分为_____排序和_____排序。

2．在排序算法中，分析算法的时间复杂度时，通常以_____和_____为标准操作。评价排序的另一个主要标准是执行算法所需要的_____。

3．直接插入排序是稳定的，它的时间复杂度为_____，空间复杂度为_____。

4．对于 n 个记录的集合进行起泡排序，其最坏情况下所需的时间复杂度是_____。

5．对于 n 个记录的集合进行归并排序，所需的附加空间消耗是_____。

6．以下为冒泡排序的算法。请分析算法，并在_____上填充适当的语句。

```
void bulbblesort(int n,list r)   /*flag 为特征位，定义为布尔型*/
    {for(i=1; i<=_____; i++)
        {_____;
            for(j=1; j<=_____; j++)
            if(r[j+1].key<r[j].key){flag=0; p=r[j]; r[j]=r[j+1]; r[j+1]=p; }
                if(flag) return;
        }
    }
```

7．对快速排序来讲，其最好情况下的时间复杂度是_____，最坏情况下的时间复杂度是_____。

8．归并排序要求待排序列由若干个_____的子序列组成。

9．假定一组记录为(46, 79, 56, 38, 40, 80)，对其进行快速排序的第一次划分后的结果为_____。

10．假定一组记录为(46, 79, 56, 38, 40, 80, 46, 75, 28)，对其进行归并排序的过程中，第二趟归并后的子表个数为_____。

11．_____排序算法使键值大的记录逐渐下沉，键值小的记录逐渐上浮。

12．假定一组记录为(46, 79, 56, 38, 40, 84)，在起泡排序的过程中进行第一趟排序后的结果为_____。

13．_____排序算法能够每次使无序表中的第一个记录插入到有序表中。

14．_____排序算法能够每次从无序表中顺序查找出一个最小值。

15．每次从无序子表中取出一个元素，把它插入到有序子表中的适当位置，此种排序算法叫做_____排序；每次从无序子表中挑选出一个最小或最大元素，把它交换到有序表的一端，此种排序方法叫做_____排序。

16. 在简单选择排序中，记录比较次数的时间复杂度为_____，记录移动次数的时间复杂度为_____。

17. 对 n 个记录进行起泡排序时，最少的比较次数为_____，最少的趟数为_____。

18. 快速排序在平均情况下的时间复杂度为_____，在最坏情况下的时间复杂度为_____。

19. 假定一组记录为(46, 79, 56, 38, 40, 84)，则利用堆排序方法建立的初始小根堆为_____。

20. 在所有排序方法中，_____方法使数据的组织采用的是完全二叉树的结构。

三、选择题

1. 以下不稳定的排序算法是( )。
   A. 直接插入排序　　　B. 冒泡排序　　　C. 直接选择排序　　D. 二路归并排序

2. 以下时间复杂度不是 $O(n^2)$ 的排序算法是( )。
   A. 直接插入排序　　　B. 二路归并排序　　C. 起泡排序　　　D. 直接选择排序

3. 具有 24 个记录的序列，采用起泡排序最少的比较次数是( )。
   A. 1　　　　　　　　B. 23　　　　　　　C. 24　　　　　　　D. 529

4. 用某种排序算法对序列{25, 84, 21, 47, 15, 27, 68, 35, 20}进行排序，记录序列的变化情况如下：

    25   84   21   47   15   27   68   35   20
    15   20   21   25   47   27   68   35   84
    15   20   21   25   35   27   47   68   84
    15   20   21   25   27   35   47   68   84

则采取的排序算法是( )。
   A. 直接选择排序　　　B. 起泡排序　　　　C. 快速排序　　　　D. 二路归并排序

5. ( )算法是从未排序序列中依次取出元素与已排序序列中的元素作比较，将其放入已排序序列的正确位置上。
   A. 归并排序　　　　　B. 插入排序　　　　C. 快速排序　　　　D. 选择排序

6. ( )算法是对序列中的元素通过适当的位置交换将有关元素一次性地放置在其最终位置上。
   A. 归并排序　　　　　B. 插入排序　　　　C. 快速排序　　　　D. 选择排序

7. 将上万个一组无序并且互不相等的正整数序列存放于顺序存储结构中，采用( )算法能够最快地找出其中最大的正整数。
   A. 快速排序　　　　　B. 插入排序　　　　C. 选择排序　　　　D. 归并排序

8. 对 n 个元素进行直接插入排序的时间复杂度为( )。
   A. $O(1)$　　　　　　B. $O(n)$　　　　　　C. $O(n^2)$　　　　　D. $O(\text{lb } n)$

9. 若对 n 个元素进行直接插入排序，在进行第 i 趟排序时，假定元素 r[i+1] 的插入位置为 r[j]，则需要移动元素的次数为( )。
   A. j−i　　　　　　　B. i−j−1　　　　　　C. i−j　　　　　　　D. i−j+1

10. 对下列四个序列进行快速排序，各以第一个元素为基准进行第一次划分，则在该次划分过程中需要移动元素次数最多的序列为( )。

    A. {1, 3, 5, 7, 9}   B. {9, 7, 5, 3, 1}

    C. {5, 3, 1, 7, 9}   D. {5, 7, 9, 1, 3}

    11. 在对 n 个元素进行快速排序的过程中，平均情况下的时间复杂度为( )

    A. O(1)   B. O(lb n)   C. $O(n^2)$ D. O(n lb n)

    12. 假定对元素序列{7, 3, 5, 9, 1, 12, 8, 15}进行快速排序，则进行第一次划分后，得到的左区间中元素的个数为( )。

    A. 2   B. 3   C. 4   D. 5

    13. 假定对元素序列{7, 3, 5, 9, 1, 12}进行堆排序，并且采用小根堆，则由初始数据构成的初始堆为( )。

    A. 1, 3, 5, 7, 9, 12   B. 1, 3, 5, 9, 7, 12

    C. 1, 5, 3, 7, 9, 12   D. 1, 5, 3, 9, 12, 7

    14. 若要对 1000 个元素排序，要求既快又稳定，则最好采用( )算法。

    A. 直接插入排序   B. 归并排序   C. 堆排序   D. 快速排序

    15. 若一个元素序列基本有序，则选用( )算法较快。

    A. 直接插入排序   B. 简单选择排序

    C. 堆排序   D. 快速排序

    16. 若要从 1000 个元素中得到 10 个最小值元素，最好采用( )算法。

    A. 直接插入排序   B. 简单选择排序

    C. 堆排序   D. 快速排序

四、简答及算法设计题

    1. 给定关键字序列{105, 50, 30, 25, 85, 40, 100, 12, 10, 28}，分别写出直接插入排序、希尔排序、起泡排序、直接选择排序、快速排序和归并排序的每一趟运行结果。

    2. 试给出上题中直接插入排序、希尔排序、起泡排序、直接选择排序、快速排序和归并排序在最好和最坏时的关键字序列，指出比较和移动次数以及相应的时间复杂度。

    3. 举例说明本章介绍的各排序算法中哪些是不稳定的。

    4. 已知数组 A[n]中的元素为整型，设计算法将其中所有的奇数调整到数组的左边，而将所有的偶数调整到数组的右边，并要求时间复杂度为 O(n)。

    5. 试在单链表上实现起泡排序。

    6. 试在单链表上实现直接插入排序。

    7. 试在单链表上实现直接选择排序。

    8. 一个线性表中的元素为正整数或负整数。设计一个算法，将正整数和负整数分开，使线性表前一半为负整数，后一半为正整数。不要求对这些元素排序，但要求尽量减少交换次数。

    9. 设计算法以实现如下功能：不用完整排序，找出按增序关系为第 k 位的元素。

    10. 设计算法以实现如下功能：不用完整排序，要求找出其中最大的 10 个数，并回答选用何种排序算法最节省时间？

    11. 试写出递归形式的归并排序算法。

12．采用希尔排序算法对顺序表中的整型数据进行排序，设计希尔排序算法并显示每趟排序的结果。

13．编写一个双向起泡的排序算法，即在排序过程中交替改变扫描方向，同时显示各趟排序的结果。

14．下面是一个自下向上扫描的改进的起泡排序算法，按照给定的关键字序列{49, 31, 63, 85, 75, 15, 26, 49'}，试分析共排序了几趟，并写出各趟排序的结果。

```
void   BubbleSort(rectype R[ ], int n)
{   int i=1, j, k;
    while(i<n)
    {   k=n;
        for(j=n; j=i; j--)
        {   if(R[j-1].key>R[j].key)
            {   swap(R[j-1], R[j]);
                k=j;
            }
        }
        i=k;        //将 i 置为最后交换的位置，作为下一趟无序区的下界
    }
}
```

15．关于堆的问题：

(1) 堆的存储表示是顺序的还是链式的？

(2) 设有一个小根堆，即堆中任意结点的关键字均小于它的左孩子和右孩子关键字，则具有最大关键字值的元素可能在什么地方？

(3) 在对 n 个元素进行初始建堆的过程中，最多可做多少次数据比较(不用大 O 表示法)？

(4) 判别下列序列是否为堆，如不是，请按照堆排序思想把它调整为堆：

① {1, 5, 7, 25, 21, 8, 8, 42}

② {3, 9, 5, 8, 4, 17, 21, 6}

第三部分

第 10 章　并行数据结构及应用

近年来，由于频率墙和功耗墙的存在，计算机计算性能的提升主要依赖于计算核心数量的增加，这使得传统的串行算法设计逐步转向基于多核和众核的并行算法设计，越来越多的应用领域，特别是人工智能领域需要并行数据结构与算法设计的相关基础。本章介绍了现代计算机 CPU 和 GPU 硬件架构的发展以及多核与众核的并行编程软件框架，并给出了简单的并行算法设计例子。本章涉及的内容是实施并行计算系统的基础。

◇ 【学习重点】

(1) CPU 的发展趋势；

(2) GPU 硬件架构；

(3) Pthread 并行编程语法规范与应用；

(4) OpenMP 并行编程语法规范与应用；

(5) MPI 并行编程语法规范与应用；

(6) CUDA 并行编程语法规范与应用；

(7) OpenCL 并行编程语法规范与应用。

◇ 【学习难点】

(1) GPU 硬件架构；

(2) GPU 计算的相关概念；

(3) CUDA 并行算法设计；

(4) OpenCL 并行算法设计。

10.1　并行计算系统概述

10.1.1　并行处理器

1. 概述

随着科学技术的不断发展与进步以及各种应用对计算性能需求的不断增加，并行计算作为高性能计算的一个重要方向迅速发展起来。中央处理器(CPU，Central Processirg Unit)

是计算机最重要的组成部分，其计算性能主要取决于主频、核的数量和一个时钟周期所做的浮点计算次数。然而，近年来由于频率墙、功耗墙以及存储墙等问题的存在，CPU 计算性能的提升方式发生了变化。尽管 CPU 集成的晶体管数量仍然在增长，但 CPU 的时钟频率增长几乎停滞了，CPU 性能的增加转变为主要依赖于核心数量的增加。另外一方面，为追求更高的计算性能和能效，异构计算理论和技术迅速发展起来。异构计算的硬件主要包括 GPU(Graphics Processing Unit，图形处理器)和 FPGA(Field Programmable Gate Array，现场可编程门阵列)等，它们已经广泛地应用于图像处理、机器学习、人工智能、视频分析、生物信息学、电磁场计算和雷达信号处理等领域。异构计算的理念也被用来制造超级计算机，自 2006 年世界上出现第一个大规模异构计算集群以来，异构计算集群系统技术得到了飞速发展。例如我国国防科技大学研制的异构计算集群天河一号(采用 CPU + GPU)和天河二号(采用 CPU + Intel 的众核加速器)都曾经排名世界第一。2016 年 6 月，采用中国自主研发的申威众核处理器 26010 设计的神威太湖之光超级计算机又夺得世界第一。26010 处理器也是基于异构计算的理念而设计，其包括四个核心组，每组有 65 个内核，由 8 × 8 Mesh 架构计算集群、一个管理单元和一个内存控制器组成。

2. 多核 CPU

计算能力和带宽是决定 CPU 性能的主要因素。计算能力指标一般使用 FLOPS，即每秒执行的 32 位浮点(FP32)运算次数来衡量。一般常见的 CPU 计算性能从为每秒十亿次浮点运算(GFLOPS，Giga Floating Point Operations per Second)到每秒万亿次浮点运算(TFLOPS，Tera Floating Point Operations per Second)不等。但是 FPGA、数字信号处理器、专用集成电路(ASIC)等计算设备也支持其他精度的数据类型，数据可能是 FP16 和 INT8 等多种格式，不一定是浮点计算能力，经常使用每秒十亿次运算(GOPS，Giga Operations per Second)和每秒万亿次运算(TOPS，Tera Operations per second)指标。带宽是 CPU 等计算核心从存储器读取数据的能力，带宽(GB/S) = 内存工作频率 × 位宽/8。

由于单核 CPU 无法继续通过提高时钟频率来提升性能，因此具有多核结构的 CPU 逐渐成为主流。多核结构指的是在同一个处理器上集成两个或两个以上的计算内核，不同计算内核之间相互独立，可以并行地执行指令。Intel 和 AMD 公司生产的台式机与服务器 CPU 的核心数最高已达到 32 个，ARM 和高通等公司生产的嵌入式低功耗手机 CPU 拥有的核心数最高可达 10 核。以 2018 年发布的 Intel Xeon W-3175X 为例，其采用 14 纳米工艺，最大内存带宽为 119 GB/s，单精度浮点计算能力为 5.5 TFLOPS@3.1GHz，支持 AVX-512 指令，包含 28 个物理核，最高支持 56 线程，采用图 10.1 所示的互联结构。这种互联结构把众多核心划分成网状区块分布，类似 XY 轴，每个核心与周围四个互连(边缘的连两三个)。AVX-512 指令支持整数和浮点计算，双发射 512 FMA(Fused Multiply-Add，融合乘加指令)浮点计算时理论单精度浮点计算性能在 64 FLOPS/周期/每核心，双精度 32FLOPS。AMD 公司的霄龙处理器 EPYC 7601 有 32 个核，带宽最高为 158.95 GB/s。华为手机芯片麒麟 980 共有 10 个 ARM 核心，由 2.6 GHz 的双核 A76、1.9 GHz 的双核 A76 和 1.8 GHz 的四核 A55 等处理器核心组成。

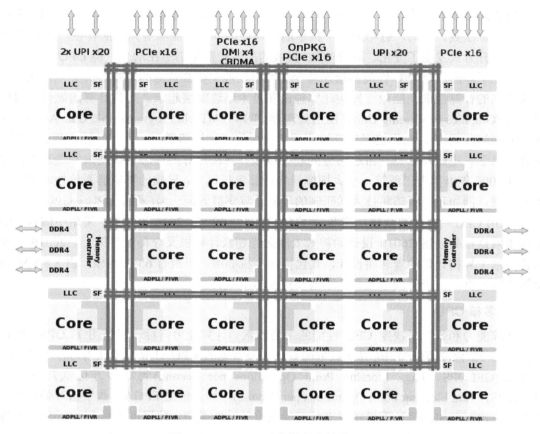

图 10.1　Intel MESH 架构的多核处理器

3. GPU

GPU 以前主要用于图形学处理，其强大的计算能力现在已经被用作加速器来加速计算密集型应用。GPU 使用成千上万的并发线程执行程序，面向高吞吐量数据处理任务设计，具有高带宽、高并行性的特点，因此适用于大量数据的并行计算。目前 GPU 厂商主要有 NVIDIA、AMD、Intel、高通、ARM 等公司，不同公司生产的 GPU 在硬件架构、功耗、性能以及应用场景等方面存在巨大的差异。比如高通的 Adreno 和 ARM 的 Mali 架构最新嵌入式 GPU 功耗只有几瓦，计算能力大约 1 TFLOPS。而 NVIDIA 公司最新的 Tesla 系列的 Volta 100 采用 12 nm FFN 工艺制造，有 5120 个流处理器，可提供 7.5 TFLOPS 的双精度计算能力和 15 TFLOPS 单精度性能。针对人工智能应用中的深度学习算法新增加了支持混合精度 FP16/FP32 计算的 640 个 Tensor Core，能够为训练、推理应用提供 120 Tensor TFLOPS 计算能力。GPU 设计了鲜明的层次式存储，使用好层次式存储是进行性能优化的关键。GPU 存储单元包括全局存储、纹理存储、常量存储、共享存储、寄存器等，各存储单元的使用依赖于算法的访存模式和存储单元的特性。到目前为止，NVIDIA 通用计算的 GPU 产品经历了 Tesla、Fermi、Kepler、Maxwell、Pascal、Volta、Turing 等架构，架构的快速迭代使相应的硬件逻辑发生变化，为算法实施和性能优化带来了进一步的挑战。表 10.1 给出了常用的 GPU 参数对比。

表 10.1　常用的 GPU 参数

芯片	Tesla T4	Tesla V100	Radeon Instinct MI60	Jetson AGX Xavier	UHD Graphics 630	Mali-G72 MP18	Adreno 640
公司	NVIDIA	NVIDIA	AMD	NVIDIA	Intel	ARM	Qualcomm
架构	Turing	Volta	Vega	Volta	Gen 9.5	Mali-G72	Adreno
TDP(w)	70	250	300	30	15	<5	<5
单精度性能 (TFLOPS)	8.1	15.7	14.7	1.4	0.9	0.5	0.9
低精度计算 (TOPS)	130 INT8 260 INT4	120 FP16	59 INT8	22 INT8	不支持	不支持	不支持
计算核心/个	2560	5120	4096	512	192	18	384
显存容量/GB	16	32	32	共享内存系统	共享内存系统	共享内存系统	共享内存系统
带宽/(GB/s)	300	897.0	1024.0	127.1	68.3	29.9	31.4

　　台式计算机和服务器上的独立 GPU 一般通过 PCI 总线来通信,由于 PCI 总线速度的限制(PCI-E X16 2.0 接口带宽单向 8 GB/s,双向 16 GB/s),CPU 和 GPU 协同计算的效率受到了很大的制约。现在有两种技术来提高 CPU 和 GPU 的通信速度,一种是通过高效的总线连接,比如 NVIDIA 公司研发的 NVLink;另外一种是将 CPU 和 GPU 集成在一个芯片上。如 AMD 公司 2011 年生产 40 nm 的加速处理器 APU(Accelerated Processing Units),集成了 400 个核的图形处理器;到了 2017 年,14 nm 的锐龙 52 400 G 已经包含 704 个图形计算核心。Intel 公司 2011 年发布的 32 nm 的 Sandy Bridge CPU 第一次实现了 CPU 和 GPU 的系统集成,最多有 12 个 EU 单元;2017 年发布的 14 nm Coffee Lake 架构 CPU 集成了 48 个 EU 单元。

10.1.2　并行编程框架

　　随着计算机处理器向着多核与众核发展,并行编程语言也迅速发展起来,并且呈现出百花齐放和百家争鸣的态势。目前,并行编程语言大体分两类,一是适用于 CPU 的,如 Pthread、MPI 和 OpenMP 等;另一类是适用于加速器的,如 CUDA 和 OpenCL 等。

　　对于 CPU 上的并行程序来说,进程和线程是两个最为关键的概念。进程是计算机中的程序在某个数据集合上的一次运行活动,是系统进行资源分配和调度的基本单位。它的执行需要系统分配资源创建实体之后,才能进行。进程对应于一个程序的运行实例,而线程则是程序代码执行的最小单元。一个典型的线程拥有自己的堆栈、寄存器(包括程序计数器,用于指向下一条应该执行的指令在内存中的位置),而代码段、数据段、打开文件这些进程级资源是同一进程内多个线程所共享的。因此同一进程的不同线程可以很方便地通过全局变量(数据段)进行通信。

　　一个进程内的所有线程使用同一个地址空间,而这些线程的执行由调度程序控制,调度程序决定哪个线程可执行以及什么时候执行线程。线程有优先级别,优先权较低的线程必须等到优先权较高的线程执行完后才能执行。在多核处理器的机器上，调度程序可将多个线程放到不同的核上去运行，这样可使核之间任务平衡，并提高系统的运行效率。对不同进程来说，每个进程都具有独立的数据空间，要进行数据传递只能通过通信的方式进行，与通过内存通信的方式相比代价较大。

1. Pthread

POSIX 线程简称 Pthread，是操作系统级接口的规范，最早来源于 1995 年的标准 IEEE POSIX 1003.1c。它主要用来定义线程相关的操作。

Pthread 适合于多线程编程，能够在不同的操作系统上运行，具有良好的可移植性。所有线程都可以访问全局的共享内存区域，每一个线程有自己的私有内存，但访问共享内存时需要注意线程安全和同步问题。多线程编程涉及互斥量管理、线程管理、信号量管理以及同步管理等。线程管理主要用于创建线程、分离线程、等待线程、设置和查询线程属性等。互斥量主要是用于线程同步，具有创建互斥量、销毁互斥量、锁定互斥量和解锁互斥量等功能。条件变量通常与互斥锁配合使用，主要的函数包括条件变量的创建、销毁、等待信号量和发送信号量。Pthread 常用的函数如表 10.2 所示。

表 10.2　Pthread 常用函数

函数名	功　　能
pthread_create()	创建一个新的线程
pthread_exit()	终止当前线程
pthread_cancel()	中断线程
pthread_join()	阻塞当前线程，确保线程不会退出
pthread_attr_init()	初始化线程的属性
pthread_attr_destroy()	删除线程的属性
pthread_kill()	向线程发送一个信号
pthread_self()	获取线程 ID，线程 ID 在某进程中是唯一的，在不同的进程中创建的线程可能出现 ID 值相同的情况
getpid()	gettid()是内核给线程分配的进程 id，全局(所有进程中)唯一

Pthread 是一种基于共享内存的并行编程模型。它的主要特点是：线程的启动和销毁开销比较小，同时线程之间的通信也比较方便。在 Pthread 中，常见的同步方式有互斥锁、条件变量、读写锁、信号量等方式。利用 Pthread 进行编程时，在同一个进程中，多个线程可以访问全局共享内存，同时每一个线程都可以有自己的私有内存，仅在当前线程内访问数据。在对全局共享数据进行读写时，需要程序员手动设置保护机制，以防全局数据读写冲突。使用多线程程序可以充分利用多核 CPU 的硬件性能，提高程序的执行速度。

在 Linux 中，通过 pthread_create()函数实现线程的创建：

　　　　int pthread_create(pthread_t *thread, const pthread_attr_t *attr,void *(*routine) (void *), void *arg);

其中：thread 表示的是一个 pthread_t 类型的指针；attr 用于指定线程的一些属性，比如线程优先级和线程调度策略等；routine 是一个函数指针，一个线程产生后会执行该函数；arg 表示的是传递给线程调用函数的参数。

当线程创建成功时, 函数 pthread_create()返回 0, 若返回值不为 0 则表示创建线程失败。操作系统给 pread_create 函数创建的线程分配了线程编号 thread_id, 可以使用 pthread_self() 函数获取系统分配的线程编号。下面给出示例程序 pthread1.c。

```c
#include <stdio.h>
#include <pthread.h>
#include <unistd.h>
#include <malloc.h>
void* threadFun(void *id){
    pthread_t newthid;
    newthid = pthread_self();
    printf("this is a new thread, thread ID is %u,PID is %d\n", newthid,getpid());
    return NULL;
}
int main()
{
    int num_thread = 5;
    pthread_t *pt = (pthread_t *)malloc(sizeof(pthread_t) * num_thread);
    printf("main thread, ID is %u, PID is %d\n", pthread_self(), getpid());
    for (int i = 0; i < num_thread; i++){
        if (pthread_create(&pt[i], NULL, threadFun, NULL) != 0){
            printf("thread create failed!\n");
            return 1;
        }
    }
    sleep(2);
    free(pt);
    return 0;
}
```

程序运行结果如下:

```
main thread, ID is 2920368832,PID is 21875
this is a new thread, thread ID is 2924574464, PID is 21875
this is a new thread, thread ID is 2922473216, PID is 21875
this is a new thread, thread ID is 2926675712, PID is 21875
this is a new thread, thread ID is 2928776960, PID is 21875
this is a new thread, thread ID is 2930878208, PID is 21875
```

　　在这个例子中, pthread_create 函数创建了五个子线程, 每一个子线程都执行创建时指定的 thread 函数。进程和生成的五个线程使用 pthread_self()函数的 ID 各不相同,但是 gettid() 获取到的进程编号 PID 一样。使用命令 gcc -o pthread1 pthread1.c-lpthread 编译 pthread1.c 程序。

2. OpenMP

OpenMP 是一种用于共享内存并行系统的多线程程序设计的库(Compiler Directive)。特别适合于多核 CPU 上的并行程序开发设计，支持的语言包括 C、C++、Fortran 等。不过，用以上这些语言进行程序开发时，并无需要特别关注的地方，因为现如今的大多数编译器已经支持 OpenMP，例如 Sun Compiler、GNU Compiler、Intel Compiler、Visual Studio 等。程序员在编程时，只需要在特定的源代码片段的前面加入 OpenMP 专用的#pargma omp 预编译指令，就可以"通知"编译器对该段程序自动进行并行化处理，并且在必要的时候加入线程同步及通信机制。当编译器选择忽略#pargma omp 预处理指令时或者编译器不支持 OpenMP 时，程序又退化为一般的通用串行程序。此时，代码依然可以正常运作，只是不能利用多线程和多核 CPU 来加速程序的执行而已。

1) OpenMP 的执行模式

从 main 函数开始，起初只有一个线程在工作，称其为主线程；遇到并行指令后，即在运行并行指令范围内的代码时，会派生出更多的线程来完成并行化工作(可以通过控制语句来设置派生出的线程数量)；然后，主线程和这些派生出来的线程共同工作，并行执行程序；完成需要并行的程序之后，这些派生出来的线程退出工作模式，把得到的结果传送给主线程，主线程继续工作。

OpenMP 的并行执行主要通过 Fork-join 的形式来进行。在主线程中，当主线程进到编译指导语句时，会通过 Fork 操作创建一组线程，用来进行多线程处理。主线程和子线程根据程序的任务粒度动态地分配任务。在并行程序结束时，其他子线程进行 join 操作，所有子线程聚合到主线程中。此时程序执行完毕，接下来只有主程序继续执行下去。Fork-join 模型如图 10.2 所示。

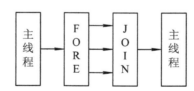

图 10.2　Fork-Join 模型

2) OpenMP 的常用指令与函数

OpenMP 中常用的指令有如下 9 种：

(1) for：用于 for 循环之前，运行时将 for 循环分到不同的线程上来完成并行任务。

(2) parallel：用在 for 循环或者某个函数之前，表示下面的这段程序需要用多个线程并行执行。

(3) single：表示执行并行处理时某一段代码必须由一个线程来完成。

(4) barrier：用于线程同步。由于每个线程执行的计算量不同，有的线程计算任务完成得快，有的线程完成得慢，因此先完成计算任务的线程遇到此命令要停下来等待尚未完成计算的线程。当全部线程都完成计算之后，再来执行下面的任务。

(5) master：表示下面的这段代码必须由主线程来执行。

(6) threadprivate：用来表示某个变量是线程专有的。

(7) private：表示某个变量在所有线程中都有私有副本。

(8) Num_threads：设置线程数量。

(9) shared：某个变量可以在多个线程间共享。

3) OpenMP 程序示例及分析

下面给出一个 OpenMP 程序的例子 hello.c。

```c
#include <stdio.h>
#include <omp.h>
int main(int argc, char **argv)
{
    int nthreads, thread_id;
    printf("I am the main thread.\n");
    #pragma omp parallel private(nthreads, thread_id)
    {
        nthreads = omp_get_num_threads();
        thread_id = omp_get_thread_num();
        printf("Hello. I am thread %d out of a team of %d\n",  thread_id, nthreads);
    }
    printf("Here I am, back to the main thread.\n");
    return 0;
}
```

OpenMP 编程中以下库函数可用于监控程序运行的情况，并影响线程和并行环境。

(1) omp_get_thread_num：返回线程号。

(2) omp_get_num_threads：返回使用的线程数。

(3) omp_set_num_threads：设置需使用的线程数。

(4) omp_get_max_threads：得到可用最大线程数。

(5) omp_get_num_procs：返回处理器个数。

(6) omp_set_dynamic：动态改变线程数。

在 hello.c 的程序中，语句#pragma omp parallel 用于创建并行区：并行区里每个线程都会去执行并行区中的代码。控制并行区中线程的数量通过系统函数 omp_set_num_threads(参数)去设置，函数的参数值就是运行并行程序线程的数量。如果 CPU 有四个核，那么屏幕将显示如下结果：

```
Hello. I am thread 0 out of a team of 4
Hello. I am thread 2 out of a team of 4
Hello. I am thread 3 out of a team of 4
Hello. I am thread 1 out of a team of 4
```

4) OpenMP 的经典用法——for 街环

OpenMP 的经典用法就是 for 循环的并行化，把一个循环分成多部分在不同的进程上执行：

```
#pragma omp parallel for
    for(int i=0; i<n; i++)
        z[i] = x[i]+y[i];
```

其工作原理是将 for 循环中的任务分配到一个线程组中，线程组中的每一个线程将完成循环中的一部分任务。OpenMP 程序将 for 循环分解到多个线程上进行并行，通过调整线程数目和调度方式(静态调度、动态调度)等手段来优化性能。执行并行任务的线程调变由 OpenMP 运行环境控制，因此当线程数量很多时，并行程序的可扩展性经常表现一般。在具体应用时要想提高并行效率，需要根据算法特点和硬件平台的特性，对代码进行一定的优化。下面我们对 for 循环的具体示例程序进行分析。

```
#pragma omp parallel for num_threads(4)    {
    for (int i=0; i<6; i++)
    {
        printf("(%d)", i);
        printf("threads ID: %d \n", omp_get_thread_num());
    }
}
```

上面的程序使用了四个线程，执行后的效果如下：

(4)　threads ID: 2

(0)　threads ID: 0

(1)　threads ID: 0

(2)　threads ID: 1

(3)　threads ID: 1

(5)　threads ID: 3

for 的 6 次迭代会被分成连续的 4 段：0～1 次迭代由 0 号线程计算，2～3 次迭代由 1 号线程计算，依此类推。当然 for 的各次迭代在线程间如何分配可以由 schedule(type[,size]) 指定。schedule(static, size)将所有迭代按每连续 size 个为一组，然后将这些组轮转分给各个线程。例如有 4 个线程，100 次迭代，schedule(static, 5)将迭代 0～4，5～9，10～14，15～19，20～24，…，依次分给 0，1，2，3，0，…号线程。schedule(static)同 schedule(static, size_av)，其中 size_av 等于迭代次数除以线程数，即将迭代分成连续的和线程数相同的等分(或近似等分)。

schedule(dynamic, size)同样分组，然后依次将每组分给目前空闲的线程(故叫动态)。

schedule(guided, size)把迭代分组分配给目前空闲的线程，最初组大小为迭代数除以线程数，然后逐渐按指数方式(依次除以 2)下降到 size。

schedule(runtime)的划分方式由环境变量 OMP_SCHEDULE 定义。

在 Linux 环境下使用 gcc 编译器编译 OpenMP 的命令为 gcc-fopenmp hello.c-o hello。

3. MPI

1) MPI 概述

MPI(Message Passing Interface，消息传递接口)主要应用于多台计算机互联的集群计算环境，支持的计算机节点数可达上万个。MPI 是由全世界工业、科研和政府部门联合建立的一个消息传递编程标准，其目的是为基于消息传递的并行程序设计提供一个高效、可扩展、统一的编程环境。它是目前最为通用的并行编程方式，也是分布式并行系统的主要编程环境。

一个 MPI 系统通常由一个组库、头文件和相应的运行、调试环境构成。MPI 并行程序通过调用 MPI 库中的函数来完成消息的传递，编译时与 MPI 库链接。而 MPI 系统提供的运行环境则负责一个 MPI 并行程序的启动与退出，并提供适当的并行程序调试、跟踪方面的支持。作为一个跨语言的通讯协议，MPI 支持点对点和广播两种通信方式。MPI 程序执行时，在集群的每个节点上启动多个进程，节点间的进程通过高速通信链路(如以太网或 InfiniBand 网络)显式地交换消息，并行协同完成计算任务。MPI 广泛使用在高性能计算应用中，但是基于 MPI 的并行程序通常需要开发者设计算法的通信拓扑，编程难度较大，并且容错性不足，一个进程出现问题就会导致整个应用需要重新进行计算。

一个 MPI 并行程序由一组运行在相同或不同计算机上的进程构成。MPI 程序中独立参与通信的个体称为一个进程。一个 MPI 程序中由部分或全部进程构成的一个有序集合称为一个进程组。进程组中每个进程被赋予一个该组中的序号(rank)，称为进程号。MPI 程序中进程间的通信通过消息的收发或同步操作完成。一个消息指在进程间进行的一次数据交换。在 MPI 中，一个消息由通信器、源地址、目的地址、消息标签和数据构成。

MPI 的通信器分为域内通信器和域间通信器两种。域内通信器由进程组和上下文构成，一个通信器的进程组必须包含定义该通信器的进程作为成员。MPI 系统预定义了两个域内通信器，它们是 MPI_COMM_WORLD 和 MPI_COMM_SELF，前者包含构成并行程序的所有进程，后者包含单个进程(各进程自己)；其他通信器可在这两个通信器的基础上构建。域间通信器用于分属于不同进程组的进程间的点对点通信。一个域间通信器由两个进程组构成。

MPI 程序中所有通信都必须在特定的通信器中完成。通信器是构成 MPI 消息传递的基本环境。一个通信器由它所包含的进程组及与之相关的一组属性(例如进程间的拓扑连接关系)构成。上下文是通信器的一个固有性质，它为通信器划分出特定的通信空间。消息在一个给定的上下文中进行传递，不同上下文间不允许进程消息的收发，这样可以确保不同通信器中的消息不会混淆。此外，MPI 要求点对点通信与聚合通信是独立的，它们间的消息不会互相干扰。上下文对用户是不可见的，它是 MPI 实现的一个内部概念。

MPICH 是一种最重要的 MPI 实现。它可以免费从互联网上下载。MPICH 是一个与 MPI 规范同步发展的软件版本，目前，MPICH 的最新版本是 MPICH-3.3。

2) MPI 示例程序

MPI 支持 C、C++ 和 FORTRAN 语言，在编写并行程序时，要包含并行计算的头文件 "mpi.h"，这样才能使用并行通讯环境下的消息功能。下面给出了最简单的 MPI 示例程序 mpidemo.c。

```
#include <stdio.h>
#include "mpi.h"
int main(int    argc , char **argv )
```

```
        {
            int rank, size;
            MPI_Init( &argc, &argv );
            MPI_Comm_size( MPI_COMM_WORLD, &size );
            MPI_Comm_rank( MPI_COMM_WORLD, &rank );
            printf( "Hello world from process %d of %d\n", rank, size );
            MPI_Finalize();
            return 0;
        }
```

其中 MPI_Init 函数用于初始化 MPI 系统,在调用其他 MPI 函数前要先调用此函数。在许多 MPI 系统中,第一个进程通过 MPI_Init 来启动其他进程。注意要将命令行参数的地址&argc 和&argv 传递给 MPI_Init。因此如果一个 MPI 程序如果要处理命令行参数,最好在调用 MPI_Init 之后再进行处理,这样可以避免遇到 MPI 系统附加的额外参数。函数 MPI_Comm_size 与 MPI_Comm_rank 分别返回指定通信器(这里是 MPI_COMM_WORLD)中进程的数目以及本进程的进程号。MPI_Finalize 函数用于退出 MPI 系统,调用 MPI_Finalize 之后不能再调用任何其他 MPI 函数。

使用命令 mpicc -o mpidemo mpidemo.c 编译,启动四个进程执行 mpirun -np 4 ./mpidemo,屏幕输出运行结果为:

> Hello world from process 2 of 4
>
> Hello world from process 3 of 4
>
> Hello world from process 1 of 4
>
> Hello world from process 0 of 4

3) MPI 的通信模式

MPI 最基本的通信模式是在一对进程之间进行的消息收发操作:一个进程发送消息,另一个进程接收消息。这种通信方式称为点对点通信。

(1) 通信类型。MPI 提供两大类型的点对点通信函数。第一种类型称为阻塞型(Blocking),第二种类型称为非阻塞型(Non Blocking)。阻塞型函数需要等待指定操作实际完成,或至少所涉及的数据已被 MPI 系统安全备份后才返回。如函数 MPI_Send 和 MPI_Recv 都是阻塞型函数,其原型如下:

```
        int MPI_Send(void* buf, int count, MPI_Datatype type,int dest, int tag, MPI_Comm comm);
        int MPI_Recv(void* buf, int count, MPI_Datatype type, int source, int tag, MPI_Comm comm,
MPI_Status *status);
```

其中 buf 指定发送或接收数据的存储区;count 表示数据的个数;type 表示数据的类型;source 和 dest 分别表示消息的发送进程号和接收进程号;tag 是消息标签;comm 是进程所在的通信器;status 保存此次 MPI_Recv 函数执行完后的状态。

阻塞型函数的操作是非局部的,它的完成可能需要与其他进程进行通信。

非阻塞函数则在调用后立即返回,而实际的数据发送操作则由 MPI 系统在后台进行。最常用的非阻塞点对点通信函数包括 MPI_Isend 和 MPI_Irecv 两种,它们的实现功能与

MPI_Send 和 MPI_Recv 函数一样，只是实现的方式不同而已。在调用了一个非阻塞型点对点通信函数之后，用户必须随后调用其他函数，如 MPI_Wait 或 MPI_Test 等来等待操作完成或查询操作的完成情况。非阻塞型函数是局部的，因为它的返回不需要与其他进程进行通信。在许多并行算法设计中需要使用非阻塞型通信函数，以实现计算与通信的重叠进行，从而提高计算效率。

(2) 发送模式。

MPI 提供了四种点对点消息的发送模式，这四种发送模式的相应函数具有一样的调用参数，但它们发送消息的方式或对接收方的状态要求不同。这四种模式是标准模式(Standard Mode)、缓冲模式(Buffered Mode)、同步模式(Synchronous Mode)和就绪模式(Ready Mode)。

标准模式由系统决定是先将信息复制至一个缓冲区，然后立即返回，还是等待将数据发送出去后再返回。大部分 MPI 系统预留了一定大小的缓冲区，当发送的信息长度小于缓冲区大小时会将消息复制到缓冲区，然后立即返回；否则当部分或全部信息全部发送完毕后再返回。标准模式的发送操作是非局部的，因为它的完成需要与接收方联络。标准模式阻塞型发送函数是 MPI_Send。

缓冲模式中，MPI 系统将消息复制至一个用户提供的缓冲区，然后立即返回，消息的发送由 MPI 系统在后台进行。用户必须保证所提供的缓冲区足以容下采用缓冲模式发送的信息。缓冲模式发送操作是局部的，因为函数不需要与接收方联络即可立即返回。缓冲模式阻塞型发送函数为 MPI_Bsend。

同步模式在标准模式的基础上要求确认接收方已经开始接收数据后函数调用才返回。显然，同步模式的发送是非局部的。同步模式阻塞型发送函数为 MPI_Ssend。

就绪模式中，发送时必须确保接收方已经处于就绪状态，否则将产生一个错误。该模式设立的目的是在一些以同步方式工作的并行系统上，由于发送时可以假设接收方已经准备好接收，从而减少一些握手信号的开销。如果一个使用就绪模式的 MPI 程序是正确的，则将其中所有就绪模式的消息发送改为标准模式后也应该是正确的。就绪模式阻塞型发送函数为 MPI_Rsend。

(3) 聚合通信。

聚合通信是指在一个通信器的所有进程间同时进行的通信。调一个聚合通信函数时，通信器中的所有进程必须同时调用同一函数，共同参与操作。聚合通信包括障碍同步 MPI_Barrier、广播 MPI_Bcast、数据收集 MPI_Gather、数据散发 MPI_Scatter、全交换 MPI_Alltoall 和归约 MPI_Reduce。

4. CUDA

CUDA(Compute Unified Device Architecture，统一计算架构)是 2007 年由 NVIDIA 公司推出的只能运行在本公司各种型号 GPU 上的并行编程语言，使用扩展的 C 语言来进行 GPU 编程。自 2007 年 CUDA 1.0 版本诞生后，由于大大降低了 GPU 通用编程的难度，因此大量的研究者尝试利用 GPU 加速各个领域的算法。此后 CUDA 版本快速迭代，通用计算能力越来越强，比如 2009 年的 CUDA 3.0 加入了对 C++ 编程语言的支持，2012 年的 CUDA 5.0 增加了动态并行的新特性，2013 年的 CUDA 6.0 支持统一寻址，而 2017 年发布的 CUDA 8.0.61 支持 GPU 直接同步，使得 GPU 可以在没有 CPU 辅助的情况下交换数据。CUDA 并行编程模型采用两级并行机制，即 Block 映射到流多处理器并行执行以及同一个 Block 内的 Thread 映射到 CUDA 核上并发执行。由于 GPU 强大的计算能力，今天 CUDA 已经被广泛应用于人工智能计算系统。

5. OpenCL

OpenCL(Open Computing Language，开放计算语言)是 Khronos 组织制定的异构计算统一编程标准，得到了 AMD、Apple、Intel、NVIDIA、ARM、Xilinx、TI 等公司的支持，因此可以运行在多核 CPU、GPU、DSP、FPGA 以及异构加速处理单元上。OpenCL 计算模型在具体硬件上执行时，由各个厂家的运行环境负责将代码在线编译成机器码并建立软硬件映射机制。硬件计算设备执行的并行程序 kernel 启动后会创建大量的线程同时执行，每个线程称为工作单元(work-item)，用来具体执行 kernel 程序。当映射到 OpenCL 硬件上执行时，采用两级并行机制，work-group 并发运行在异构计算设备的计算单元上，同一个 work-group 里的多个 work-item 相互独立并在处理单元上并行执行。

并行编程框架还在快速发展中，每一个框架都有它的特点。表 10.3 给出了常用的编程框架在开放性和支持语言等方面的对比。Pthread 和 OpenMP 相比，开发者可以更底层地控制线程的启动、执行和同步等功能。

表 10.3　并行编程框架的比较

编程框架	出现时间	开放性	主要支持语言	支持硬件	编程难度
Pthread	1995	IEEE 标准	C	CPU	难
OpenMP	1997	API 标准	C，C++，Fortran	CPU	容易
MPI	1992	API 标准	C，C++，Fortran	互联的 CPU 集群	难
CUDA	2007	企业私有	C，C++	NVIDIA GPU	容易
OpenCL	2008	API 标准	C，C++	GPU，CPU，FPGA，DSP	难

10.1.3　并行计算的性能度量

对并行算法的性能进行分析和评价的主要概念有加速比、效率、Amdahl 定律和 Gustafson 定律。

1. 加速比

并行算法的运行时间是指算法在并行计算机上求解一个问题所需的时间，即从开始执行到最后任务执行完所经过的时间。用 T_s 表示串行算法的运行时间，T_p 为并行算法在并行机使用 p 台处理机所需的时间，则加速比定义为

$$S_p = \frac{T_s}{T_p} \tag{10-1}$$

当 $S_p = p$ 时，获得最大加速比，即线性加速比。

效率 E_p 定义为

$$E_p = \frac{S_p}{p} \tag{10-2}$$

效率反映了并行系统中处理器的利用情况。

2. Amdahl 定律

Amdahl 定律描述了在一个计算任务中，基于可并行化和串行化的任务各自所占的比重，程序通过获得额外的计算资源，理论上能够加速多少。假设不能分解成并发任务的计算部分所占的比例为 f，则用 p 个处理器完成此任务所需的时间为

$$T_p = fT_s + \frac{(1-f)T_s}{p} \tag{10-3}$$

则其加速比为

$$S_p = \frac{T_s}{T_p} = \frac{T_s}{fT_s + \frac{(1-f)T_s}{p}} = \frac{p}{1+(p-1)f} \tag{10-4}$$

从公式(10.4)易得知，当 p 无限增大趋近无穷大时，加速比的最大值无限趋近 1/f。也就是说，如果一个算法中 10% 的计算量需要串行计算完成的话，那这个算法并行计算时加速比最多只能快 10 倍。

3. Gustafson 定律

Amdahl 定律基于计算负载固定不变的假设得到一个算法的加速比，Gustafson 定律则认为当计算系统的规模增加时(处理机的个数增加)，用增加问题规模的方式可以保持固定的并行执行时间；而且当问题规模增加时，假定串行运算时间不变化，就可以得到新的加速比公式。

首先设并行执行时间为常数 1，即

$$T_p = fT_s + \frac{(1-f)T_s}{p} = 1 \tag{10-5}$$

相应的顺序执行时间 T_s 和加速比 S_p 为

$$T_s = fT_s + (1-f)T_s = p + (1-p)fT_s \tag{10-6}$$

$$S_p = \frac{fT_s + (1-f)T_s}{fT_s + \frac{(1-f)T_s}{p}} = \frac{p+(1-p)f}{1} = p + (1-p)f \tag{10-7}$$

10.1.4　并行计算的应用

现在科学技术的发展依赖于理论、实验、计算三大手段的进步，以人工智能、大数据和高性能计算为代表的新的技术手段为科学研究提供了新的范式。科学研究中产生的大数据需要利用人工智能的算法去分析，而大数据的存储和算法的执行需要高性能计算平台作为工具。并行计算作为计算机科学的一个分支，主要是指从体系结构、并行算法和软件系

统开发等方面研究开发高性能计算机的技术。

1. 图像处理

随着数字成像设备的性能不断提高，单幅遥感图像、天文图像、大脑 3D 图像、冷冻电镜图像和病理图像的像素达上亿个，而互联网上的图像数量更是无法估计。如何高效快速地对这些图像进行分析成为人工智能时代的迫切要求，所以图像处理领域对计算有着非常大的需求。今天，利用 GPU 处理图像的算法已经渗透到各个领域，包括图像的傅里叶变换(FFT)、边缘检测、预处理、分割、检测和识别等。

2. 数据挖掘

关于数据挖掘，韩家炜教授在《数据挖掘：概念与技术》书中给出的定义是："数据挖掘，就是从大型数据库中抽取有意义的(非平凡的，隐含的，以前未知的并且是有潜在价值的)信息或模式的过程。"并行计算已经在频繁项集、K-means 算法、推荐算法和支持向量机等算法上得到了应用。

3. 人工智能

近年来，深度神经网络由于优异的算法性能，已经广泛应用于图像分析、语音识别、目标检测、语义分割、人脸识别、自动驾驶等领域。深度神经网络之所以能获得如此巨大的进步，其本质是模拟人脑的学习系统，通过增加网络的层数让机器从数据中学习高层特征，目前深度神经网络的层数有几百层甚至可达上千层，日趋复杂的神经网络模型为其应用的时效性带来了挑战。为减少深度神经网络的计算时间，基于各种高性能计算平台设计并行深度神经网络的算法逐渐已成为研究热点。

深度卷积神经网络由一个输入层、数个隐层以及一个输出层构成。每层有若干个神经元，神经元之间有连接权重。每个神经元模拟人类的神经细胞，结点之间的连接模拟神经细胞之间的连接。深度神经网络算法的实现由一些基本的算子——卷积、池化、激活函数、局部响应归一化、全连接、Dropout 以及反向传播时求取残差值的算子——组成。这些算子通过组合可以实现功能强大的深度卷积神经网络并应用于不同领域。卷积层通过卷积滤波器从输入特征图中提取各种特征。卷积操作是深度卷积神经网络算法的核心操作，也是在整个算法执行过程中最为耗时的操作。

各种结构新颖性能优良的深度卷积神经网络模型如雨后春笋般涌现出来，从 AlexNet、GoogLeNet、VGG、ResNet 发展到 GAN 和图神经网络。近年来的研究重心是设计更轻量高效的卷积网络结构。表 10.4 给出了这些深度神经网络的计算特性。

表 10.4　经典卷积神经网络结构及其计算特性参数

神经网络名称	网络层数	卷积层数	卷积核大小	全连接层数	参数数量	计算量/FLOPS	模型尺寸/b
Alexnet	8	5	11, 5, 3	3	60M	720M	250M
GoogLeNet	22	21	7, 1, 3, 5	1	6.8M	1550M	50M
ResNet50	50	49	7, 1, 3,	1	<2M	3900M	102.4M
VGG19	19	16	3	3	138M	15 300M	552M
MobileNet V1	28	27	3, 1		4.2M	575M	74M

续表

神经网络 名称	网络 层数	卷积 层数	卷积核 大小	全连接 层数	参数 数量	计算量 /FLOPS	模型尺寸 /b
MobileNet V2	54	53	3,1	1	3.4M	300M	74.6M
ShuffleNetV1	20	19	3,1	1	2.3M	524M	6.1M
ShuffleNetV2	30	29	3,1	1	2.3M	299M	3.5M
SqueezeNet	18	18	3,1	0	1.25M	833M	4.8M

4．雷达信号处理

随着雷达技术的发展，雷达信号处理系统的功能越来越复杂，研制成本也越来越高。传统基于 FPGA + DSP 雷达信号处理系统的开发主要是以 Verilog HDL(Hardware Description Language)或者 VHDL(Very High Speed Integrated Circuit Hardware Description Language)为开发语言，不仅开发和调试花费的时间相比于基于 CPU 的通用计算系统要多得多，而且要求开发人员掌握很多的硬件开发技术，信号处理系统的开发成本和维护成本高。近年来，人们提出软件化雷达，这种雷达基于开放式体系架构开发，具有数字化、模块化、标准化等技术特点，开发人员能更加灵活地对雷达系统进行维护和更新升级。软件化雷达不仅具有开发难度低、开发周期短的特点，而且开发代价大大降低，为雷达系统的快速更新换代提供了强大的后盾，在实际应用中具有重要的意义。

5．并行计算系统

随着各种应用对计算的需求不断增长，快速开发基于并行计算的应用系统日益重要。如图 10.3 所示，并行计算系统涉及硬件计算能力、并行计算接口、并行算法设计和应用等不同层次。并行算法的设计是并行计算系统实施中最重要的一环。

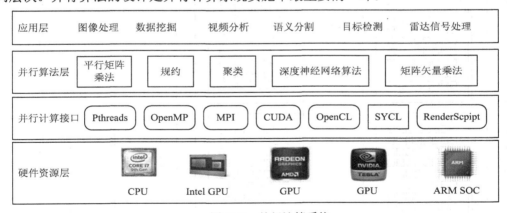

图 10.3　并行计算系统

10.2　图形处理器

10.2.1　GPU 硬件架构

GPU 最早用于图形学计算，包括顶点处理、光栅化和像素处理等功能，因此使用图形学编程接口——OpenGL 和 DirectX。虽然 GPU 的生产厂商有很多，但是无论是 Intel 还是 AMD 公司，目前都还无法撼动 NVIDIA 在 GPU 领域的主导地位。Intel 公司主要生产的是将 CPU 和 GPU 集成在一个芯片上的集成显卡。目前由于强大的计算能力和 CUDA 并行计算语言的出现，GPU 越来越多地用于通用计算。不同于 CPU，NVIDIA 的 GPU 架构更新很快，从 2006 年到 2018 年，其架构经历了 Tesla、Fermi、Kepler、Maxwell、Pascal、Volta、Turing 等变化，通用计算的能力越来越强。这里主要介绍 Pascal 和 Volta 架构的芯片。

1. NVIDIA 公司的 GPU 架构

2016 年问世的 Pascal 架构 GPU 芯片 GP100，采用 16 nm FinFET 制程和 153 亿个晶体管制造而成，其总体架构如图 10.4 所示。GP100 包含 GPC(Graphics Processing Clusters，图形处理集群)、TPC(Texture Processing Clusters，纹理处理集群)、SM(Steam Multiprocessors，流多处理器)、显存控制器以及 GPU 互联高速接口 NVLink。一颗完整的 GP100 芯片包括 6 个 GPC，60 个 Pascal 流多处理器，30 个纹理处理集群和 8 个 512 位内存控制器(总共 4096 位)。每个图形处理集群内部包括 10 个流多处理器，每个流多处理器内部包括 64 个 CUDA 流处理器(Streaming Processor，SP)。

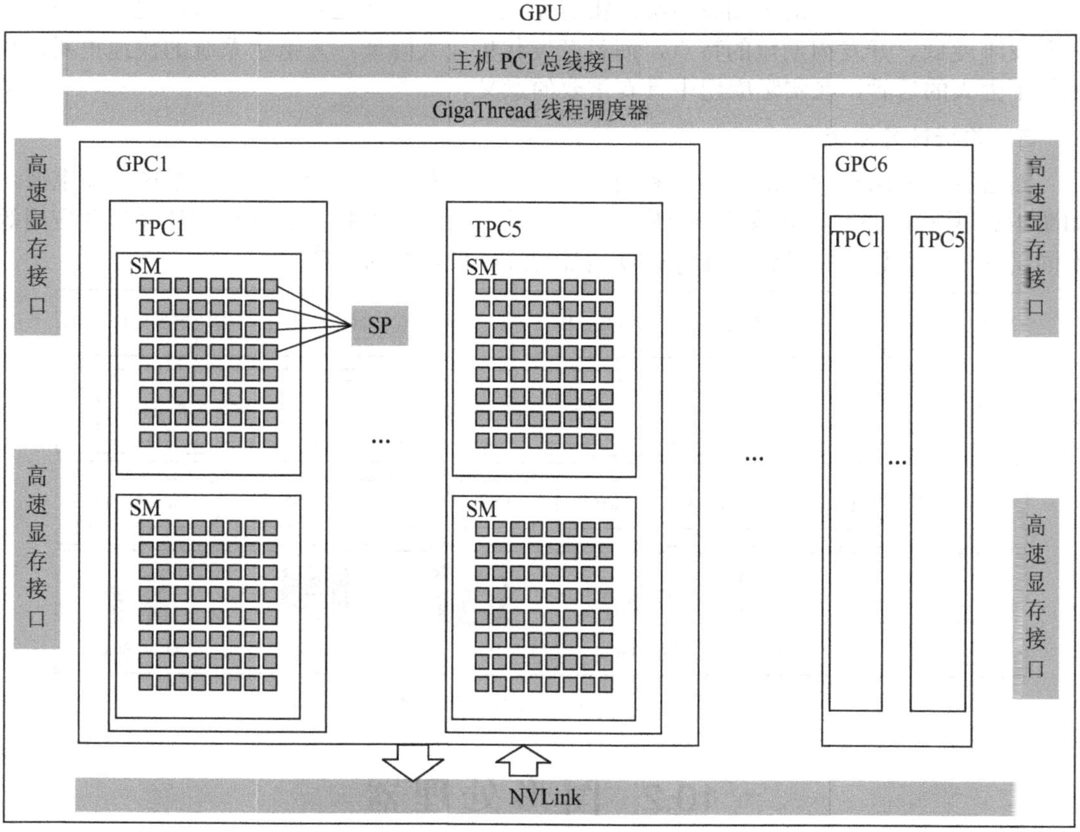

图 10.4　Pascal 架构

GPC 中的 SM 是 GPU 架构中的基本计算单元，每个 SM 中有多个流处理器(或者称为 CUDA Core)，为 GPU 硬件中最基本的单元。流多处理器的架构如图 10.5 所示。

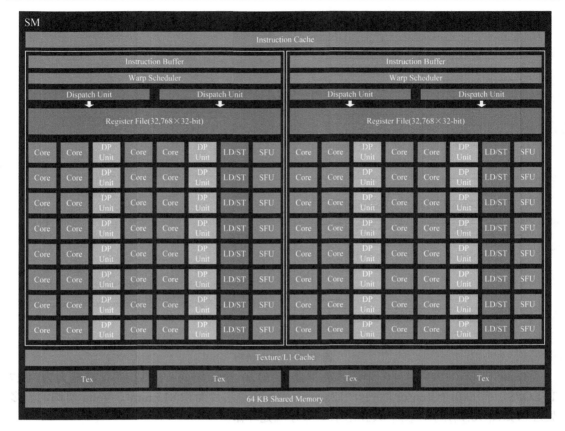

图 10.5 Pascal 架构的流多处理器

基于 Pascal 架构的 Tesla P100 GPU 使用了 56 个流多处理器，GPU 最高工作时钟为 1480 MHz，拥有 10.6 TFLOPS 的单精度计算能力。其计算能力的公式为

$$56 \times 64 \times 1480\,\text{MHz} \times 2\text{FLOPS} = 10\,608\,640\text{MFLOPS} = 10.6\,\text{TFLOPS}$$

GPU 通过 PCI-E 总线与 CPU 相连接，CPU 使用内存，GPU 使用显存。CPU 作为主机端(Host)，主要负责复杂逻辑和事务处理等串行运算，例如任务调度、数据传输以及运算量少的计算；而 GPU 作为设备端(Device)，主要处理逻辑分支简单、计算密度高的大规模数据并行任务，通过大量线程实现面向高吞吐量的数据并行计算。主机端只有一个，而设备端可以有多个。在使用 GPU 计算时，首先 CPU 将数据利用 PCI 总线传输到 GPU 显存中，在 GPU 计算完成后，再将计算结果返回给主机内存。由于 PCI 通信带宽的限制，在使用 GPU 加速时，优化数据通信开销也是必须要考虑的问题。

2017 年 NVIDIA 发布了基于 Volta GV100 架构的 Tesla V100 GPU，其总体结构类似于 Pascal 架构。一颗完整的 Volta GV100 架构包括 6 个图形处理集群 GPC，每个 GPC 由 7 个 TPC 组成，每个 TPC 由 2 个流多处理器组成，因此一共有 84 个 Volta 流多处理器。每个流多处理器内部包括 64 个 FP32 和 INT32 核，32 个 FP64 核，8 个张量核，其架构示意图如图 10.6 所示。

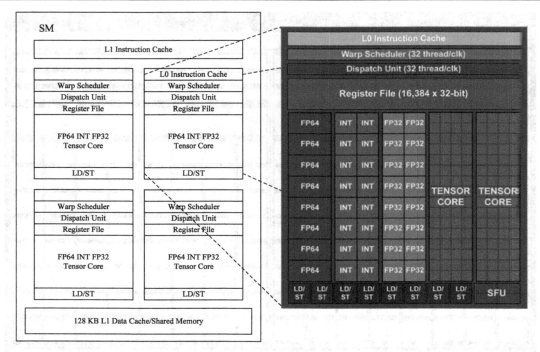

图 10.6　Volta 架构

Tesla V100 GPU 由 80 个流多处理器共 5120 个核组成；FP32 的计算能力为 15.7 TFLOPS，有 640 个 Tensor Cores，12 nm 工艺生产；芯片面积 815 mm^2。Volta 架构的流多处理器如图 10.7 所示，图中只画出了一部分流处理器。

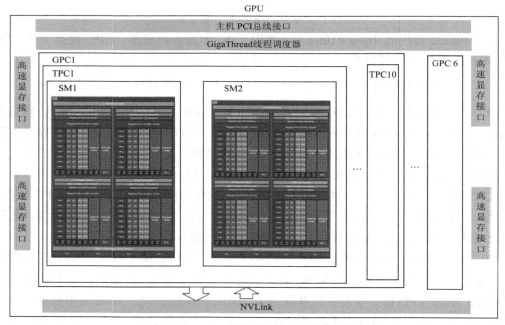

图 10.7　Volta 架构的流多处理器(局部)

Volta 架构的 Tensor 核心每个时钟周期可执行 64 次浮点混合乘加(FMA)运算，可为深度神经网络训练和推理应用程序提供高达 125 TFLOPS 的计算性能。Tensor Core 执行融合乘法加法，将两个 4×4 FP16 矩阵相乘，计算结果存在 4×4 FP16 或 FP32 矩阵中，最终输出新的 4×4 FP16 或 FP32 矩阵。因为输入矩阵的精度为半精度，但乘积可以达到单精度，因此 NVIDIA 将 Tensor Core 进行的这种运算称为混合精度计算。

2. AMD 公司的 GPU 架构

AMD 作为桌面级和服务器级 GPU 的重要生产厂家，其生产的 GPU 在架构上跟 NVIDIA 有很大的差别。AMD 公司在 2015 年推出了基于 HBM1 的 Fiji 架构的 GPU；2016 年推出了基于 GDDR5 的 Polaris 架构的 GPU 产品；2017 年推出了基于 Vega 架构的 GPU，显存容量最大为 16 GB，同时引入了 HBM2，实现了最高可达 512 GB/s 的传输性能。

Vega 架构的第一个产品是"Vega 10"，它采用 14 nm LPP FinFET 工艺制造，集成了 125 亿个晶体管，核心面积 486 mm^2。Vega 10 核心有 64 个计算单元、4096 个流处理器，单精度浮点计算性能达到 13.7 TFLOPS，支持 16 位半精度浮点计算，计算性能为 27.4 TFLOPS。Vega 架构的核心模块是下一代计算单元(Next-generation Compute Unit，NCU)。NCU 使用快速打包运算(Rapid Packed Math)，允许两个 FP16 半精度的运算同时执行，并支持丰富的16 位浮点和整数指令集，包括 FMA、MUL、ADD、MIN/MAX/MED、Bit Shift 等。Vega 架构中每个 NCU 拥有 64 个 ALU，可以灵活地执行低精度计算指令，比如每个周期可执行512 个 8 位数学计算，或者 256 个 16 位计算，或者 128 个 32 位计算。这不仅充分利用了硬件资源，也能大幅度提升 Vega 在深度学习等应用上的性能。Vega 架构如图 10.8 所示。

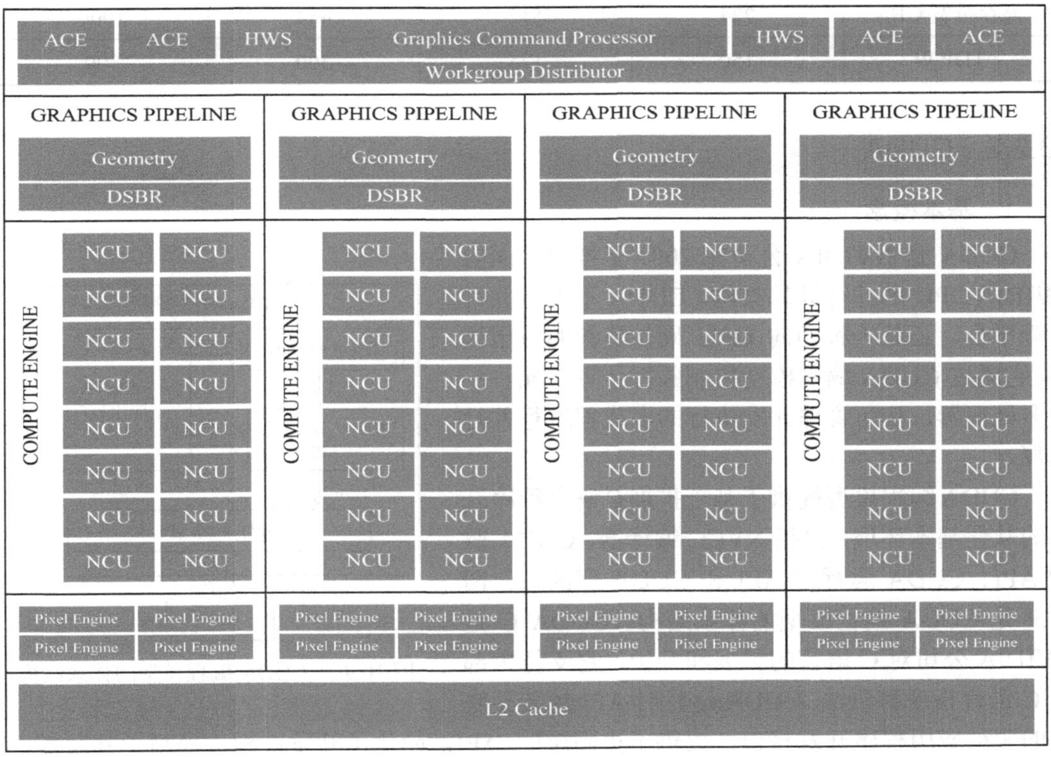

图 10.8　AMD Vega 架构

AMD 还生产了专门用于科学计算的 Radeon Instinct 加速卡，支持多种计算精度，产品型号有 Radeon Instinct MI6、Radeon Instinct MI8、Radeon Instinct MI25 和 Radeon Instinct MI60。其中 MI60 还支持 INT8 精度计算，性能最高为 59.0 TOPS。AMD 加速卡各项指标对比如表 10.5 所示。

表 10.5　　AMD GPU 加速卡性能参数

GPU 名称 / 类 别	Radeon Instinct MI6	Radeon Instinct MI8	Radeon Instinct MI25	Radeon Instinct MI60
架构	Polaris 10	Fiji XT	Vega 10	Vega 20
制程	14 nm FinFET	28 nm	14 nm FinFET	7 nm FinFET
核个数	2304	4096	4096	4096
时钟频率 MHz	1237	1000	1500	1800
FP16 TFLOPS	5.7	8.2	24.6	29.5
FP32 TFLOPS	5.7	8.2	12.3	14.7
FP64 TFLOPS	0.384	0.512	0.768	7.4
显存	16 GB GDDR5	4 GB HBM1	16 GB HBM2	32 GB HBM2
显存时钟 MHz	1750	500	472	1000
显存位宽	256-bit bus	4096-bit bus	2048-bit bus	4096-bit bus
显存带宽 GB/s	224	512	484	1000
TDP W	150	175	300	300

10.2.2　CUDA

1. 基本概念

CUDA 是 NVIDIA 公司在 2007 年推出的面向 NVIDIA GPU 的并行计算架构。CUDA 不仅是并行计算平台，还是一种面向 GPU 硬件资源的应用接口。它通过 CUDA 编程模型控制并行计算单元——流多处理器，从而管理并发执行的多线程进行并行运算。

CUDA 编程模型提供了基于扩展 C 语言程序开发的软件基本环境，包括 NVCC 编译器、CUDA 驱动 API、CUDA 运行时 API 和 CUDA 库函数。图 10.9 是 CUDA 编程模型的体系结构。CUDA C 是 NVIDIA 公司对 C 语言的扩展和升级，它支持大部分 C 语言指令和语法。CUDA 运行时 API 封装了底层的驱动应用程序开发接口，提供了更高层的 API，简化了开发过程，提高了开发效率。CUDA 库函数封装了常用的函数实现，提供开放的应用开发库，如 cuBLAS、cuFFT、cuRand

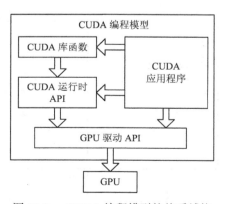

图 10.9　CUDA 编程模型的体系结构

等，这些库很好地支持了常用的科学计算。

　　CUDA 运行时 API 和 CUDA 驱动 API 提供了实现设备管理、上下文管理、存储管理、代码块管理、执行控制、纹理索引管理以及 OpenGL 和 Direct3D 互操作性的应用程序接口。CUDA 运行时 API 在 CUDA 驱动 API 的基础上进行了封装，隐藏了一些底层细节，编程简单，代码简洁。CUDA 运行时 API 使用时要包含头文件 cuda_runtime.h，使用的函数都有 CUDA 前缀。CUDA 在第一次调用函数时自动完成初始化。CUDA 驱动 API 是一种基于句柄的底层接口(对象通过句柄被引用)，可以加载二进制或汇编形式的内核函数模块，指定参数，并启动计算。CUDA 驱动 API 的编程相对复杂，但能通过直接操作硬件执行一些更加复杂的功能，或者获得更高的性能。由于它使用的设备端代码是二进制或者汇编代码，因此可以在各种语言中调用。CUDA 驱动 API 使用的函数前缀为 cu。

　　在 CUDA 编程模型中引入了主机端和设备端的概念，其中 CPU 作为主机端(Host)，GPU 作为设备端(Device)。CPU 负责任务的调度、数据的传输、逻辑处理以及运算量少的计算，GPU 硬件主要通过 "CUDA 核" 进行并行计算；在 CPU 上执行的代码称为主机代码，在 GPU 上运行的代码称为设备代码。设备端代码又称为核函数(kernel)。CUDA 写的设备端源文件一般以 ".cu" 为后缀，Host 端的串行程序和 Device 端的并行程序可以各自独立运行，如图 10.10 所示。GPU 程序可以异步执行，当 CUDA 程序在 GPU 中开始执行后，程序的流程控制权立刻交还给 Host 端串行程序，即 CPU 可以在 GPU 进行大规模并行运算时进行串行运算，提高异构设备的运行效率。

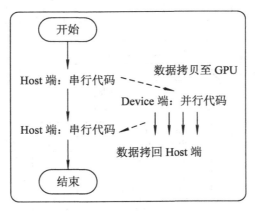

图 10.10　CUDA 程序执行流程

　　早期 Tesla 架构只能进行单精度浮点运算和整数运算，后来在 Fermi 及其以后的架构中增加了对双精度浮点计算的支持。最新的 GPU 还可以支持 FP16 和 INT 8 低精度计算。

　　CUDA 的执行模型与传统的单指令多数据流有很大区别，它采用单指令多线程模式。warp 是 SM 的基本执行单元。一个 warp 包含 32 个同时运行的线程，这 32 个线程执行 SIMT 模式，即这 32 个线程执行相同的指令序列，但每个线程会使用各自的数据执行该指令序列。GPU 的并行多线程技术与 CPU 的多线程技术有很大差异，CPU 的一个核心通常在一个时刻只能运行一个线程的指令，在实际应用中并行执行的线程由操作系统提供的 API 来实现，线程数目默认等于 CPU 的核心数，是一种粗粒度的多线程并行。而 GPU 采用的则是由硬件系统管理的轻量级线程，能够同时处理数千个线程，当某个线程需要访问寄存器时，并不会造成线程的等待，可以有效地提高资源利用率。

2. CUDA 编程模型与 GPU 硬件映射

CUDA 编程模型使用 GPU 的众核实现并行运算。在 CUDA 编程模型中，通过众多并行执行的细粒度线程来执行计算任务。CUDA 的线程组织分三层结构：最外层是线程网格 (Grid)，中间层为线程块(Block)，最内层为线程(Thread)，如图 10.11 所示。一个 Grid 包含多个 Block，这些 Blocks 的组织方式可以是一维、二维或者三维。任何一个 Block 均包含多个线程，这些线程的组织方式也可以是一维、二维或者三维。因此定义 ThreadIdx、BlockIdx、BlockDim 和 GridDim 为 uint3 类型，uint3 是一个包含三个整数的整型向量类型。ThreadIdx 表示一个线程的索引(一个线程的 ID)；BlockIdx 是一个线程块的索引 ID；BlockDim 表示线程块的大小；GridDim 表示网格的大小，即一个网格中有多少个线程块。CUDA 核函数能够识别执行核函数的线程索引和线程所在的线程块索引这两种索引的特殊变量。当线程组织为一维结构时，这两个变量分别为 threadIdx.x 和 blockIdx.x。

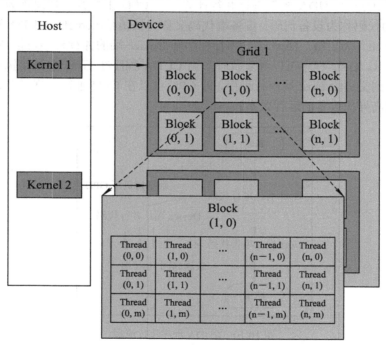

图 10.11　CUDA 线程的组织结构

CUDA 中每一个线程都有一个唯一标识 ThreadIdx，从 0 开始。这个 ID 随着线程组织结构形式的变化而变化，每个线程块也会被分配一个索引，也从 0 开始。例如 Block 是一维的，Thread 也是一维时，ThreadIdx 的计算公式为

$$threadIdx.x = blockIdx.x \times blockDim.x + threadIdx.x$$

在 CUDA 编程模型中，采用两级并行机制，分别是 Block 层和 Thread 层，对应的 Block 层映射到 SM，Thread 层映射到 SP 或者 CUDA Core，Block 内的 Thread 可以通过共享存储器和同步机制进行交互。一般情况下，Kernel 中设置的 Block 数量和 Thread 数量分别大于 GPU 硬件中 SM 和 CUDA Core 数量。Block 和硬件的映射关系如图 10.12 所示。从图中可

以看出，一个 GPU 拥有的 SM 越多，执行时就有越多的 Block 处于并行计算，计算速度就更快，因此这种映射具有良好的并行可扩展性。

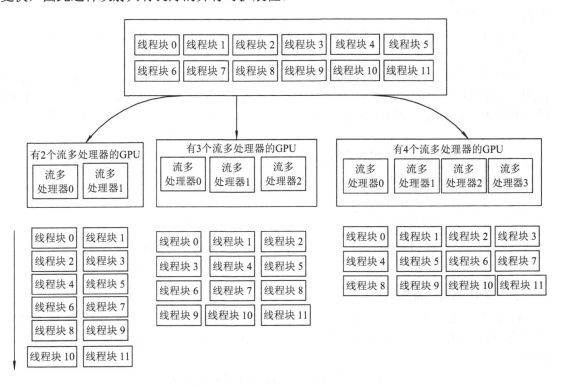

图 10.12　Block 与流多处理器的映射关系

总之，GPU 工作时的最小单位是 Thread，多个 Thread 可以组成一个 Block，但每一个 Block 所能包含的 Thread 数目是有限的。执行相同程序的多个 Block，可以组成 Grid。

一个 Kernel 函数对应一个 Grid，每个 Grid 根据求解问题规模配置不同的 Block 数量和 Thread 数量。

```
__global__void KernelFunction( float *input, float *output){
    每个线程执行的并行计算程序；
}
int main()
{
    KernelFunction<<<128, N>>>(input, output);
}
```

核函数采用下面的形式来定义：

```
kernel<<<128, N>>>(param1, param2, ...)
```

其中 kernel 是函数名；"<<< >>>"中的参数告诉系统使用什么样的网格启动核函数 (设置线程)；param 是内存与 GPU 显存交互的数据。

在主机端调用核函数采用如下的形式：

kernel<<<Dgrid,Dblock >>>(param list);

Dgrid：int 型或者 dim3 类型(x, y, z)，用于定义一个 Grid 中的 Block 是如何组织的。int 型表示为一维结构。

Dblock：int 型或者 dim3 类型(x, y, z)，用于定义一个 Block 中的 Thread 是如何组织的。int 型表示为一维结构。

在核函数实际运行过程中，Block 会被分为更小的 warp(线程束)，一般情况下 warp 的值为 32。在硬件实际运行程序时，线程的数量以 warp 为单位开启，在设计一个算法的 Block 线程数量时，必须要考虑其影响。表 10.6 说明了 CUDA 编程概念和 GPU 硬件之间的对应关系。

表 10.6　CUDA 编程模型概念和 GPU 硬件之间的对应关系

CUDA 概念	GPU 硬件
网格 Grid	GPU
线程块 Block	流多处理器 SM
线程 Thread	流处理器 SP(CUDA core)
warp	一组同时执行的 32 个线程

3. GPU 的存储体系

GPU 的存储体系是影响 GPU 程序性能最重要的因素之一。GPU 设计了鲜明的层次式存储，优化存储有助于提升并行程序的性能。表 10.7 给出了 GPU 内各类存储器的特性。

表 10.7　GPU 内各类存储器的比较

存　储　器	位　　置	访问权限
Register(寄存器)	GPU 片内高速缓存	Device 可读/写
Local Memory(局部存储器)	GPU 显存	Device 可读/写
Shared Memory(共享存储器)	GPU 片内高速缓存	Device 可读/写
Global Memory(全局存储器)	GPU 显存	Device 可读/写，Host 可读/写
Constant Memory(常量存储器)	GPU 显存	Device 可读/写，Host 可读/写

线程 Thread 拥有自己单独访问的寄存器和局部存储。寄存器资源位于流多处理器内，数量有限，线程运行时动态获得；局部存储器逻辑上等同于寄存器，但其物理局部存储空间位于显存中，故访问延迟与全局存储相当。共享存储器一般总大小为 64 KB，本线程块内所有的线程共享使用这个存储区。每个流多处理器上都有常量存储器，常量存储器位于 GPU 显存；全局存储位于显存中。

在执行过程中，CUDA 线程能够访问多个不同的存储空间，存储模型如图 10.13 所示。在一个 Block 中，共享存储器对 Block 中的所有线程可见，每个线程均有一份私有的寄存器和局部存储器空间。所有的线程(包括不同 Block 中的线程)均共享全局存储器、常量存储器和纹理存储器。不同的 Grid 则有各自的全局存储器、常量存储器和纹理存储器。与全局存储器不同的是，常量存储器和纹理存储器对 kernel 来说是只读的。

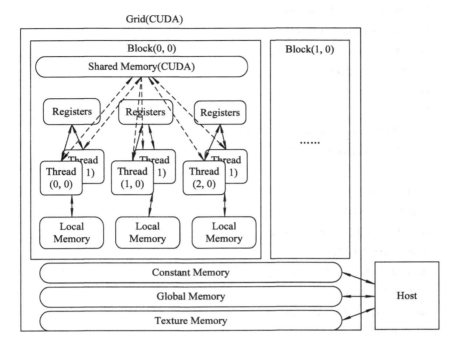

图 10.13　CUDA 存储模型

4．CUDA 程序示例——基于运行时 API 的并行矢量相加

下面给出一个采用 CUDA 运行时 API 编写的并行计算矢量相加的例子，程序文件名为 vectorAdd.cu。程序的前半部分是 GPU 上运行的核代码，使用整型变量 i 获取每一个线程的编号；然后每一个线程根据自己的线程编号读取数组 A 和 B 相应下标的值，完成相加并存储到数组 C 的下标变量中。

```
#include <stdio.h>
#include <cuda_runtime.h>
__global__ void vectorAdd(const float *A, const float *B, float *C, int numElements)
{
    int i = blockDim.x * blockIdx.x + threadIdx.x;
    if (i < numElements)
    {
        C[i] = A[i] + B[i];
    }
}

int main(void)
{
    int numElements = 50000;
    size_t size = numElements * sizeof(float);
```

```
float *h_A = (float *)malloc(size);
float *h_B = (float *)malloc(size);
float *h_C = (float *)malloc(size);
// Initialize the host input vectors
for (int i = 0; i < numElements; ++i)
{
    h_A[i] = rand()/(float)RAND_MAX;
    h_B[i] = rand()/(float)RAND_MAX;
}
//显存上开辟空间
float *d_A = NULL;
cudaMalloc((void **)&d_A, size);
float *d_B = NULL;
cudaMalloc((void **)&d_B, size);
float *d_C = NULL;
cudaMalloc((void **)&d_C, size);
//内存数据拷贝到显存
cudaMemcpy(d_A, h_A, size, cudaMemcpyHostToDevice);
cudaMemcpy(d_B, h_B, size, cudaMemcpyHostToDevice);
//配置并启动 CUDA Kernel
int threadsPerBlock = 256;
int blocksPerGrid =(numElements + threadsPerBlock - 1) / threadsPerBlock;
printf("CUDA kernel launch with %d blocks of %d threads\n", blocksPerGrid, threadsPerBlock);
vectorAdd<<<blocksPerGrid, threadsPerBlock>>>(d_A, d_B, d_C, numElements);
//显存数据拷贝回内存
cudaMemcpy(h_C, d_C, size, cudaMemcpyDeviceToHost);
//对比 CPU 和 GPU 计算结果误差
for (int i = 0; i < numElements; ++i)
{
    if (fabs(h_A[i] + h_B[i] - h_C[i]) > 1e-8)
    {
        fprintf("在元素 %d 上的误差太大!\n", i);
    }
}
// 释放显存和内存空间
cudaFree(d_A);
cudaFree(d_B);
cudaFree(d_C);
free(h_A);
```

```
        free(h_B);
        free(h_C);
        cudaDeviceReset();
        return 0;
    }
```

在这个程序中，要计算 50 000 个数据的加法，每一个 Block 使用了 256 个线程，一共需要的 Block 个数由 blocksPerGrid 变量给出，其值为不小于数组元素个数除以每个 Block 线程数的商。由于启动的线程个数可能会超过计算数据所需要的线程个数，因此在 kernel 代码中使用语句 if (i < numElements)进行判断，只使用实际需要的线程数进行计算。

编译时使用 NVIDIA 的 nvcc 编译器，命令为 nvcc -o vectoradd vectorAdd.cu。

10.2.3　OpenCL

1. 概述

2008 年 11 月，Khronos 组织正式发布了异构计算统一编程标准 OpenCL1.0。该编程框架提供了通用的、免费的、开放的 API，得到了 NVIDIA、AMD、Intel、Apple、TI 等公司的支持，因此利用 OpenCL 编写的程序可以运行在多核 CPU、GPU、FPGA、MIC 等异构加速处理设备上。通常情况下，OpenCL 由核程序(kernel)程序和一组用于定义控制运行设备的 API 组成，其中核程序运行在 OpenCL 设备上。OpenCL API 是按照 C API 定义的，由 C/C++ 封装而成，同时也支持多种第三方编程语言，如 Python、JAVA 以及.NET 等。

OpenCL 编程框架包含平台模型、执行模型、编程模型和存储模型等四个模型，简述如下：

1) 平台模型

如图 10.14 所示，一个主机端(Host)和多个支持运行 OpenCL 程序的设备端(Device)构成了 OpenCL 的平台模型。主机端通过调用 OpenCL 的一些接口管理整个平台的所有计算资源，设备端可以是 CPU、GPU、FPGA、MIC 等多种异构加速设备；每个 OpenCL 设备由一个或多个计算单元(Compute Unit，CU)组成，每个 CU 又可以进一步分割成一个或多个处理单元(Processing Element，PE)。PE 是并行计算的最基本单元。

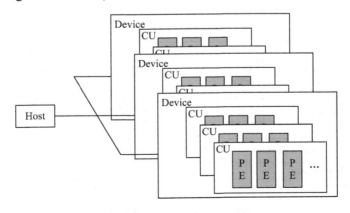

图 10.14　OpenCL 平台模型

2) 执行模型

执行模型主要包括主机程序和核程序两部分，主程序运行在 CPU 上，核程序运行在 GPU、FPGA 等加速设备上。对于一个核函数而言，首先通过主机端发出命令提交到设备端执行，同时会创建一个索引空间 NDRange。该空间内的每个处理单元并行执行核程序的一个实例，在 NDRange 上每个实例系统会分配一个全局 ID(global ID)。核函数启动后会创建大量的工作单元(Work-Item)完成该函数所定义的操作。当映射到 GPU 平台执行时，也是采用了两级并行机制，不同工作组(Work-Group)并发运行在异构计算设备的 CU 上，同一个 Work-Group 里的多个 Work-Item 相互独立并在 PE 上并行执行。主机端主要通过定义上下文、NDRange 和命令队列来控制核程序执行的方式和时间。在 AMD 的系统中，基于 OpenCL 的核函数在实际执行过程中，与 CUDA warp 类似，线程的数量以 wavefront 为单位进行开启。

3) 编程模型

编程模型定义了 OpenCL 应用与设备的映射关系，支持数据并行、任务并行或者数据与任务两者模式的混合。在数据并行中，依据当前工作节点的 global ID 或者 local ID 来映射与此节点相对应的数据元素，所有数据元素执行相同的操作指令，包括 Work-Item 之间的数据并行和 Work-Group 之间的数据并行；而任务并行是指所有的 Work-Item 都在执行核程序，其他的 Work-Item 是不相关的。该模型适合大量任务并行时的应用。通常情况下，数据并行应用的更加广泛。

4) 存储模型

存储模型定义了执行核对象所用的存储结构，是独立于设备平台实际硬件架构的一种抽象模型。异构平台上的存储对象主要分为主机上的内存模型和设备上的存储模型两类，而 OpenCL 存储模型主要是指设备上的存储模型，包括私有存储(Private Memory)、局部存储、常量存储和全局存储，存储模型如图 10.15 所示。

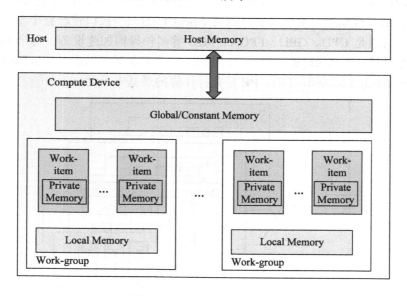

图 10.15　OpenCL 存储模型

在一个核程序执行过程中，全局存储的数据能够被所有的 Work-Item 读写，常量存储是只读的全局显存；在一个 Work-Group 中，所有的 Work-Item 共享同一个局部存储；而在一个 Work-Item 中定义的私有存储变量仅对自身可见，对其他的 Work-Item 是不可见的。一般来说在大部分的 OpenCL 设备上，私有存储在寄存器文件中。在程序实现过程中，用户只需考虑抽象的存储模型，而无需考虑具体硬件上的映射关系。

在异构计算平台上基于 OpenCL 编程时分为以下几个步骤：首先获取构成异构系统的可用平台，并查找该平台上支持 OpenCL 的可用设备，得到该设备的参数信息；随后通过创建上下文环境来管理核程序在执行时所用的存储对象；然后创建核函数并对其进行在线编译；为确保程序在正确设备上按照一定顺序执行核函数，需要设置运行时所需的内核参数。在程序运行结束后，需要将运行结果的数据由设备端的存储区域传输到主机端内存。

2. 基于 OpenCL 的并行程序设计基础

OpenCL 程序设计大致可分为 6 个步骤：

(1) 这一步主要是获取计算平台(Platform)、查找支持 OpenCL 的硬件设备和创建上下文(Context)，涉及 clGetPlatformIDs、clGetDeviceIDs 和 clCreateContext 三个函数。函数 clGetPlatformIDs 用来获取可用平台的数量和列表，函数 clGetDeviceIDs 用来获取 OpenCL 设备的数量和列表，函数 clCreateContext 用来建立上下文。下面首先给出函数 clGetPlatformIDs 的使用方法：

```
cl_uint num_platforms;                                    //定义平台数量
cl_platform_id platform_id;                               //定义平台对象
cl_platform_id* clPlatformIDs;                            //定义平台对象指针
clGetPlatformIDs(0, NULL, &num_platforms);               //获取平台的数量
clPlatformIDs = (cl_platform_id*)malloc(num_platforms * sizeof(cl_platform_id));
clGetPlatformIDs (num_platforms, clPlatformIDs, NULL);    //获取每一个平台的信息
```

接下来使用函数 clGetPlatformInfo 获取平台对象指针 clPlatformIDs 指向的平台版本和公司信息等。

clGetDeviceIDs 的用法和 clGetPlatformIDs 差不多，也是先调用函数获取支持 OpenCL 硬件的个数，然后再调用一次获取硬件的信息。下面给出简单的示例程序：

```
cl_uint DeviceCount;
cl_device_id *devices;
clGetDeviceIDs (platform_id, CL_DEVICE_TYPE_ALL, 0, NULL, &DeviceCount);
```

上面的代码获取 platform_id 平台下所有支持 OpenCL 的硬件设备数量，硬件设备的数量值返回到参数 DeviceCount。如果只想获取支持 OpenCL 的 GPU 数量，可把参数 CL_DEVICE_TYPE_ALL 更改为 CL_DEVICE_TYPE_GPU。硬件设备参数还可以是 CPU——CL_DEVICE_TYPE_CPU，专用加速器——DEVICE_TYPE_ACCELERATOR。

(2) 创建命令队列(Command Queue)及包含内核的程序(Program)对象。如果该程序是源代码，还需进行在线编译。需要使用函数 clCreateCommandQueue 创建命令队列，使用命令 clCreateProgramWithSource 创建程序对象。程序对象需要一个字符串指针，这个指针指向

GPU 计算核代码；使用命令 clBuildProgram 编译 GPU 并行程序。

(3) 创建程序执行过程中需要的存储对象(Buffer)，并初始化；在 GPU 上利用 clCreateBuffer 函数开辟数据空间，设置 GPU 显存空间的读写属性和开辟空间的大小；利用函数 clEnqueueWriteBuffer 将数据从内存传输到显存。

(4) 创建内核对象并设置其所需参数：使用命令 clCreateKernel 和核函数名称从程序对象中建立核函数对象；使用 clSetKernelArg 函数设置核程序参数。

(5) 设置内核的索引空间(NDRange)并执行内核，其中 NDRange 通过全局尺寸(Global Size)和工作组尺寸(Work Group)来进行管理。调用函数 clEnqueueNDRangeKernel 执行该代码。函数中要设置全局网格和局部网格的线程组织方式，然后调用 clFinish 函数，以确保命令队列中的命令执行完毕。

(6) 将运行的结果拷贝回主机(Host)内存：利用函数 clEnqueueReadBuffer 将计算结果从显存拷贝回主机内存。

3. 程序示例——基于 OpenCL 的并行矢量相加

下面给出一个 OpenCL 程序的例子 vectorAdd.c。这个例子跟前面的 CUDA 例子功能一样，都是计算两个一维数组的相加。

```
#include<stdio.h>
#include<CL/cl.h>
const char *ProgramSource =
"__kernel void vectorAdd(global float *array1, __global float *array2, __global float *array3)\n"\
"{\n"\
"    size_t id = get_global_id(0); \n"\
"    array3[id] = array1[id]+array2[id]; \n"\
"}\n";

int main(void)
{
    cl_context context;
    cl_context_properties properties[3];
    cl_kernel kernel;
    cl_command_queue command_queue;
    cl_program program;
    cl_int err;
    cl_uint num_of_platforms=0;
    cl_platform_id platform_id;
    cl_device_id device_id;
    cl_uint num_of_devices=0;
    cl_mem d_A, d_B, d_C;
    size_t global;
```

```
int i;
int numElements = 50000;
size_t size = numElements * sizeof(float);
float *h_A = (float *)malloc(size);
float *h_B = (float *)malloc(size);
float *h_C = (float *)malloc(size);
for (int i = 0; i < numElements; ++i)
{
    h_A[i] = rand()/(float)RAND_MAX;
    h_B[i] = rand()/(float)RAND_MAX;
}
//获取 OpenCL 运行时平台软件
clGetPlatformIDs(1, &platform_id, &num_of_platforms);
//获取 OpenCL 运行时 GPU
clGetDeviceIDs(platform_id, CL_DEVICE_TYPE_GPU, 1, &device_id, &num_of_devices) ;
// 上下文参数设置
properties[0]= CL_CONTEXT_PLATFORM;
properties[1]= (cl_context_properties) platform_id;
properties[2]= 0;
//建立上下文
context = clCreateContext(properties,1,&device_id,NULL,NULL,&err);
//利用上下文和硬件建立命令队列
command_queue = clCreateCommandQueue(context, device_id, 0, &err);
program = clCreateProgramWithSource(context,1,(const char **) &ProgramSource, NULL, &err);
//编译程序
if (clBuildProgram(program, 0, NULL, NULL, NULL, NULL) != CL_SUCCESS)
{
    printf("Error building program\n");
    return 1;
}
//从程序中创建核对象
kernel = clCreateKernel(program, " vectorAdd ", &err);
// 在显存上开辟空间
d_A = clCreateBuffer(context, CL_MEM_READ_WRITE, size, NULL, NULL);
d_B = clCreateBuffer(context, CL_MEM_READ_WRITE, size, NULL, NULL);
d_C = clCreateBuffer(context, CL_MEM_READ_WRITE, size, NULL, NULL);
//将数据从内存拷贝到显存
clEnqueueWriteBuffer(command_queue, d_A, CL_TRUE, 0, size, h_A, 0, NULL, NULL);
```

```
clEnqueueWriteBuffer(command_queue, d_B, CL_TRUE, 0, size, h_B, 0, NULL, NULL);
//设置核代码运行参数
clSetKernelArg(kernel, 0, sizeof(cl_mem), & d_A);
clSetKernelArg(kernel, 1, sizeof(cl_mem), & d_B);
clSetKernelArg(kernel, 2, sizeof(cl_mem), & d_C);
global= numElements;
local=500;
//执行核代码
clEnqueueNDRangeKernel(command_queue, kernel, 1, NULL, &global, &local, 0, NULL, NULL);
clFinish(command_queue);
//将结果从显存拷贝回内存
clEnqueueReadBuffer(command_queue, h_C, CL_TRUE, 0, size, h_C, 0, NULL, NULL);
//释放资源
clReleaseMemObject(a1);
clReleaseMemObject(a2);
clReleaseMemObject(a3);
clReleaseProgram(program);
clReleaseKernel(kernel);
clReleaseCommandQueue(command_queue);
clReleaseContext(context);
}
```

编译时使用 NVIDIA 的 nvcc 编译器再加上 OpenCL 库,编译命令为 nvcc vectorAdd.c -o vectorAdd-lOpenCL。

4. CUDA 与 OpenCL 编程框架对比

CUDA 和 OpenCL 是两个使用最广的 GPU 并行编程框架,CUDA 编程简单,这几年版本更新迭代速度快,但是仅能运行在 NVIDIA 公司各个型号的 GPU 上。OpenCL 编程难度较大,版本更新速度较慢,但是在 CPU、GPU、FPGA、DSP 等计算平台均具有良好的代码可移植性。表 10.8 对 CUDA 和 OpenCL 从使用的术语等几个方面进行了对比。

表 10.8　CUDA 与 OpenCL 对比

编程语言	CUDA	OpenCL
出现时间	2007	2008
开放性	企业私有(NVIDIA)	API 标准
主要支持语言	C、C++、FORTRAN	C、C++
支持硬件平台	NVIDIA GPU	GPU、CPU、FPGA、DSP、MIC
编程难度	容易	难
GPU 硬件组成	流多处理器(SM、SMX)	计算单元(CU)

概念差异	CUDA core	处理单元(PE)
	线程块(Thread block)	工作组(Work-Group)
	线程(Thread)	工作单元(Work-Item)
	网格(Grid)	索引空间(NDRange)
	Shared Memory	Local Memory
	Local Memory	Private Memory
并行编程语法差异	__global__ void function()	__kernel void function()
	void function(float *X)	void function(__global float *X)
	float *X	__global float *X
	__shared__ float *A	__local float *A
	int tx=threadIdx.x	int tx=get_local_id(0)
	int bx=blockIdx.x	int bx=get_group_id(0)
	__syncthreads( )	barrier(CLK_LOCAL_MEM_FENCE)

10.3　基于 GPU 的并行算法

10.3.1　并行矩阵矢量点积

设 M 代表一个 H × W 的矩阵，V 是一个长度为 W 的矢量，则它们的乘积 R = M × V 是一个长度为 H 的矢量。M 与 V 相乘的计算过程就是一次将 M 的每一行与 V 进行点积的过程。当在 GPU 上并行实现时，可以使用 H 个线程，每个线程计算一个长度 W 的点积，得到 R 的一个元素，其具体过程如图 10.16 所示。从图 16 可以看出，线程使用了一维组织的方式。

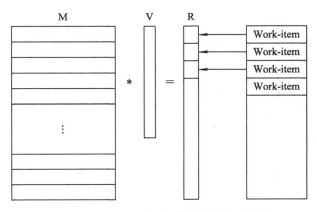

图 10.16　并行矩阵和矢量点积算法示意图

矩阵和矢量点积的核函数名称为 MatVecMul，核参数中 M 指针指向矩阵的首地址，指针 V 指向矢量的首地址，指针 r 指向计算结果矢量 **R** 的首地址。MatVecMul 核函数的实现代码如下所示：

```
__kernel void MatVecMul (const __global float* M, const __global float* V,
__global float* r, uint width, uint height)              //并行矩阵矢量点积核程序
{
    uint y = get_global_id(0);
    if (y < height) {
        const __global float* row = M + y * width;
        float dotProduct = 0;
        for (int i = 0; i < width; ++i)
            dotProduct += row[i] * V[i];
        r[y] = dotProduct;
    }
}
```

10.3.2　并行矩阵乘法

1．矩阵乘法

深度卷积神经网络作为人工智能领域目前使用最广的算法之一，其计算量最大的模块就是卷积操作。以二维卷积为例，计算过程是卷积滤波器的权重和输入图像像素的线性组合，计算公式如式(10-8)所示，其中，输入图像 I 的高度宽度分别为 h、w，卷积核高度宽度为 F_h、F_w，输出图像为 O，卷积操作的原理如图 10.17 所示。在实际应用中，输入图像和滤波器的个数都很多，经常多达数百个。为了提高计算效率，会将卷积操作转化为矩阵乘法。因此，设计高效的并行矩阵乘法会大大加速深度卷积神经网络的计算速度。

$$O\left(x,y\right) = \sum_{j=0}^{F_h-1} \sum_{i=0}^{F_w-1} I\left(x+i, y+i\right) \times F\left(i, j\right) \qquad (10\text{-}8)$$

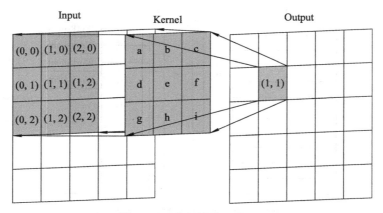

图 10.17　卷积操作示意图

矩阵乘法 MatrixMul 函数的输入参数为指向矩阵 A 的指针 a，指向矩阵 B 的指针 b，指向结果矩阵 C 的指针 c；矩阵 A 的高度为 hA 个元素，宽度为 wA 个元素；矩阵 B 的大小为 wA*wB。矩阵的串行算法 MatrixMul 实施步骤如下所示：

```
void MatrixMul(float *a, float *b, float *c, int hA, int wA, int wB)    //矩阵乘法串行程序代码
{   int wC = wB;
    int hC = hA;
    int i, j, k;
    for(i=0; i<hC; ++i)
    {
        for(j=0; j<wC; ++j)
        {
            float sum = 0.f;
            for(k=0; k<wA; ++k)
            {
                sum += a[i * wA + k] * b[k * wB + j];
            }
            c[i * wC + j] = sum;
        }
    }
}
```

2．并行矩阵乘法算法

　　矩阵乘法过程分析的示意图如图 10.18 所示。C 矩阵中的每一个元素由 A 矩阵中的一行乘以 B 矩阵中的一列得到，容易看出计算矩阵 C 中的元素相互独立，可以同时计算。因此，使用和 C 矩阵维度大小一样的线程组织结构，即线程也是有 hA*wB 个，并且排列成二维结构。

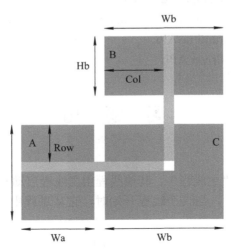

图 10.18　并行矩阵乘法示意图

使用 OpenCL 实现的并行矩阵乘法核程序 oclMatrixMul 代码如下所示：

```
__kernel void oclMatrixMul ( _ global float* c, int Wa, int Wb, _ global float* a, _ global float* b  {
    int row = get_global_id(1);
    int col    = get_global_id(0);
    float sum = 0.0f;
        for (int i = 0; i < Wa; i++)   {
            sum +=   a[row*Wa+i] * b[i*Wb+col];
        }
        c[row*Wb+col] = sum;
    }
```

★ 本章中英文词汇对照表

高性能计算	High Performance Computing, HPC
图形处理器	Graphics Processing Unit, GPU
现场可编程门阵列	Field Programmable Gate Array, FPGA
集成众核	Many Integrated Core, MIC
数字信号处理器	Digital Signal Processor, DSP
图形处理集群	Graphics Processing Clusters, GPC
纹理处理集群	Texture Processing Clusters, TPC
流多处理器	Stream Multiprocessors, SM
混合乘加指令	Fused Multiply-Add, FMA
散热设计功耗	Thermal Design Power, TDP
单指令多数据流	Instruction Multiple Data, SIMD
单指令多线程	Single Instruction Multiple Thread, SIMT
计算单元	Compute Unit, CU
应用程序接口	Application Programming Interface, API
运行时应用程序接口	runtime API
驱动应用程序接口	driver API

习　题　10

一、选择题

1. 如果进程是执行的"主线程"，其他线程由主线程启动和停止，那么我们可以设想进程和它的子线程如下进行，当一个线程开始时，它从进程中(　　)出来；当一个线程结束，它(　　)到进程中。

A. 派生　　　　　B. 合并　　　　　C. 分离　　　　　D. 消亡

2. 在编写并行程序时，需要协调各个核的工作，这涉及核之间的(　　)、(　　)以及

(　　)。

A. 通信　　　　　B. 负载平衡　　　　　C. 同步　　　　　D. 异步

3. 当用户运行一个程序时，操作系统会创建一个(　　)。

A. 进程　　　　　B. 线程　　　　　　C. 接口　　　　　D. 锁

二、填空题

1. 线程同步一般通过三种原语来实现：_____、_____、和_____。

2. 数据相关有四种，分别是_____、_____、_____和_____。

3. 运行在一个处理器上的一个 MPI 程序实例称为_____。

4、在大多数系统中，进程间的切换比线程间的切换更_____。

三、问答题

1. 简述 GPU 与 CPU 的区别。

2. 简述 CUDA 与 OpenCL 的区别。

3. 简述常用的并行编程框架。

四、编程题

1. 利用 Pthread 设计并实现一个一维数组相加的并行程序。

2. 利用 OpenMP 并行化一个 for 循环，并测试其加速性能。

3. 利用 CUDA 和 OpenCL 编写一个 256 × 256 的矩阵乘法程序。

参 考 文 献

[1]　周大为，钟桦，朱虎明，等. 软件技术基础[M]. 西安：西安电子科技大学出版社，2008.

[2]　严蔚敏，吴伟民. 数据结构(C 语言版)[M]. 北京：清华大学出版社，2007.

[3]　王红梅. 数据结构(C++版)[M]. 北京：清华大学出版社，2011.

[4]　胡元义，宁耀斌，孙旭霞，等. 数据结构教程[M]. 西安：西安电子科技大学出版社，2012.

[5]　徐绪松. 数据结构与算法[M]. 北京：高等教育出版社，2004.

[6]　黄兴国，章炯民. 数据结构与算法[M]. 北京：机械工业出版社，2004.

[7]　陈越，何钦铭，徐镜春，等. 数据结构[M]. 2 版. 北京：高等教育出版社，2016.

[8]　叶核亚. 数据结构(Java 版)[M]. 4 版. 北京：电子工业出版社，2004.